物理实验

（第 5 版）

主编　汪礼胜　黄　健　冯　扬

武汉理工大学出版社
·武汉·

内容简介

本书是根据教育部高等学校非物理类专业物理基础课程教学指导分委员会制定的《非物理类理工学科大学物理实验课程教学基本要求》编写的。全书共分 6 章。第 0 章为绪论。第 1 章阐述了物理实验的误差理论和数据处理的基本知识。第 2、3、4、5 章分别讲述了力学和热学的 7 个实验，电磁学的 6 个实验，光学的 5 个实验，近代物理及综合性设计性的 5 个实验。每个实验都列出了详细的数据表格，以便实验者借鉴。第 2、3、4 章的第 1 节还分别介绍了力学和热学实验的基本测量器具、电磁学实验和光学实验的基本知识。书末附有实验报告范例、法定计量单位及物理数据可供学生写实验报告和查阅数据时参考。

本书适合作为独立学院大学物理实验教材，也可以作为职业技术学院、高职高专物理实验的教学参考书。

图书在版编目(CIP)数据

物理实验 / 汪礼胜，黄健，冯扬主编. -- 5 版. 武汉 ：武汉理工大学出版社，2025. 1.
ISBN 978-7-5629-7334-8

Ⅰ. O4-33

中国国家版本馆 CIP 数据核字第 20254MS669 号

项目负责人:陈军东　陈　硕　彭佳佳　黄　鑫　　**责任编辑**:彭佳佳
责任校对:黄　鑫　　**排　　版**:芳华时代
出版发行:武汉理工大学出版社
社　　址:武汉市洪山区珞狮路 122 号
邮　　编:430070
网　　址:http://www.wutp.com.cn
经　　销:各地新华书店
印　　刷:武汉市洪林印务有限公司
开　　本:710×1000　1/16
印　　张:19
字　　数:384 千字
版　　次:2025 年 1 月第 5 版
印　　次:2025 年 1 月第 1 次印刷　总第 10 次印刷
定　　价:52.50 元

第 5 版前言

本书是在《物理实验》(第 4 版)的基础之上进行修订而成。

此次再版更正了原书中的部分错漏之处，主要介绍了不确定度及数据处理的基本知识、力学热学实验、电磁学实验、光学实验、综合性设计性实验等内容。

本书由武汉理工大学汪礼胜，荆州学院黄健、冯扬担任主编。书中若有不足之处，恳请同行和读者指正。

编　者

2025 年 1 月 2 日

目　　录

0 绪　论

0.1　物理实验的地位、作用与任务

物理学从本质上讲是一门实验科学。物理实验不仅在物理学发展史上起过重要作用，而且在物理学高度发展的今天仍举足轻重，推动着整个工业技术的发展。如今的物理实验大都向大型化、精密化发展，而且这些实验技术本身对工程技术的发展起着巨大的推动作用。例如，为研究基本粒子而发展起来的加速器技术，在生物、医学、材料工艺等广泛领域内获得了应用；又如核磁共振技术，不仅在医学、生物、物质结构分析等方面有着重要应用，而且在石油工业中也常用于进行产品优化控制、现场岩性分析，甚至在测井方面也有广阔的发展前景。像这样的例子还有很多。因此，对工科院校的学生来说，掌握一定的物理实验技术是非常必要的。

《理工科类大学物理实验课程教学基本要求》明确指出了物理实验课的作用与地位："物理实验课是高等学校理工科类专业对学生进行科学实验基本训练的必修基础课程，是本科生接受系统实验方法和实验技能训练的开端。"

物理实验的具体任务是：

(1)通过对实验现象的观察、分析和对物理量的测量，学习物理实验知识，加深对物理原理的理解。

(2)培养和提高学生的科学实验能力，具体包括：

①能够自行阅读实验教材和资料，做好实验前的准备；

②能够借助教材或仪器说明书正确使用仪器；

③能够运用物理学理论对实验现象进行初步分析判断；

④能够正确记录和处理实验数据，绘制曲线，说明实验结果，撰写合格的实验报告；

⑤能够完成简单的设计性实验。

(3)培养和提高学生的科学素质，要求学生具有理论联系实际、实事求是的科学作风，严肃认真的工作态度，主动研究的探索精神和遵守纪律、爱护公共财产的优良品质。

0.2　对学生的基本要求

(1)了解本门课程的主要目的,严格要求自己,做好每一个实验。

(2)预习。预习是做好每一次实验的先决条件,应认真进行。通过预习,应该明确实验目的(即做什么)、原理以及所使用的仪器、方法和步骤(即如何做),并做好实验前的准备(如设计、绘制数据记录表格),带好数据记录本等。

(3)实验。包括仪器的调节和操作,观察现象,记录数据等。

首先,要集中精力,细心操作。仪器的安放要科学合理且便于操作,同时也要注意安全。例如,易碎物品(精密光学元件、玻璃器皿等)不应放在桌边,以免失手碰落于地。测量仪器的安放要便于读数。例如,光学仪器的目镜应放在与眼睛等高的位置,不常用的开关放在左手便于接触到的地方(因为右手大多用来写字);要求精细调节的部件应放在右手边,以便随时可调。尽量不要在光线不良的情况下工作,这样容易疲劳,影响操作和读数。

其次,最好有一个方便的座位,以便做好原始记录。记录就是如实记下各观察数据、简单过程及实验现象。记录应简洁、清楚,使别人和自己都能看懂所记内容。数据一定要记在表格内,并注明单位。数据记录要及时,不可凭印象事后追记,更不可为了凑结果而涂改原始数据。对于所测得的数据应该有个初步的判断,达不到要求可立即补测,以免事后重做,那样将花费更多的时间。数据的进一步处理依据需要可在课内进行,也可在课外进行。

(4)实验报告。实验报告是对实验工作的全面总结,是培养学生科技写作能力的重要途径,应当高度重视,尽量写好每一份实验报告。考虑到学生可能是初次写实验报告,本书在附录中专门介绍了实验报告的格式,还提供了3个实验报告的样本,供学生参考和借鉴。

1 不确定度及数据处理的基本知识

本章主要介绍不确定度的概念及计算、实验数据的处理和实验结果的表示等内容，这些知识都是初步知识，不仅在每一个物理实验中都要用到，而且是今后从事科学实验所必须了解和掌握的。由于这部分内容涉及面较广，而学时的限制使得教师只能提纲挈领，加上同学们数理统计知识的暂时欠缺，本书只能引用部分结论和计算公式。所以，要求同学们先对本章的内容有一个初步的了解，然后通过教师的简单讲述，特别是以后结合到具体实验再阅读有关段落，最后在运用中加以掌握。

1.1 测量与误差

物理实验离不开测量。测量就是为确定被测物理量的参数而进行的一组操作。测量分为直接测量和间接测量。直接测量是指直接从仪器的读数机构中取得数据的测量。例如，用米尺测物体的长度，用天平测物体的质量，用电流表测电路中的电流等都是直接测量。间接测量是指利用直接测量值及其与被测量之间的函数关系从而算得被测量值的测量。例如，测物体密度时，需先测出该物体的体积与质量，再用公式算出物体的密度，这种测量就是间接测量。间接测量和直接测量是相对的。例如，用伏安法测电阻，可以说是间接测量，但若用万用电表测量电阻就为直接测量了。物理实验中进行的测量多数为间接测量。

测量总是有误差的，因为任何测量仪器、测量方法、测量环境、测量者的观察力都不可能做到绝对严密，加上物理规律的统计性，就使得误差自始至终存在于一切科学实验与测量过程中。因此，分析测量中可能产生的各种误差，尽可能消除其影响，并对测量结果中未能消除的误差作出估计，是科学实验不可缺少的工作。为此必须了解误差的概念、特性、产生的原因及其如何估算等有关知识。

1.1.1 真值与误差

真值是指被测物理量在所处的确定条件下，客观上所严格具有的量值。误差是指测量值与真值之差。真值与误差之间的关系可表述为

$$\Delta N = N - A \tag{1-1}$$

式中，N 为测量值；A 为被测量的真值；ΔN 为测量误差，又称绝对误差。

真值是客观存在的，但它是一个理想的概念，在一般情况下不可能被准确获知。在实际测量中可用实际值（即用高一等级的计量标准所复现的量值）或经过修正的算术平均值来代替真值，称之为约定真值。

误差是测量结果与客观真值之差，它既有大小，又有方向（正负）。由于真值无法知道，因此误差也是未知的，只能进行估计。误差与真值之比称为相对误差。考虑到在一般情况下，测量值与真值相差不会太大，故可以把误差与测量值之比作为相对误差。

$$E = \frac{\Delta N}{A} \approx \frac{\Delta N}{N} \quad (1\text{-}2)$$

1.1.2 误差的分类

测量中的误差主要分为两种类型，即系统误差和随机误差。

1. 系统误差

系统误差是同一被测量在多次测量过程中保持恒定或以可以预知方式变化的那一部分误差。例如，实验装置和实验方法没有或不可能完全满足理论上的要求，有的仪器没有达到应有的准确程度，环境因素如温度、湿度等没有控制到预计的标准等。只要这些因素与正确的要求有所偏离，在测量结果中就会出现绝对值和符号恒定或以可预知的方式变化的误差分量。因素不变，系统误差也就不变。比如，一根米尺的刻度，其间隔偏大（或偏小），那么用其测量物体的长度就会偏短（或偏长）；一架天平，砝码的标准质量不准，称量物体质量时也会不准；用伏安法测电阻，如果没有考虑电流表、电压表内阻的影响，则测量结果就会因电路的不同而偏大或偏小；用落球法测重力加速度，由于空气的影响，测得的结果总是偏小等。这些误差都属于系统误差。

实验中的系统误差，可以通过采用标准仪器、改进实验装置和实验方法、对测量结果进行理论上的修正等方法加以消除或尽量减小。发现和减小实验中的系统误差是一个困难的任务，需要对整个实验所依据的原理、采用的方法、测量的步骤、所用的仪器等可能引起的误差因素逐一进行分析，并设法减小或排除。一个实验结果是否正确，往往在于系统误差是否已被发现和尽可能消除，因此对系统误差不能轻易放过。

系统误差产生的规律及原因，操作者可能知道也可能不知道。已被确切掌握了其大小和符号的系统误差称为可定系统误差；不能被确切掌握大小和符号的系统误差称为未定系统误差。前者一般可在测量过程中采取措施予以消除或在测量结果中加以修正，而后者一般难以修正，只能估计它的极限范围。

2. 随机误差

随机误差是在对同一被测量的多次测量过程中，其绝对值与符号以不可预知的方式变化着的测量误差分量。这种误差是由实验中各种因素的微小变动引起的。例如，实验装置和测量机构在各次调整操作上的变动性，测量仪器指示数值的变动性以及观察者本人在判断上和估计读数上的变动性等。这些因素的共同影响使得测量值围绕着测量平均值发生有涨有落的变化，这些变化量就是各次测量的随机误差。随机误差的出现，就某一测量值而言是没有规律的，其大小和方向都是不能预知的，但当测量次数足够多时，就会发现随机误差是按一定的统计规律分布的。通常的一种情况是，正方向的误差与负方向的误差出现的次数大致相等，数值较小的误差出现的次数较多，数值很大的误差在没有操作错误的情况下通常不会出现。这一规律在测量次数越多时表现得越明显。

3. 粗大误差

除系统误差和随机误差外，还有一种误差是由于测量系统偏离所规定的测量条件和方法或者在记录、计算数据时出现失误产生的，称为粗大误差，这实际上是一种错误，应予以剔除。需要指出的是，不应当把某些异常观察值都作为粗大误差来处理，因为它可能是某种物理规律在实验条件的随机变动中的瞬时展现。判断一观察值是否为异常时，通常应根据技术上或物理上的理由分析作出决定（该部分内容不作过多要求，因此本书不再介绍）。

1.2 测量结果的标准偏差

1.2.1 呈正态分布的随机误差

研究表明，虽然实验中测量值的误差分布是比较复杂的，但是大多数的测量误差分布都接近于正态分布，特别是当测量次数 $n\to\infty$ 时，几乎所有随机误差的分布都趋于正态分布。为了便于后面标准偏差、置信概率与不确定度的讨论，这里对正态分布作简单介绍。

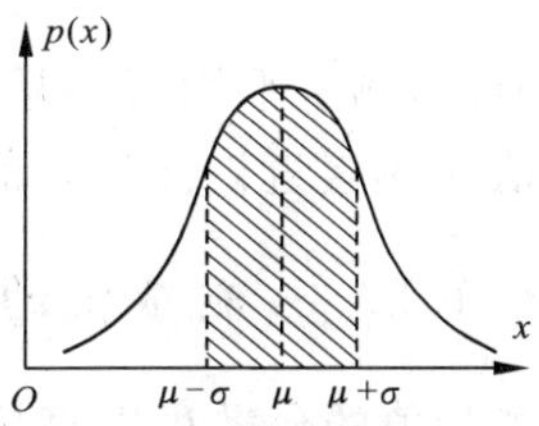

图 1-1 正态分布

正态分布曲线如图 1-1 所示。x 表示某一物理量的实际测得值，$p(x)$ 为测量值的概率密度，其表达式为

$$p(x)=\frac{1}{\sigma\sqrt{2\pi}}e^{-\frac{(x-\mu)^2}{2\sigma^2}} \tag{1-3}$$

其中

$$\mu=\lim_{n\to\infty}\frac{1}{n}\sum_{i=1}^{n}x_i \tag{1-4}$$

$$\sigma = \lim_{n \to \infty} \sqrt{\frac{1}{n} \sum_{i=1}^{n} (x_i - \mu)^2} \tag{1-5}$$

μ 即曲线尖峰处的横坐标，它对应于测量次数 $n \to \infty$ 时的测量平均值 $\overline{x}$；横坐标上任一点 x 到 μ 的距离 $(x-\mu)$ 为测量值相应的随机误差分量；σ 为曲线上拐点处横坐标与 μ 值之差，它表征了测量值的分散性，称为正态分布的标准偏差，它具有统计的性质。图 1-1 中阴影部分的面积就是随机误差在 $\pm\sigma$ 范围内的概率，即测量值落在 $(\mu-\sigma,\mu+\sigma)$ 区间的概率 P，由定积分计算其值为 $P=68.3\%$；计算还表明：落在 $(\mu-2\sigma,\mu+2\sigma)$ 区间中的概率为 95.4%，落在 $(\mu-3\sigma,\mu+3\sigma)$ 区间的概率为 99.7%。

1.2.2 测量平均值是被测量真值的最佳估计

根据最小二乘法原理，在无系统误差存在的情况下，实验中有限次等精度测量的最佳估计值是能使各次测量值与该值之差的平方和最小的那个值。设真值的最佳估计值为 x_0，该测量值与最佳估计值 x_0 的平方和为

$$f(x)_{\min} = \sum_{i=1}^{n} (x_i - x_0)^2 \tag{1-6}$$

min 表示极小值，所以此式应满足

$$\frac{\mathrm{d}f(x)}{\mathrm{d}x_0} = -2\sum_{i=1}^{n} (x_i - x_0) = 0$$

则有

$$x_0 = \frac{1}{n}\sum_{i=1}^{n} x_i = \overline{x} \tag{1-7}$$

所以，测量平均值 $\overline{x}$ 是被测量真值 A 的最佳估计值 x_0，测量次数越多，测量平均值 $\overline{x}$ 越接近被测量真值 A。

1.2.3 测量值的标准偏差

测量值的分散程度直接体现随机误差的大小，测量值越分散，测量的随机误差就越大。因此，必须对测量的随机误差作出估计才能表示测量的精密度。由于标准偏差具有统计的性质，科学实验中一般用标准偏差来估计测量的随机误差。实际上，由于真值未知，且测量次数 n 有限，测量中的标准偏差不能用式(1-5)计算。

测量中每次测量值 x_i 与平均值 $\overline{x}$ 之差称为残差，即

$$\Delta x_i = x_i - \overline{x} \qquad (i = 1,2,\cdots,n) \tag{1-8}$$

显然，残差有正有负，有大有小。用“均方根”法对它们进行统计，得到的结果就

是测量列的标准偏差 S_x。它表征了在相同条件下对同一量做 n 次测量时测量值的分散性。S_x 用下面的不同于式(1-5)的贝塞尔公式计算

$$S_x=\sqrt{\sum_{i=1}^{n}\frac{(x_i-\overline{x})^2}{n-1}} \tag{1-9}$$

我们用它来表示测量值的随机误差,它反映了这一测量的精密程度。标准偏差小表明测量值很密集,即测量精密度高;标准偏差大表明测量值很分散,即测量精密度低。现在大多数计算器都有这种统计计算功能,实验者可以直接用计算器求得 S_x 以及其他统计数值。

由于算术平均值是被测量真值的最佳估计,即它最接近被测量真值,所以它对真值的偏离程度要小。表征算术平均值偏离真值程度的算术平均值的标准偏差为

$$S_{\overline{x}}=\frac{S_x}{\sqrt{n}}$$

即

$$S_{\overline{x}}=\sqrt{\sum_{i=1}^{n}\frac{(x_i-\overline{x})^2}{n(n-1)}} \tag{1-10}$$

$S_{\overline{x}}$ 比 S_x 小得多,这显然是可以理解的。该公式实际上提出了减小实验结果随机误差的一个途径,即增大实验次数。由于平均值的标准偏差是按 $\frac{1}{\sqrt{n}}$ 规律减小的,当 $n>10$ 以后,减小得并不明显,反而增大了工作量。因此,单靠增加测量次数来减少误差的方法不一定合算。

1.3 直接测量结果的不确定度

测量误差是普遍存在的。随着实验技术和设备的改善以及操作人员水平的提高,误差可以被削弱;但不可能,往往也没有必要将其完全消除。通常人们关心的是误差在什么范围内以及测量结果的置信概率。

我们知道,误差是测量值与真值之差,而真值通常是无法知道的。为了对它所在范围进行定量估计,我们引入一个新的概念:不确定度 Δx。不确定度 Δx 是表征被测量真值所处量值范围的评定,它表示由于测量误差的存在而对被测量值不能肯定的程度。不确定度 Δx 应该这样来估计:在修正了可以修正的系统误差以后,把全部余下的误差划分为可以用统计方法计算的不确定度 A 类分量 $\Delta_A x$ 和用其他方法估算的不确定度 B 类分量 $\Delta_B x$。分别对它们进行计算,并按方和根方法合成为总不确定度 Δx。

$$\Delta x = \sqrt{(\Delta_A x)^2 + (\Delta_B x)^2} \tag{1-11}$$

1.3.1 不确定度A类分量

在相同条件下对同一被测量做 n 次测量，若只存在用统计方法计算的不确定度 $\Delta_A x$，它应等于平均值的标准偏差 $S_{\bar{x}}$乘以一因子 k，即

$$\Delta_A x = kS_{\bar{x}} \tag{1-12}$$

设这时被测量真值落在 $\bar{x} \pm \Delta_A x$ 范围内的概率，即置信概率为 P。如果 n 值足够大，并且误差分布满足正态分布的情况下，A类不确定度表达式(1-12)中的 k 分别取1、2、3时，测量结果表示式的置信概率 P 分别为68.3%、95.4%和99.73%。然而，实验中的测量次数不可能很多。当测量次数较少时，由贝塞尔公式(1-9)计算出的标准偏差 S_x 与由式(1-5)计算出的正态分布的标准差 σ 有很大的差异。此时应按"学生氏"分布(简称"t"分布)来计算。A类不确定度分量 $\Delta_A x$ 与平均值的标准偏差 $S_{\bar{x}}$的关系为

$$\Delta_A x = tS_{\bar{x}} \tag{1-13}$$

对同一置信概率，t 值比 k 值大，而且 t 值与测量次数 n 及置信概率有很大的关系。表1-1列出了在不同置信概率 P 的前提下，部分 t 值与测量次数 n(表中列的是 $n-1$，称为测量自由度 ν)之间的关系。

表1-1 部分 t 值表

P \ t \ $n-1$	1	2	3	4	5	6	7	8	9	10	20	30	∞
0.683	1.84	1.32	1.20	1.14	1.11	1.09	1.08	1.07	1.06	1.05	1.03	1.02	1.00
0.95	12.71	4.30	3.18	2.78	2.57	2.45	2.36	2.31	2.26	2.23	2.09	2.04	1.96
0.99	63.66	9.93	5.84	4.60	4.03	3.71	3.50	3.36	3.25	3.17	2.84	2.75	2.58

需要说明的是，表1-1中所列的置信概率是我国计量技术规范推荐的在物理实验和科学研究中使用的值。一般情况下都取置信概率为 $P=0.95$。如果要取其他置信概率值，必须在结果的最后表示式中注明。

1.3.2 不确定度B类分量

对于不确定度的B类分量，因情况比较复杂，而且无法用统计方法作出评定，所以只能基于经验或其他信息来加以估算。在物理实验中，不确定度的B类分量通常包含以下几种：

(1)根据实际情况估计误差限。例如杨氏模量实验中，光杠杆镜面到标尺的

距离的不确定度要由钢卷尺的精度以及实验中位置对准、卷尺弯曲、水平保持的程度等实际条件来估计误差限。一般来说，它将远大于钢卷尺本身的仪器误差。

(2)根据理论公式或实验测定来推算误差限。例如人眼分辨率的误差，长度测量中温度变化造成的误差等，这些都是可以用理论公式和实验测定来推算误差限的。

(3)根据计量部门，生产厂家或有关资料提供仪表鉴定结论中的误差限。如仪表说明书给出的容许误差和示值误差。

但是在物理实验中，当同学们知道了不确定度B类分量的基本概念以及影响因素以后，为了计算的方便，可以作出如下的简化：假设实验原理正确，环境条件满足要求，观察者能正确测量，那么不确定度中B类分量就可以用仪器的误差限 $\Delta_{仪}x$ 来代替，即

$$\Delta_{B}x = \Delta_{仪}x \tag{1-14}$$

这种简化是可行的，因为 $\Delta_{仪}x$ 是在正确使用仪器的条件下，测量结果和被测量真值之间可能产生的最大误差。实际上由仪器提供的测量结果与真值之差比仪器的误差限值小得多。综合考虑其他各种非统计的误差来源，在置信概率 P 为 0.95 的情况下，用仪器误差限值 $\Delta_{仪}x$ 代替不确定度中B分量 $\Delta_{B}x$ 就显得比较合理了。

1.3.3 实验中单次测量量的不确定度

由前面的讨论，多次测量量最后结果的总不确定度为

$$\Delta x = \sqrt{(\Delta_{A}x)^2 + (\Delta_{B}x)^2} = \sqrt{(tS_{\bar{x}})^2 + (\Delta_{仪}x)^2} \tag{1-15}$$

然而有些测量往往只能进行一次，这时虽然用统计方法计算的A类分量存在，但无法用式(1-10)和式(1-13)算出。此时总不确定度 Δx 就用 $\Delta_{仪}x$ 代替。不过，需要说明的是只做一次测量时的不确定度并不说明它比多次测量时的不确定度小，只是说明作为一种粗略，的估计可以放宽，也必须放宽到用 $\Delta_{仪}x$ 代替 Δx 的地步。

1.3.4 测量结果的表达式

在相同的实验条件下进行一系列测量得出一系列测量值以后，用式(1-7)先算出它的平均值，考虑已知的系统误差而对结果进行修正，得出测量结果的最佳估计值 $\bar{x}$，然后用统计方法，即用式(1-10)、式(1-13)和表1-1算出不确定度的A分量 $\Delta_{A}x$；再用非统计方法，这里用式(1-14)计算出不确定度B分量 $\Delta_{B}x$。最后用方和根方法，即用式(1-11)合成得出直接测量结果的总不确定度 Δx。于是直接测量结果就表示为

$$x = \overline{x} \pm \Delta x \tag{1-16}$$

这种表示说明了测量值的置信概率为 0.95。如果不用 0.95 的置信概率，比方用 0.683，设以此为标准算出了 Δx，则测量结果的表达式的后面应说明其置信概率 P，表达式应为

$$x = \overline{x} \pm \Delta x \quad (P = 0.683)$$

其相应的相对不确定度也应如此。相对不确定度是不确定度与修正过系统误差的算术平均值之比，即

$$E_r = \Delta x / \overline{x} \tag{1-17}$$

当置信概率为 0.95 时，相对不确定度表示式后不必注明置信概率；当置信概率为其他值时，相对不确定度表示式后同样要注明置信概率 P。

本书所有关于计算不确定度的实验所取置信概率均为 0.95，所以都不必注明置信概率。

1.4 仪器误差

如前所述，在实验原理正确、环境条件满足要求、观察者能正确测量的情况下，综合考虑各种非统计方法产生的误差后，不确定度 B 类分量就可以用仪器的误差限 $\Delta_{仪} x$ 来代替。仪器误差来源众多，以最常用的指针式电表为例，仪器误差可能来源于轴承摩擦，转轴倾斜，游丝弹性不均、老化与残余变形，磁场分布不均匀，标尺分度不准，检测标准本身的误差等。逐项进行分析处理并非易事，且在绝大多数情况下也无必要。实际上，我们关心的是仪器提供的测量结果与真值一致的程度。仪器误差（或称仪器的允许误差限）就是指在正确使用仪器的条件下，测量结果和被测量真值之间产生的最大误差。对照通用的国际标准，我国制定了相应计量器具的检定标准和规程。结合物理实验的特点，以下作简要介绍。

1.4.1 长度测量类

物理实验中最基本的长度测量工具是钢卷尺和钢直尺、游标卡尺和千分尺（螺旋测微器）。钢直尺和钢卷尺、游标卡尺及千分尺的允许误差限分别如表 1-2、表 1-3 和表 1-4 所示。

在物理实验中，考虑到上述规定的严格性又兼顾教学训练的简化需要，除具体实验中另有说明（如用三线摆测转动惯量和用拉伸法测金属丝的杨氏模量）外，约定：**游标卡尺的仪器误差限按其分度值估计；钢直尺、千分尺（螺旋测微器）的仪器误差限按其分度值估计的一半计算；分度值为 1 mm 的木尺，其仪器误差限为 1.0 mm。**具体情况见表 1-5。

表 1-2　钢直尺和钢卷尺的允许误差

钢直尺		钢卷尺	
尺寸范围(mm)	允许误差(mm)	准确度等级 Ⅰ级	示值最大允许误差(mm) $\pm 0.1+10^{-4}L$
1～300	±0.10	Ⅱ级	$\pm 0.3+2\times 10^{-4}L$
300～500	±0.15	注:式中 L 是四舍五入后的整数米(被测长度小于 1 m 时为 1)	
500～1000	±0.20		
1000～1500	±0.27		
1500～2000	±0.35		

表 1-3　游标卡尺的允许误差

测量长度(mm)	示值最大允许误差(mm)		
	分度值 0.02 mm	分度值 0.05 mm	分度值 0.10 mm
0～150	±0.02	±0.05	±0.10
150～200	±0.03	±0.05	
200～300	±0.04	±0.08	
300～500	±0.05	±0.08	
500～1000	±0.07	±0.10	±0.15

表 1-4　千分尺的允许误差

测量范围(mm)	0～25，25～50	50～75，75～100	100～125，125～150	150～175，175～200
示值最大允许误差(μm)	±4	±5	±6	±7

表 1-5　物理实验中长度量具仪器误差限值的简化约定

量具名称	木尺	钢直尺	游标卡尺			千分尺
	1 mm 分度		0.1 mm 分度	0.05 mm 分度	0.02 mm 分度	
仪器误差限	1.0 mm	0.5 mm	0.1 mm	0.05 mm	0.02 mm	0.005 mm

1.4.2　质量测量类

物理实验中称衡质量的主要工具是天平。天平的测量误差应当包括示值变动性误差、分度值误差和砝码误差等。单杠杆天平按精度分为十级，砝码的精度分为五等，一定精度级别的天平要配用等级相当的砝码。

在本书的实验中，约定**取天平分度值的一半作为仪器误差**。

1.4.3 温度测量类

物理实验中常用的测温仪器包括水银温度计、热电偶温度计和电阻温度计。表 1-6 给出了实验常用的工作用温度计的允许误差。

表 1-6 实验常用的工作用温度计的允许误差

<table>
<tr><th rowspan="3" colspan="2">温度计类别</th><th rowspan="3">测量范围
(℃)</th><th colspan="4">示值最大允许误差(℃)</th></tr>
<tr><th colspan="4">分度值(℃)</th></tr>
<tr><th>0.1</th><th>0.2</th><th>0.5</th><th>1.0</th></tr>
<tr><td rowspan="4">工作用玻璃
水银温度计</td><td rowspan="2">全浸式</td><td>−30～+100</td><td>±0.2</td><td>±0.3</td><td>±0.5</td><td>±1.0</td></tr>
<tr><td>100～200</td><td>±0.4</td><td>±0.4</td><td>±1.0</td><td>±1.5</td></tr>
<tr><td rowspan="2">局浸式</td><td>−30～+100</td><td>—</td><td>—</td><td>±1.0</td><td>±1.5</td></tr>
<tr><td>100～200</td><td>—</td><td>—</td><td>±1.5</td><td>±2.0</td></tr>
<tr><td rowspan="4">工作用铂铑-铂热电偶
(热电偶参考端为 0 ℃)</td><td rowspan="2">(Ⅰ级)</td><td>0～1100</td><td colspan="4">±1</td></tr>
<tr><td>1100～1600</td><td colspan="4">$\pm[1+(t-1100)\times 0.003]$</td></tr>
<tr><td rowspan="2">(Ⅱ级)</td><td>0～600</td><td colspan="4">±1.5</td></tr>
<tr><td>600～1600</td><td colspan="4">$\pm 0.25\%t$</td></tr>
<tr><td rowspan="2">工业铂热阻
分度号 Pt10,Pt100</td><td>(A 级)</td><td rowspan="2">−200～+850</td><td colspan="4">$\pm(0.15+0.002|t|)$</td></tr>
<tr><td>(B 级)</td><td colspan="4">$\pm(0.30+0.005|t|)$</td></tr>
</table>

注:t 为热电偶测量端温度,$|t|$ 为以摄氏度表示的温度的绝对值。

在本书的实验中,约定**水银温度计的仪器误差按最小分度值计算**。

1.4.4 时间测量类

秒表是物理实验中最常用的计时仪表。在本书的实验中,对较短时间测量的机械秒表可按 0.05 s 作为秒表的仪器误差。对石英电子秒表,其最大偏差≤$(5.8\times 10^{-6}t+0.1)$ s,其中 t 是时间的测量值。在本书的实验中,取 0.01 s 作为石英电子秒表的仪器误差。

1.4.5 电学测量类

电学仪器按国家标准大多是根据准确度大小划分等级,其基本误差可通过准确度等级的有关公式给出。

1. 电磁仪表(指针式电流表、电压表)

$$\Delta_{仪}x = a\% \cdot N_m \tag{1-18}$$

式中,N_m 为电表的量程;a 为以百分数表示的准确度等级,分为 5.0、2.5、1.5、

1.0、0.5、0.2、0.1七个级别。

2. 电阻箱

$$\Delta_{仪}x = a\% \cdot R + R_0 \tag{1-19}$$

式中，R_0为残余电阻，即电阻箱各十进盘均置于零位时的电阻；R 为电阻箱的读数值；a 为电阻箱的准确度级别。

对于 ZX21 型 0.1 级电阻箱，可约定 $R_0=0.005(N+1)$，其单位为 Ω，N 是实际所用的十进电阻盘个数，如用"0Ω"和"9.9 Ω"两接线柱时 N 值取 3。

3. 直流式电位差计

$$\Delta_{仪}x = a\% \cdot (U_x + U_0/10) \tag{1-20}$$

式中，a 为准确度等级；U_x为电位差计的读数；U_0为基准值，定义为量程内最大示值的 10 的整数幂。

对于 UJ31 型电位差计，准确度等级为 0.05。当倍率取 10 时其 $U_0=0.1$ V，当倍率取 1 时，取 $U_0=0.01$ V。

4. 直流电桥

$$\Delta_{仪}x = a\% \cdot (CR_x + CR_0/10) \tag{1-21}$$

式中，a 为准确度等级；R_x为电桥度盘示值；R_0为基准值，定义为标度盘最大示值的 10 的整数幂；C 为比率值。

对于 QJ23 型电桥中的 R_0值，取 5000 Ω 作为一种简化处理。

1.4.6 数字仪表

随着时代的发展，数字仪表已广泛应用到科学实验中，特别是电学数字仪表。数字仪表的仪器误差也与它的精度等级有关。这里假定数字仪表足够准确，故数字仪表的仪器误差限与数字仪表的分度值相同，即与读数的最后一位的一个单位相同。

还有一些测量仪器，其仪器误差限值将在具体实验中提及。

1.5 间接测量结果的不确定度

在绝大多数实验中所进行的测量都是间接测量，间接测量的结果是由直接测量结果根据一定的数学式计算出来的。这样一来，直接测量结果的不确定度就必然影响到间接测量结果，这种影响的大小可由相应的数学式计算出来。

设间接测量所用的数学式（或称测量用公式，或称实验公式）可以表示为如下的函数式：

$$\varphi = \varphi(x, y, z, \cdots)$$

式中，φ 为间接测量结果；x，y，z，… 为直接测量结果（它们是相互独立的）。设 $x,y,z,\cdots$ 的不确定度分别为 $\Delta x,\Delta y,\Delta z,\cdots$，它们必然影响间接测量结果，使得 φ 值也有相应的不确定度 $\Delta\varphi$。由于不确定度都是微小的量，相当于数学中的“增量”，因此间接测量的不确定度计算公式与数学中全微分公式基本相同。所不同的是：①要用不确定度 $\Delta x,\Delta y,\Delta z,\cdots$ 代替微分 $\mathrm{d}x,\mathrm{d}y,\mathrm{d}z,\cdots$；②要考虑不确定度合成的统计性质。

对式 $\varphi=\varphi(x,y,z,\cdots)$ 全微分，有

$$\mathrm{d}\varphi=\frac{\partial\varphi}{\partial x}\mathrm{d}x+\frac{\partial\varphi}{\partial y}\mathrm{d}y+\frac{\partial\varphi}{\partial z}\mathrm{d}z+\cdots$$

考虑到不确定度与全微分的不同点，于是有

$$\Delta\varphi=\sqrt{\left(\frac{\partial\varphi}{\partial x}\Delta x\right)^2+\left(\frac{\partial\varphi}{\partial y}\Delta y\right)^2+\left(\frac{\partial\varphi}{\partial z}\Delta z\right)^2+\cdots}\tag{1-22}$$

对式 $\varphi=f(x,y,z,\cdots)$ 取对数

$$\ln\varphi=\ln[\varphi(x,y,z,\cdots)]$$

再全微分，有

$$\frac{\mathrm{d}\varphi}{\varphi}=\frac{\partial(\ln\varphi)}{\partial x}\mathrm{d}x+\frac{\partial(\ln\varphi)}{\partial y}\mathrm{d}y+\frac{\partial(\ln\varphi)}{\partial z}\mathrm{d}z+\cdots$$

也考虑到不确定度与全微分不同，于是有

$$E_{\mathrm{r}}=\frac{\Delta\varphi}{\varphi}=\sqrt{\left[\frac{\partial(\ln\varphi)}{\partial x}\Delta x\right]^2+\left[\frac{\partial(\ln\varphi)}{\partial y}\Delta y\right]^2+\left[\frac{\partial(\ln\varphi)}{\partial z}\Delta z\right]^2+\cdots}\tag{1-23}$$

式(1-22)和式(1-23)两式就是物理实验中用来计算间接测量量 φ 的不确定度 $\Delta\varphi$ 的公式。式(1-22)适用于和差形式，式(1-23)适用于积商形式。$E_{\mathrm{r}}=\dfrac{\Delta\varphi}{\varphi}$ 也称相对不确定度。

例 1.1　用流体静力称衡法测物体密度 ρ，先测得物体在空气和水中的视重分别为 $W_1=m_1g$、$W_2=m_2g$，m_1、m_2 分别为各视重砝码的质量。然后由下式算出其密度：

$$\rho=m_1\rho_0/(m_1-m_2)$$

式中，ρ_0 为水的密度，为常量。求不确定度的表达式。

解　用式(1-22)计算不确定度：

$$\mathrm{d}\rho=(\partial\rho/\partial m_1)\mathrm{d}m_1+(\partial\rho/\partial m_2)\mathrm{d}m_2$$

$$\frac{\partial\rho}{\partial m_1}=\frac{\rho_0}{m_1-m_2}-\frac{m_1\rho_0}{(m_1-m_2)^2}=-\frac{m_2\rho_0}{(m_1-m_2)^2}$$

$$\frac{\partial\rho}{\partial m_2}=\frac{m_1\rho_0}{(m_1-m_2)^2}$$

$$\Delta\rho = \sqrt{[(\partial\rho/\partial m_1)(\Delta m_1)]^2 + [(\partial\rho/\partial m_2)(\Delta m_2)]^2}$$
$$= \sqrt{\left[\frac{-m_2\rho_0\Delta m_1}{(m_1-m_2)^2}\right]^2 + \left[\frac{m_1\rho_0\Delta m_2}{(m_1-m_2)^2}\right]^2}$$
$$= \frac{\rho_0}{(m_1-m_2)^2}\sqrt{(m_2\Delta m_1)^2 + (m_1\Delta m_2)^2}$$

用式(1-23)计算不确定度：对式 $\rho = m_1\rho_0/(m_1-m_2)$ 取对数，有

$$\ln\rho = \ln m_1 + \ln\rho_0 - \ln(m_1 - m_2)$$

再两边微分，得

$$d\rho/\rho = dm_1/m_1 - (dm_1 - dm_2)/(m_1 - m_2)$$
$$= -m_2 dm_1/[m_1(m_1-m_2)] + dm_2/(m_1-m_2)$$
$$E_r = \frac{\Delta\rho}{\rho} = \sqrt{\left[\frac{-m_2\Delta m_1}{m_1(m_1-m_2)}\right]^2 + \left(\frac{\Delta m_2}{m_1-m_2}\right)^2}$$
$$= \frac{1}{m_1(m_1-m_2)}\sqrt{(m_2\Delta m_1)^2 + (m_1\Delta m_2)^2}$$

于是

$$\Delta\rho = E_r\rho = \frac{1}{m_1(m_1-m_2)}\sqrt{(m_2\Delta m_1)^2 + (m_1\Delta m_2)^2}\cdot[m_1\rho_0/(m_1-m_2)]$$
$$= \frac{\rho_0}{(m_1-m_2)^2}\sqrt{(m_2\Delta m_1)^2 + (m_1\Delta m_2)^2}$$

两种方法算出的结果完全相同。

这里要指出的是，由不确定度的方和根式(1-22)和式(1-23)以及 1.6 节中有效数字的运算法则可知，当某一测量值引起的不确定度(或相对不确定度)小于若干测量值中引起的最大不确定度(或最大相对不确定度)的 1/10 时，此项测量值引起的不确定度在运算式中可以忽略不计，即能舍去。

另外，根据间接测量量不确定度传递公式(1-22)和式(1-23)，在对间接测量的精确度提出了一定要求后，测量仪器的精度选择应按不确定度大致均分的原则进行，以便我们合理地使用仪器。

1.6 有效数字及其运算法则

1.6.1 有效数字的位数

在实验中所测的数据都是有误差的数据，对这些数据不能任意取舍，应反映测量值的准确程度。所以在记录数据、计算及书写测量结果时，究竟应写出几位数字，有严格的要求，要根据测量结果的不确定度来定。例如，用 300 mm 长的

毫米分度钢板尺（本书约定 $\Delta_{仪}d=0.5$ mm）测量某物体长度时，读数的正确方法是除了确切地读出钢尺上有刻线的位数之外，还应估读一位，即读到 0.1 毫米位。比如，测出某物体的长度是 15.2 mm，这表明“15”是准确数字，而最后的“2”是估读数字，它存在疑问。值得注意的是，当读数正好是整数刻度时，人们往往只读取了整数值，而忽视了读估计的那位“0”。比如，用钢尺测得的物体长度正好是 15 mm 整，则应记录为 15.0 mm，不应写成 15 mm。又如根据长度和直径的测量值用计算器算出的柱体体积为 $V=6158.3201$ mm^3，体积的不确定度 $\Delta V=4$ mm^3。由不确定度为 4 mm^3 可以看出，第四位数字“8”已经不够精确，它后面的四位数字“3210”也就没有意义了。因而圆柱体体积的间接测量值应写作 $V=(6158\pm4)$ mm^3。“6158”这四位数字前面的三位是准确数字，后面的一位是存疑数字。准确数字与存疑数字合称有效数字。前两例中的 15.2 mm 为三位有效数字，6158 mm^3 为四位有效数字。

有效数字位数的多少，直接反映实验装置的准确度。一般说来，有效数字位数越多，测量准确度越高。但是不能不顾测量仪器的准确程度与计算结果的不确定度而无限地增多有效数字的位数。例如，用不同精度的量具测量同一物体的厚度 d 时，用钢尺（本书约定 $\Delta_{仪}d=0.5$ mm）测得 $d=6.2$ mm，d 只能是两位有效数字，其相对误差限值只能是 $E_r=0.5/6.2=8.1\%$；用 50 分度游标尺（$\Delta_{仪}d=0.02$ mm）测得 $d=6.36$ mm，就有三位有效数字，相对误差限值变为 $E_r=0.02/6.36=0.31\%$；用千分尺（本书约定 $\Delta_{仪}d=0.005$ mm）测得 $d=6.347$ mm，有效数字的位数就增加到四位，相对误差限值又变为 $E_r=0.005/6.347=0.079\%$。由此可见，有效数字位数多一位，相对误差限值 E_r 差不多要小一个数量级。所以，测量结果取几位有效数字是件严肃的事，不能任意取舍。

不确定度是误差可能数字的估计，因而它本身也存在不确定度的问题，它的有效数字的位数也就不能太多。因此在一般情况下，不确定度取 1～2 位有效数字。根据尾数截断与数字取舍不过分改变不确定度值的原则，规定当不确定度首位数字 $n\geqslant\sqrt{10}$ 时，不确定度有效数字的位数取一位，其余情况取两位。即不确定度有效数字的位数当首位数字 $n\geqslant4$ 时，取一位，首位数字 $n\leqslant3$ 时取两位。相对不确定度有效数字的位数一般情况下取两位。

应当指出，测量结果的第一位（即最高位）非零数字前的“0”不属于有效数字，而非零数字后的“0”都是有效数字。因为前者只反映了测量单位的换算关系，与有效数字位数无关。例如，物体长度 15.2 mm 是三位有效数字，写成 0.0152 m 也是三位有效数字；但如写成 15.20 mm 就变成四位有效数字了，这就改变了原 15.2 mm 三位有效数字的精度，这是不允许的。这就说明有效数字后面的“0”不能任意增减。

测量结果有效数字的位数与不确定度有效数字的位数必须对齐，这是确定测量结果有效数字位数的主要原则。当不确定度为一位有效数字时，测量结果的最后一位是可疑数位；当不确定度为两位有效数字时，测量结果的最后两位是可疑数位。而且测量结果的可疑数字的位置与不确定度数字的位置到小数点的距离相等。

1.6.2 有效数字的修约

不论对测量结果还是不确定度，数据采用“四舍六入五凑偶”的规则修约，即小于 5 者舍，大于 5 者入，等于 5 者把截断以后数的尾数凑成偶数。这种舍入原则的出发点是使尾数入与舍的概率相等。

例如，某质量测量结果为 $m=3.075$ kg，$\Delta m=0.045$ kg，则应表示成 $m=(3.08\pm0.04)$ kg；又如，2.435 取三位有效数字时为 2.44；17.405 取四位有效数字时为 17.40。

数据截取时应一次截取，不能采用逐级截取的方法。例如，数 7.1456 取两位有效数字时不能采用 7.1456→7.146→7.15→7.2 截取方法，而应一次性截取为 7.1。

1.6.3 测量结果的科学计数法

为了便于处理过大或过小的数据，且采用的单位又都是国际单位，所以常把测量结果写成小数乘以 10 的方幂形式，小数点前有一位，必须有且只有一位非零整数的数字，这称为有效数字的科学计数法。例如，前面物体长度测量值为 15.2 mm，用国际单位制应写成1.52×10^{-2} m；又如，中国人口为 13 亿 4 千万，不应写成 1340000000，而应写成 1.34×10^{9}。

1.6.4 有效数字的运算法则

有些测量，特别是准确度要求不高的测量，并不具体处理不确定度，只要求粗略反映测量值的有效数字，这就需要有一些简单的规则来处理函数运算，以便使计算在（基本）不影响结果精度的基础上变得简捷。这里假设有效数字中只有最后一位是存疑数字，就此通过实例讨论出有效数字的运算规则。根据有效数字的定义，可以得出：**计算结果中一般只保留数量级最大的一位可疑数字**。

1. 加减运算

以三数相加（下面有一黑点的数字为可疑数字，以下相同）为例：

$$\begin{array}{r} 20.\underset{\cdot}{1} \\ 4.1\underset{\cdot}{7} \\ +)\ 6.78\underset{\cdot}{4} \\ \hline 31.\underset{\cdot}{0}\underset{\cdot}{5}\underset{\cdot}{4} \end{array}$$

可疑数字加(减)可疑数字或可疑数字加(减)可靠数字均为可疑数字,进位数不算可疑数字。根据只保留数量级最大的可疑数字的原则,以上的和数应为31.0。结果的可疑数字的位置在小数点后第一位,与20.1的可疑数字的位置相同;而数20.1中可疑数字的数量级是参与加法运算的三数中可疑数字数量级最大的,即和数中可疑数字的位置与参与加法运算诸数中可疑数字数量级最大的位置相同。相减与相加有同样的规律。由此可得加减运算中有效数字的运算规则是:

诸数相加减,计算结果的可疑数字的位置与参与加减运算的诸数中数量级最大的可疑数字的位置相同。

2. 乘法运算

两数相乘时,如可疑数字与可疑数字或可疑数字与可靠数字相乘,除进位数字外均为可疑数字。于是有下面的运算:

$$\begin{array}{r} 2.31\underset{\cdot}{4} \\ \times)\ 3.\underset{\cdot}{6} \\ \hline 1.\underset{\cdot}{3}\underset{\cdot}{8}\underset{\cdot}{8}\underset{\cdot}{4} \\ +)\ 6.94\underset{\cdot}{2} \\ \hline 8.\underset{\cdot}{3}\underset{\cdot}{3}\underset{\cdot}{0}\underset{\cdot}{4} \end{array} \qquad \begin{array}{r} 5.42\underset{\cdot}{1} \\ \times)\ 3.\underset{\cdot}{2} \\ \hline 1.\underset{\cdot}{0}\underset{\cdot}{8}\underset{\cdot}{4}\underset{\cdot}{2} \\ +)\ 16.26\underset{\cdot}{3} \\ \hline 17.\underset{\cdot}{3}\underset{\cdot}{4}\underset{\cdot}{7}\underset{\cdot}{2} \end{array}$$

得 $2.314\times3.6=8.3$ $\qquad 5.421\times3.2=17.3$

由以上两例可见,积数的有效数字的位数与参与相乘运算诸数中有效数字位数最少的位数相同或多一位。为了不丢失有效数字与计算的简便,本书约定:**诸数相乘,积数有效数字的位数比参与相乘诸数中有效数字位数最少的多取一位。**

3. 除法运算

根据除法是乘法的逆运算的原理,可以预见,两数相除,商数的有效数字的位数与参与除法运算的两数中有效数字位数最少的位数相同或少一位。为了不丢失有效数字,本书约定:**两数相除,商数的有效数字位数与参与除法运算的两数中有效数字位数最少的相同。**

4. 其他函数运算

这里给出一般的处理原则：**以自变量即参与运算的量的最后一位有效数字(可疑数字位)取一个单位作为测量值的不确定度，用微分方式求出因变量即结果量的最大不确定度，并且取一位，由此定出有效数字的位数**。这样做比较“保险”。

例 1.2 求$\sqrt[20]{3.25}$的值。

解 以 x 代表 3.25，将$\sqrt[20]{3.25}$写成函数的形式 $y=x^{1/20}$，由计算可得

$$y = x^{1/20} = 3.25^{1/20} = 1.0607039$$

而

$$\Delta y = (1/20)x^{1/20-1}\Delta x = (1/20)(y/x)\Delta x = (1/20)\times(3.25^{1/20}/3.25)\times 0.01$$
$$= 0.00016 \approx 0.0002$$

因 Δy 的位数定在小数点后第四位，故有

$$\sqrt[20]{3.25} = 1.0607$$

结果有五位有效数字。

例 1.3 求 $\sin 20°6'$的值。

解 令 $y=\sin x$，$x=20°6'$，计算器上显示

$$y = \sin x = \sin 20°6' = 0.343659694$$

而

$$\Delta y = \cos x \Delta x = 0.939094252 \times 1'$$
$$= 0.939094252 \times \pi/(180\times 60) = 0.00027 \approx 0.0003$$

即 Δy 的位数在小数点后第四位，故有

$$\sin 20°6' = 0.3436$$

5. 混合运算

根据以上讨论的法则，混合运算的原则是：

(1)按以上 1～4 运算原则按部就班地进行；

(2)为了防止数字截断后运算引入新的误差，参与运算的物理量比上述原则多取 1～2 位有效数字；

(3)常数(如 π，$\sqrt{2}$等)根据情况要取多少位就取多少位。

1.7 不确定度应用举例

例 1.4 用分度值为 1.0 mm 的钢板尺测某物体的长度，得出数据如下：3.41 cm，3.43 cm，3.45 cm，3.44 cm，3 .42 cm。求算术平均值、不确定度及相对不确定度，并正确表示测量结果。

解

(1)算术平均值

$$\overline{x}=\frac{1}{n}\sum_{i=1}^{n}x_i=\frac{1}{5}\times(3.41+3.43+3.45+3.44+3.42)=3.43\ (\text{cm})$$

(2)不确定度

测量列的标准偏差

$$S_x=\sqrt{\sum_{i=1}^{n}\frac{(x_i-\overline{x})^2}{n-1}}$$

$$=\sqrt{\frac{1}{4}[(3.41-3.43)^2+(3.43-3.43)^2+(3.45-3.43)^2+(3.44-3.43)^2+(3.42-3.43)^2]}$$

$$=0.016\ (\text{cm})$$

平均值的标准偏差

$$S_{\overline{x}}=S_x/\sqrt{n}=0.016/\sqrt{5}=0.0071\ (\text{cm})$$

由此得

$$\Delta_A x=tS_{\overline{x}}=2.78\times 0.0071=0.020\ (\text{cm})$$

$$\Delta_B x=\Delta_{仪}x=0.05\ (\text{cm})$$

$$\Delta x=\sqrt{(\Delta_A x)^2+(\Delta_B x)^2}=\sqrt{0.020^2+0.05^2}=0.054\approx 0.05\ (\text{cm})$$

$$E_r=\Delta x/x=0.054/3.43=0.01545\approx 1.5\%$$

(3)测量结果为

$$x=3.43\pm 0.05\ (\text{cm})=(3.43\pm 0.05)\times 10^{-2}(\text{m})$$

例 1.5 已知某金属环外径 $D_2=3.600\pm 0.004$ cm,内径 $D_1=2.880\pm 0.004$ cm,高度 $h=2.575\pm 0.004$ cm。求金属环的体积 V 及体积的不确定度 ΔV。

解 金属环体积为

$$V=\frac{1}{4}\pi h(D_2^2-D_1^2)=\frac{\pi}{4}\times 2.575\times(3.600^2-2.880^2)=9.4357\ (\text{cm}^3)$$

对金属环体积公式取对数

$$\ln V=\ln(\pi/4)+\ln h+\ln(D_2^2-D_1^2)$$

再两边微分

$$\mathrm{d}V/V=\mathrm{d}h/h+(2D_2\mathrm{d}D_2-2D_1\mathrm{d}D_1)/(D_2^2-D_1^2)$$

有

$$\Delta V/V=\{(\Delta h/h)^2+[(2D_2\Delta D_2)^2+(2D_1\Delta D_1)^2]/(D_2^2-D_1^2)^2\}^{1/2}$$

$$=\sqrt{\left(\frac{0.004}{2.575}\right)^2+\left(\frac{2\times 3.600\times 0.004}{3.600^2-2.880^2}\right)^2+\left(\frac{2\times 2.880\times 0.004}{3.600^2-2.880^2}\right)^2}$$

$$=8.1\times 10^{-3}=0.81\%$$

$$\Delta V = (\Delta V/V)V = 9.4357 \times 0.81\% = 7.6 \times 10^{-2}(\text{cm}^3) \approx 0.08\ (\text{cm}^3)$$
$$= 8 \times 10^{-4}(\text{m}^3)$$

因此金属环的体积为

$$V = (9.44 \pm 0.08) \times 10^{-2}(\text{m}^3)$$

例 1.6 用伏安法测电阻,电路如图 1-2 所示。所用仪器及参数如下:1 级伏特表,量程 3 V,内阻 $r_0 + \Delta r_0 = (1.001 \pm 0.004)$ kΩ;1 级毫安表,量程 150 mA。测量数据 $V = 3.00$ V,$I = 147.4$ mA,要求给出电阻 R 的测量结果和正确表述。

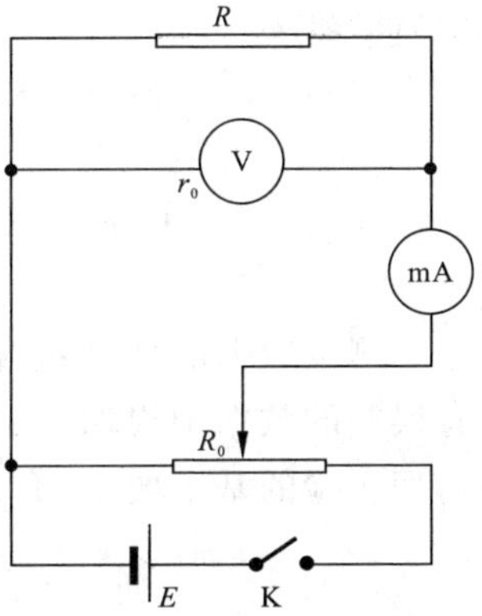

图 1-2 伏安法测电阻电路

解 本实验主要误差来源有三处:(1)方法误差,由于电流表外接而产生的系统误差,使 $R_{测} < R_{真}$;(2)电压测量误差;(3)电流测量误差。

为了消除(1)中测量方法产生的系统误差,不用式 $R = V/I$,而代之以修正 R 的计算公式,即

$$R = V/(I - V/r_0) = r_0 V/(r_0 I - V)$$

$$R = \frac{1.001 \times 10^3 \times 3.00}{1.001 \times 10^3 \times 1.47 \times 10^{-3} - 3.00} = 20.78\ (\Omega)$$

(2)和(3)的误差来源较多,包括器具误差、读数误差和接线误差等。在本实验条件下,由相应仪器误差限来综合评定

$$\Delta V = \Delta_{仪} V = 3.00 \times 1.0\% = 0.03\ (\text{V})$$
$$\Delta I = \Delta_{仪} I = 150 \times 1.0\% = 1.5\ (\text{mA})$$

对修正 R 的计算公式取对数

$$\ln R = \ln r_0 + \ln V + \ln(r_0 I - V)$$

再微分

$$\frac{\mathrm{d}R}{R} = \frac{\mathrm{d}r_0}{r_0} + \frac{\mathrm{d}V}{V} - \frac{I\mathrm{d}r_0 + r_0\mathrm{d}I - \mathrm{d}V}{r_0 I - V}$$
$$= \left(\frac{1}{V} + \frac{1}{r_0 I - V}\right)\mathrm{d}V + \left(\frac{1}{r_0} + \frac{I}{r_0 I - V}\right)\mathrm{d}r_0 - \frac{r_0}{r_0 I - V}\mathrm{d}I$$

把微分符号改成不确定度,并对独立项取方和根值

$$\frac{\Delta R}{R} = \sqrt{\left(\frac{1}{V} + \frac{1}{r_0 I - V}\right)^2 (\Delta V)^2 + \left(\frac{1}{r_0} + \frac{I}{r_0 I - V}\right)^2 (\Delta r_0)^2 + \left(\frac{r_0}{r_0 I - V}\right)^2 (\Delta I)^2}$$
$$= \Big[\left(\frac{1}{3.00} + \frac{1}{147.4 \times 10^{-3} \times 1.001 \times 10^3 - 3.00}\right)^2 \times 0.03^2$$
$$+ \left(\frac{1}{1.001 \times 10^3} + \frac{147.4 \times 10^{-3}}{147.4 \times 10^{-3} \times 1.001 \times 10^3 - 3.00}\right)^2 \times (0.004 \times 10^3)^2$$

$$+\left(\frac{1.001\times10^{3}}{147.4\times10^{-3}\times1.001\times10^{3}-3.00}\right)^{2}\times(1.5\times10^{-3})^{2}\Big]^{\frac{1}{2}}$$

$$=0.015=1.5\%$$

$$\Delta R=R(\Delta R/R)=20.78\times0.015=0.31\ (\Omega)$$

最后结果为

$$R=20.78\pm0.31\ (\Omega)$$

1.8 物理实验数据处理的基本方法

测量数据的处理包含十分丰富的内容，例如，数据的记录，图像的描绘，从带有误差的数据中提取参数，验证和寻找经验规律，外推实验数值等。本节将结合物理实验的基本要求，介绍一些最基本的实验数据处理方法。

1.8.1 列表法

顾名思义，列表法就是把数据按一定的规律列成表格。这是在记录和处理数据时最常用的方法，又是其他数据处理方法的基础。列表法的优点是对应关系清楚、简捷，有助于发现实验中的规律。列表时应注意以下事项：

(1)表格设计要合理、简单明了，重点考虑如何能完整地记录原始数据及揭示相关量之间的函数关系。

(2)表格的标题栏中注明物理量的名称、符号和单位(单位不必在数据栏内重复书写)。

(3)数据要正确反映测量结果的有效数字的位数。

(4)提供与表格有关的说明和参数，包括表格名称、主要仪器规格(型号、量程及仪器精度等)、有关的环境参数(如温度、湿度等)和其他需要引用的物理常数和物理量等。

(5)为便于揭示或说明物理量之间的联系，可以根据需要增加原始数据以外的处理结果。

本书中的各种数据表格都是根据这些要求设计的，同学们要逐步学会设计实验数据表格。

例 1.7 用伏安法测晶体二极管的伏安特性数据表格，如表 1-7、表 1-8 所示。

晶体管型号：____________________；

电压表：型号 __________，分度值 __________，量程 __________，精度等级__________。

(1)正向特性数据

电流表1:型号__________,分度值__________,量程__________,精度等级__________。

表1-7　正向特性数据

电压测量值 V(V)										
电流测量值 I_0(mA)										
电流修正值 I(mA)										

因电流表外接,通过晶体管的电流修正值为 $I=I_0-V/r_V$,电压表内阻 r_V = __________。

(2)反向特性数据

电流表2:型号__________,分度值__________,量程__________,精度等级__________。

表1-8　反向特性数据

电压测量值 V_0(V)										
电压修正值 V(V)										
电流测量值 I(μA)										

因电流表内,晶体管两端的电压修正值为 $V=V_0-Ir_I$,电流表内阻 r_I = __________。

1.8.2　作图法

所谓作图法就是把实验数据用自变量和因变量的关系作成曲线,以便反映它们之间的变化规律或函数关系。

1. 作图的作用和优点

(1)可把一系列数据之间的关系或其变化情况用图线直观地表现出来。作图法是研究物理量之间的变化规律,找出对应的函数关系,求经验公式最常用的方法之一。

(2)如果图线是依据许多数据点描出的平滑曲线,则作图法有多次测量取平均效果的作用。

(3)能简单地从图线中求出实验需要的某些结果。例如,$y=ax+b$ 就可从图线斜率求出 a 值,从截距求出 b 值,从图上求函数值等。

(4)可以作出仪器的校准曲线。

(5)图线上,可以直接读出没有进行观测的对应于某 x 的 y 值(内插法),在一定条件下,也可以从图线的延伸部分读到测量数据范围以外的点(外推法)

的值。

(6)图线可帮助发现实验中个别的测量错误，并可通过图线对系统误差进行分析。

(7)在数据计算过程中，也常利用一些计算图表，可以大大提高计算效率。

(8)可把某些较复杂的函数关系用直线表示出来(变数置换法)，因为当函数为非线性关系时，不仅求值困难，而且也很难从图中判断结果是否正确，所以常用变数置换法处理。例如，$pV=C$，若将 p-V 图线改为以 p 和 $1/V$ 为轴的 p-$1/V$ 图线，就变为直线了，如图 1-3 所示。

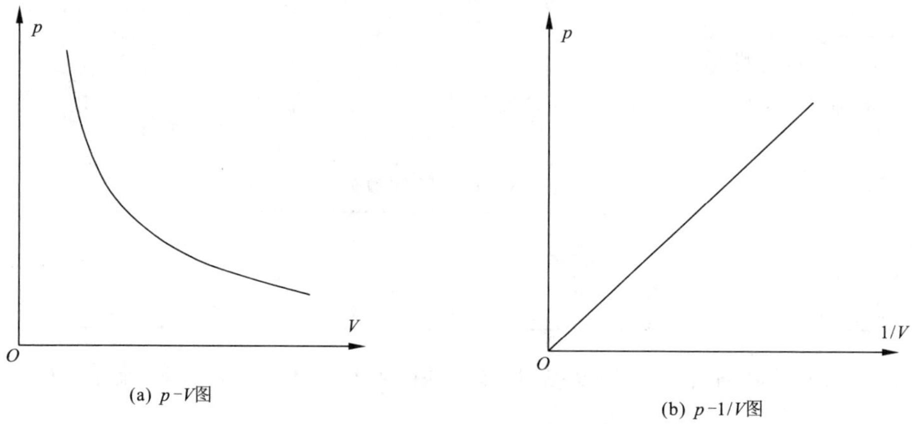

图 1-3　变数置换法将曲线变为直线

2. 作图规则

(1)作图一定要用坐标纸。当决定了作图的参数以后，根据情况选用直角坐标纸、双对数坐标纸、单对数坐标纸、极坐标纸或其他坐标纸等。

(2)坐标纸的大小及坐标轴的比例，应根据所测数据的有效数字的位数和结果的需要来定。原则上数据中可靠数字在图中应为可靠的，数据中不可靠的一位在图中应是估计的。即图纸中一小格对应数值中可靠数字的最后一位，但常常适当放大些，使图上实际可能读出的有效数字的位数与测量的读数相当。当然，图纸也不要过大，以免在本来的测量误差范围内可以连成光滑曲线(如直线)的看起来偏离太大。要适当选取横轴与纵轴的比例和坐标的起点，使图线比较匀称地充满整个图纸，不要缩在一边或一角。坐标轴的起点可以取为零点，也可以不取为零点。

(3)标明坐标轴和图名，画出坐标轴的方向，标明其所代表的物理量(或符号)，在轴上每隔一定间距标明该物理量的数值，在图纸的明显位置写清图的名称(包括必须说明的条件等)。

(4)标点。根据测量数据。用“+”标明各点的坐标。“+”用直尺、尖笔清楚地画出,使与实验数据对应的坐标准确地落在“+”的交点上。一张图上要画几条曲线时,每条曲线可用不同标记如“×”“○”“●”“△”“□”等。

(5)连线。用直尺、曲线板(尺)等仪器,根据不同情况,把点连成直线、光滑曲线或折线,校准曲线要通过校准点连成折线。当连成直线或光滑曲线时,曲线不一定通过所有的点,而是要求偏差点能较均匀地分布在线的两旁。在画线时,个别偏离过大的点应当舍去或重新测量校正。

(6)求直线斜率和截距。设图线的直线方程为

$$y = kx + b$$

则其斜率

$$k = \frac{y_2 - y_1}{x_2 - x_1}$$

可选取在直角坐标纸上所作的图线上(不一定要原来测量的点)的两点 $P_1(x_1, y_1)$和 $P_2(x_2, y_2)$代入第二式求得。P_1 与 P_2 不要选得相距太近,以减小误差。其截距 b 为 $x=0$ 时的 y 值,或选图上任一点 $P_3(x_3, y_3)$代入第一式,并利用第二式求得

$$b = y_3 - \frac{y_2 - y_1}{x_2 - x_1}x_3$$

例 1.8 用伏安法测晶体二极管的伏安特性。经过修正的数据见表 1-9 和表 1-10。

(1)正向特性数据

表 1-9 经过修正的正向特性数据

V(V)	0.000	0.100	0.200	0.300	0.350	0.400	0.450	0.500	0.550	0.600	0.650	0.700
I(mA)	0.00	0.69	1.34	2.02	2.43	2.82	3.30	3.82	4.52	5.61	7.45	9.10

(2)反向特性数据

表 1-10 经过修正的反向特性数据

V(V)	0.000	1.00	2.00	2.50	3.00	3.50	3.75	4.00
I(μA)	0.0	0.0	0.0	0.9	3.3	14.0	26.4	41.8

试描绘晶体二极管的伏安特性曲线。

解 如图 1-4 所示,以电压 V 为横轴、以电流 I 为纵轴,画出伏安特性曲线。

例 1.9 用拉伸法测金属丝的杨氏模量 E(其实验原理可参阅 2.4 节用拉伸法测金属丝的杨氏模量),所得实验数据如表 1-11 所示。

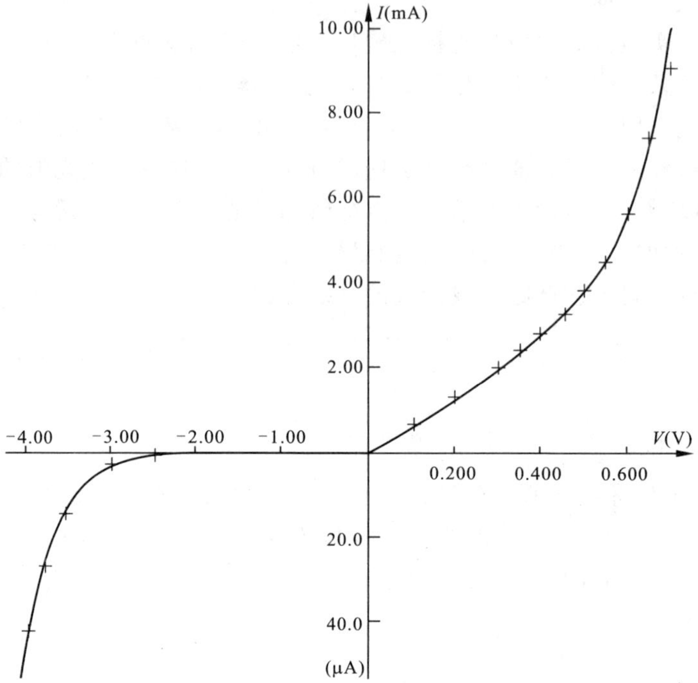

图 1-4　2CW13 晶体二极管的伏安特性

表 1-11　拉伸法测金属丝的杨氏模量实验数据

外力 F(N)	0	3.13	6.26	9.39	12.52	15.65	18.78	21.91
像坐标 n_i(cm)	−0.02	0.92	1.82	2.72	3.62	4.50	5.42	6.37
n_i-n_0(cm)		0.94	1.84	2.74	3.64	4.52	5.44	6.39

金属丝的长度 L、直径 d 和镜尺间的距离 R 分别为：$L=0.455$ m，$d=0.197$ mm，$R=1.298$ m。用图解法求金属丝的杨氏模量。

解　以 F 为纵坐标，像移 $n-n_0$ 为横坐标，作图如图 1-5 所示。

在直线上取两点：O(0 N，0 cm)；P(23.38 N，6.75 cm)，得斜率

$$k=\frac{F_2-F_1}{n_2-n_1}=\frac{23.38-0}{(6.75-0)\times10^{-2}}=3.464\times10^{2}\,(\text{N/m})$$

而由胡克定律，有

$$F/S=E\Delta L/L$$

得

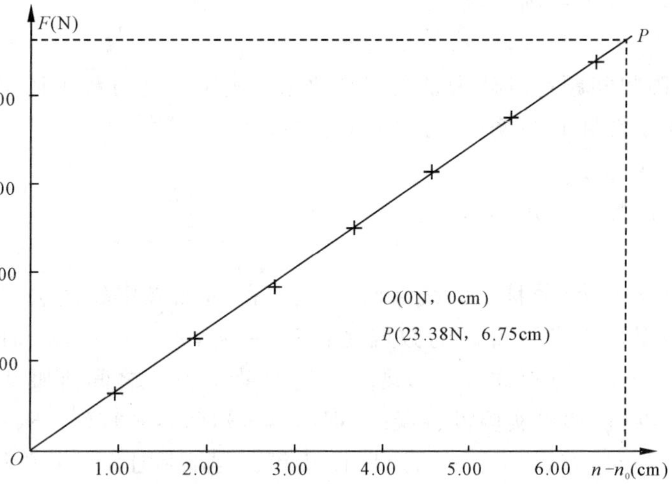

图 1-5　用拉伸法测金属丝的杨氏模量 E 中 F-$(n-n_0)$曲线

$$F = ES\Delta L/L = E\cdot\frac{1}{4}\pi d^2\cdot\frac{\left[\frac{b(n-n_0)}{2R}\right]}{L} = E\,\frac{\pi bd^2}{8RL}(n-n_0)$$

令 $F=k(n-n_0)$，$k_0=\dfrac{\pi bd^2}{8RL}$，有

$$k = k_0 E$$

而

$$k_0 = \frac{\pi bd^2}{8RL} = \frac{\pi\times(0.197\times10^{-3})^2\times8.03\times10^{-2}}{8\times1.298\times0.455} = 2.051\times10^{-9}(\mathrm{m})$$

所以得金属丝的杨氏模量为

$$E = k/k_0 = \frac{3.464\times10^2}{2.051\times10^{-9}} = 1.689\times10^{11}(\mathrm{N/m^2})$$

1.8.3　最小二乘法和一元线性回归

把实验的结果画成图表固然可以表示出物理规律，但是，图表的表示往往不如函数的表示来得明确和方便。所以就希望从实验数据求经验方程，也称为方程的回归。

方程的回归首先要确定函数的形式。函数形式的确定一般是根据理论的推断或者从实验数据变化的趋势而推测出来。例如，推断物理量 y 和 x 之间的关系是线性关系，则把函数的形式写成

$$y = a + bx$$

如果推断是指数关系则写成

$$y = c_1 e^{c_2 x}$$

所以,回归问题可以认为是用实验数据来确定上述方程中待定常数的问题。下面以一元线性回归为例讲解怎样确定这些待定常数。

1. 一元线性回归

设已知函数形式是

$$y = a + bx \tag{1-24}$$

自变量只有 x 一个,故称一元线性回归。实际上,如果用作图法,相当于求直线的截距和斜率。设实验得到的数据是:当 $x = x_1, x_2, x_3, \cdots, x_m$ 时,对应的 $y = y_1, y_2, y_3, \cdots, y_m$。方程式(1-24)既然是物理量 y 和 x 之间所服从的规律,所以在 a、b 确定以后,如果实验没有误差,把$(x_1, y_1), (x_2, y_2), (x_3, y_3), \cdots, (x_m, y_m)$代入式(1-24)时,方程的左右两边应该相等。但实际上,测量总伴随着测量误差,我们把这些测量误差归结为 y 的测量偏差,并记作 $\varepsilon_1, \varepsilon_2, \varepsilon_3, \cdots, \varepsilon_m$。这样,把实验数据$(x_1, y_1), (x_2, y_2), (x_3, y_3), \cdots, (x_m, y_m)$代入式 (1-24)后得到

$$\left.\begin{aligned} y_1 - (a - bx_1) &= \varepsilon_1 \\ y_2 - (a - bx_2) &= \varepsilon_2 \\ &\vdots \\ y_m - (a - bx_m) &= \varepsilon_m \end{aligned}\right\} \tag{1-25}$$

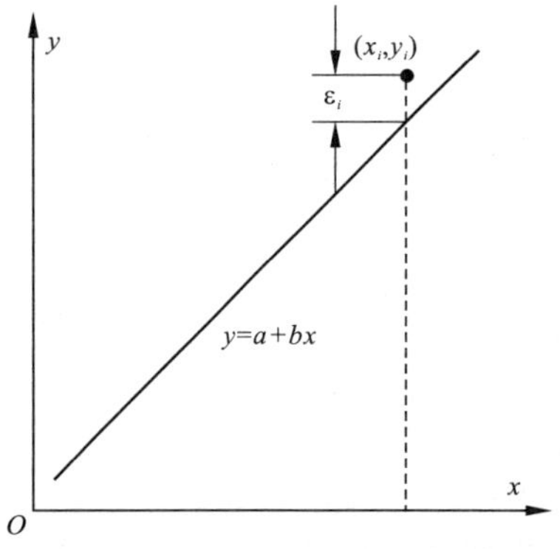

图 1-6　$y = a + bx$ 与 ε 的几何意义

目的在于利用方程组(1-25)来确定 a 和 b。那么,a 和 b 应该满足些什么要求呢? 显然,比较合理的 a 和 b 是使 $\varepsilon_1, \varepsilon_2, \varepsilon_3, \cdots, \varepsilon_m$ 数值上都比较小。从几何意义上来看(图 1-6),直线 $y = a + bx$ 由 a 和 b 所决定;$(x_1, y_1), (x_2, y_2), (x_3, y_3), \cdots, (x_m, y_m)$是实验所得的点;$\varepsilon_1, \varepsilon_2, \varepsilon_3, \cdots, \varepsilon_m$ 是这些实验点与直线纵坐标的偏差,要求这些实验点靠近直线当然是合理的。但是,每次测量的误差不会一样,反映出 $\varepsilon_1, \varepsilon_2, \varepsilon_3, \cdots, \varepsilon_m$ 大小不一样,而且符号也不尽相同,所以只能要求偏差的平方和最小,即 $\sum_{i=1}^{m} \varepsilon_i^2$ 最小。由于处理数据的方法要满足偏差的平方和为最小,故称最小二乘法。把方程组(1-25)各式平方相加得

$$\sum_{i=1}^{m} \varepsilon_i^2 = \sum_{i=1}^{m} (y_i - a - bx_i)^2 \tag{1-26}$$

为求 $\sum_{i=1}^{m}\varepsilon_i^2$ 的最小值，把式(1-26)对 a 和 b 求偏微商得

$$\left.\begin{aligned}\frac{\partial\sum_{i=1}^{m}\varepsilon_i^2}{\partial a} &= -2\sum_{i=1}^{m}(y_i-a-bx_i)\\ \frac{\partial\sum_{i=1}^{m}\varepsilon_i^2}{\partial b} &= -2\sum_{i=1}^{m}[x_i(y_i-a-bx_i)]\end{aligned}\right\}\tag{1-27}$$

令式(1-27)都等于零，得

$$\left.\begin{aligned}\sum_{i=1}^{m}y_i-ma-b\sum_{i=1}^{m}x_i &= 0\\ \sum_{i=1}^{m}x_iy_i-a\sum_{i=1}^{m}x_i-b\sum_{i=1}^{m}x_i^2 &= 0\end{aligned}\right\}\tag{1-28}$$

令 $\overline{x}$ 表示 x 的平均值，即 $\sum_{i=1}^{m}x_i=m\overline{x}$；$\overline{y}$ 表示 y 的平均值，即 $\sum_{i=1}^{m}y_i=m\overline{y}$；$\overline{x^2}$表示 x^2 的平均值，即 $\sum_{i=1}^{m}x_i^2=m\overline{x^2}$；$\overline{xy}$表示 xy 的平均值，即 $\sum_{i=1}^{m}x_iy_i=m\overline{xy}$。将它们代入式(1-28)，得

$$\left.\begin{aligned}\overline{y}-a-b\overline{x} &= 0\\ \overline{xy}-a\overline{x}-b\overline{x^2} &= 0\end{aligned}\right\}\tag{1-29}$$

解方程得

$$a=\overline{y}-b\overline{x}\tag{1-30}$$

$$b=\frac{\overline{x}\cdot\overline{y}-\overline{xy}}{(\overline{x})^2-\overline{x^2}}\tag{1-31}$$

在进一步的研究中还有一些要深入讨论的问题。我们将给出一些结论，但不作证明。

(1)相关系数

观察 x 和 y 之间存在线性函数关系是预先设定好的，因此这种关系是否可靠需要验证。事实上，任何两组量 x_i和 y_i都可以通过式(1-30)和式(1-31)得到“回归”系数 a、b。一般可通过计算相关系数 r 来检验 x、y 之间的线性关系。r 是绝对值小于等于 1 的常数。

$$r=\frac{\overline{xy}-\overline{x}\cdot\overline{y}}{\sqrt{[\overline{x^2}-(\overline{x})^2]\cdot[\overline{y^2}-(\overline{y})^2]}}\tag{1-32}$$

若关系式 $y=a+bx$ 严格成立，$|r|\approx1$。若$|r|$远小于 1 而接近于 0，说明实验数据对求得的直线很分散，即不满足线性回归，必须用其他函数重新试探。

(2)y的不确定度估计

测量值 y 的标准偏差可由下式给出

$$S_y = \sqrt{\frac{\sum_{i=1}^{m}[y_i - (a + bx_i)]^2}{m-2}} \tag{1-33}$$

(3)回归系数的不确定度估计

a、b 的标准偏差可由下列两式给出

$$S_a = \sqrt{\frac{\overline{x^2}}{m[\overline{x^2} - (\overline{x})^2]}} \tag{1-34}$$

$$S_b = S_y\sqrt{\frac{1}{m[\overline{x^2} - (\overline{x})^2]}} \tag{1-35}$$

2. 能化为线性回归的非线性回归

非线性回归是一个复杂的问题,并无特定的解法。不过通常遇到的问题多数能化为线性回归。下面举例说明。

(1)函数的形式为

$$y = c_1 e^{c_2 x}$$

两边取对数得

$$\ln y = \ln c_1 + c_2 x$$

令

$$\ln y = Y, \ln c_1 = a, c_2 = b$$

得

$$Y = a + bx$$

这样就可转化为一元线性回归。

(2)函数形式为

$$y = Ax^n$$

两边取对数

$$\ln y = \ln A + n\ln x$$

令

$$\ln y = Y, \ln A = a, n = b, \ln x = X$$

得

$$Y = a + bX$$

这样又可转化为一元线性回归。

回归法处理数据的优点在于理论上比较严格,函数形式确定后,结果是唯一的,不会因人而异;如果用作图法处理同样的数据,即使肯定是线性关系,不同的

工作者给出的直线也会有所不同，这是作图法不如回归法的地方。

1.8.4 逐差法

在一些特定条件下，可以用简单的代数运算来处理一元线性回归问题。逐差法就是其中之一，它比作图法精确，与最小二乘法的结果接近，在物理实验中经常使用。

设自变量 x 和因变量 y 之间存在线性关系，即

$$y = a + bx$$

并以自变量为等间隔地测得两组相关实验数据

$$\left.\begin{matrix} x_1, x_2, \cdots, x_k \\ y_1, y_2, \cdots, y_k \end{matrix}\right\}$$

$$\left.\begin{matrix} x_{m+1}, x_{m+2}, \cdots, x_{m+k} \\ y_{m+1}, y_{m+2}, \cdots, y_{m+k} \end{matrix}\right\}$$

其中，m、k 为自然数。用后一组实验数据对应相减去前一组实验数据（即隔 m 项逐差），

$$\begin{gathered} x_{m+1} - x_1, y_{m+1} - y_1 \\ x_{m+2} - x_2, y_{m+2} - y_2 \\ \vdots \\ x_{m+k} - x_k, y_{m+k} - y_k \end{gathered}$$

并利用对式 $y=a+bx$ 求斜率 b 的两点式，即用第 i 点与第 $m+i$ 点的数据求斜率，得到

$$\begin{aligned} b_1 &= (y_{m+1} - y_1)/(x_{m+1} - x_1) \\ b_2 &= (y_{m+2} - y_2)/(x_{m+2} - x_2) \\ &\vdots \\ b_k &= (y_{m+k} - y_k)/(x_{m+k} - x_k) \end{aligned}$$

取平均值

$$\bar{b} = \sum_{i=1}^{k} b_i/k = \frac{1}{k}\sum_{i=1}^{k} \frac{y_{m+i} - y_i}{x_{m+i} - x_i}$$

因自变量等间隔分布，则可令 $x_{m+i} - x_i = d$，有

$$\bar{b} = \sum_{i=1}^{k} b_i/k = \frac{1}{kd}\sum_{i=1}^{k} (y_{m+i} - y_i) \tag{1-36}$$

$\bar{b}$ 的不确定度通常可由相应的标准偏差来估计

$$S_{\bar{b}} = \sqrt{\frac{\sum\limits_{i=1}^{k} (b_i - \bar{b})}{k(k-1)}} \tag{1-37}$$

思考与练习

1. 什么是误差？误差包括哪几种？随机误差和系统误差各有什么特点？

2. 下列情况属于系统误差还是偶然误差？

(1)读数误差；(2)天平零点漂移；(3)游标尺零点不准；(4)电表接入误差。

3. 用米尺测一物体的长度，物体放在米尺不同位置处时测出的数值相互稍有差异，试分析这种误差是由随机误差引起的还是由系统误差引起的？

4. 什么是不确定度和相对不确定度？什么是真值？

5. 比较下列 3 个量的不确定度，哪个大？

(1)$L_1 = 54.68 \pm 0.02$ cm；

(2)$L_2 = 0.498 \pm 0.002$ cm；

(3)$L_3 = 0.0098 \pm 0.0002$ cm。

6. 用精密天平(分度值为 1.0×10^{-3} g)称一物体的质量 m，共 5 次，结果分别为 3.6127 g，3.6122 g，3.6121 g，3.6120 g 和 3.6125 g，试求这些数据的算术平均值、不确定度和相对不确定度。

7. 什么是直接测量？什么是间接测量？请各举三个例子加以说明。

8. 用米尺测得正方形某一边的边长为 $a_1 = 2.01$ cm，$a_2 = 2.00$ cm，$a_3 = 2.04$ cm，$a_4 = 1.98$ cm，$a_5 = 1.97$ cm。求正方形的面积、不确定度和相对不确定度。

9. 求下列函数不确定度的表达式

(1)$y = A + B - 2C$；

(2)$y = 2A^2 + B^2$；

(3)$y = (A - B)/(C + D)$；

(4)$n = \sin i / \sin r$。

10. 正态分布具有哪些特点？

11. 有一学生测量单摆的周期时，用停表测连续 50 个周期的时间(单位：s)，其数据如下：78.6 s、78.7 s、78.7 s、79.5 s、78.8 s、77.2 s。

他的第 4、6 两个数据是否正确？理由何在？

12. 改正下列错误

(1)$L = 0.00036$ km 的有效数字是小数点后面第 4 位；

(2)$d = 10.435 \pm 0.01$ cm；

(3)$t = 8.50 \pm 0.5$ s；

(4)$L = 12\text{km} \pm 100$ m。

13. 用最小分度值为 0.02 mm 的测微尺测一约为 2 mm 的长度，能读出几位有效数字？如用米尺去测，又有几位有效数字？

14. 求出 0.87^3 和 $\sqrt{8.6}$ 的值。

15. 在一弹簧下端挂上 2.000 kg 的砝码时伸长 1.0 cm，试求其倔强系数 k（单位：N/m）。又当用一力 F 拉此弹簧使之伸长了 7.4 cm，试求此力 F 的大小。g 取 9.80 m/s^2（作为常数）。

16. 利用拉伸法测金属丝杨氏模量的实验数据作图，求出直线的斜率，由此求杨氏模量。

17. 利用表 1-12 中的数据，用作图法求电阻。

表 1-12　用伏安法测电阻

V(V)	0.00	1.00	2.00	3.00	4.00	5.00	6.00	7.00	8.00	9.00	10.00
I(mA)	0.00	2.00	4.01	6.05	7.85	9.70	11.83	13.75	16.02	17.86	19.64

18. 对表 1-12 的实验数据用最小二乘法进行线性回归，求直线的斜率，并由此求出电阻及电阻的不确定度。

2 力学热学实验

2.1 力学热学实验中的基本测量器具

物理实验离不开测量，必然少不了使用测试仪器。按照教学规律，知识的取得应是由浅入深的，物理实验也应先简单后复杂。虽然对特定测试仪器的学习与使用应配有特定的实验进行训练，而其他只是部分使用这些特定测试仪器的实验应在开出这些特定实验以后开出。但是，由于仪器设备及实验用房的限制，一个学期内的实验必须同步开出，这就打乱了“循序渐进”的顺序，颠倒了“专门训练”与“只是使用”的先后。实验者最先于某一实验中遇到了某种测试仪器，那他就应认为这一实验就是对这一测试仪器的“专门训练”。不可能把每一种测试仪器的知识在每一个相关实验里编写出来，使实验者开始遇到时就能就近学习。我们只能把常用的部分测试仪器的知识从所谓的“专门训练”的实验中抽出来归类单独编在各大类实验的前面，而在具体实验中用到时用文字着重指出在何处查阅，以适应实验者随时学习的需要。还有些测试仪器虽然通用，但在本书只是个别实验遇到，那么这些仪器就在相关实验里介绍。本节就力学和热学实验中通用的部分测量器具、仪器的原理，使用方法及注意事项作简单介绍。

2.1.1 米尺

常用的米尺量程大多是 0～100 cm、0～30 cm 和 0～15 cm，分度值为 1 mm。测量长度时常可估计至 1 分度的 1/10(即 0.1 mm)。测量过程中，一般不用米尺的端边作为测量的起点，以免由于边缘磨损而引入误差，而可选择某一刻度线(例如 10 cm 刻线等)作为起点。由于米尺具有一定厚度，测量时就必须使米尺刻度面紧挨待测物体 AB(图 2-1)，否则会由于测量者视线方向的不同(即视差)而引入测量误差(图 2-2)。

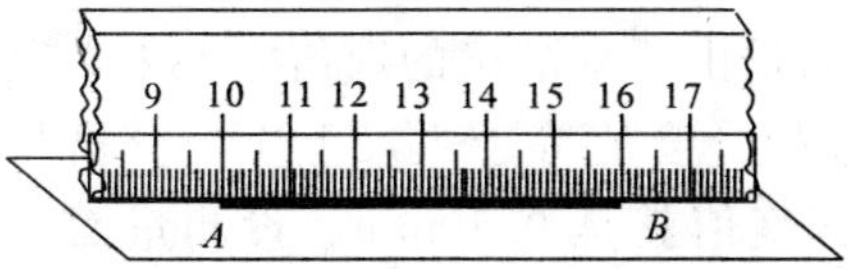

图 2-1 用米尺测长的正确方法

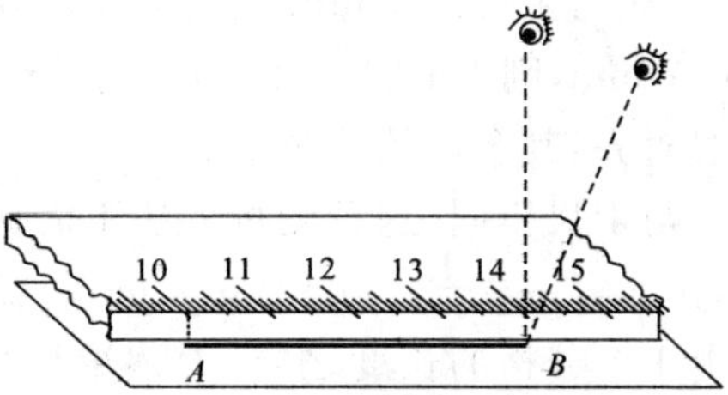

图 2-2 用米尺测长时的视差

2.1.2 游标尺

1. 简介

由于米尺的分度值(1 mm)不够小,通常不能满足测量的需要。如要提高测量的精度,可在主尺(即米尺)旁再加一把副尺(游标),而构成游标卡尺(图 2-3)。游标尺有好几种规格,一般以分度值的大小来区分,大致有 0.1 mm、0.05 mm 和 0.02 mm 等数种。

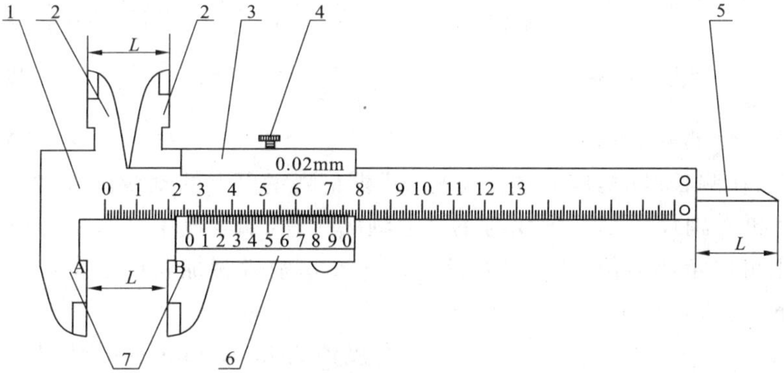

图 2-3 游标卡尺

1—尺身;2—内量爪;3—尺框;4—紧固螺钉;5—深度尺;6—游标;7—外量爪

2. 读数方法

现以分度值为 0.1 mm 的游标尺为例,简述其读数原理。

当外量爪 7 的两个测量平面(或测量刀口)A、B 紧密贴合时,副尺上的“0”线与主尺上的“0”线对齐,如图 2-4 所示。副尺上共有 10 个分格,其总长为 9 mm,即每一分格长 0.9 mm,比主尺分度值小 0.1 mm。测量时,将待测物卡在测量平面间,则两测量平面的距离 L 即为待测物的长度。随着量爪 B 向右移动,与该量爪连成一体的副尺也相应右移,所以副尺“0”线与主尺“0”线的间距也为 L。若被测长度 $L=0.1$ mm,则副尺“0”线也相应右移 0.1 mm,恰使副尺上的"1"线与主尺的 1 mm 处刻度线对齐，即 $L+0.9\ \text{mm}=1\ \text{mm}$。若被测长度 $L=0.2\ \text{mm}$，则 $L+2\times0.9\ \text{mm}=2\ \text{mm}$，恰使副尺上的"2"线与主尺的 2 mm 处刻度线对齐，其余可依此类推。

与米尺不同，这种测量方法不需估读，而是由两个准确的数值之差来求得长度，例如，$L=2-2\times0.9=0.2\ \text{mm}$。游标尺的分度值等于主尺上 1 个分格与游标上 1 个分格的长度之差，上述游标尺的分度值就是 0.1 mm。设测量面之间卡入某待测物后，副尺右移至图 2-5 所示位置；副尺的"0"刻度线在主尺的 39 mm与 40 mm 之间，副尺的"5"刻度线与主尺的"44"刻度线对齐。于是有 $44\ \text{mm}=L+5\times0.9\ \text{mm}$，得待测长度

$$
\begin{aligned}
L &= 44-5\times0.9 \\
&= 44-5\times(1-0.1) \\
&= 39+5\times0.1=39.5\ (\text{mm})
\end{aligned}
$$

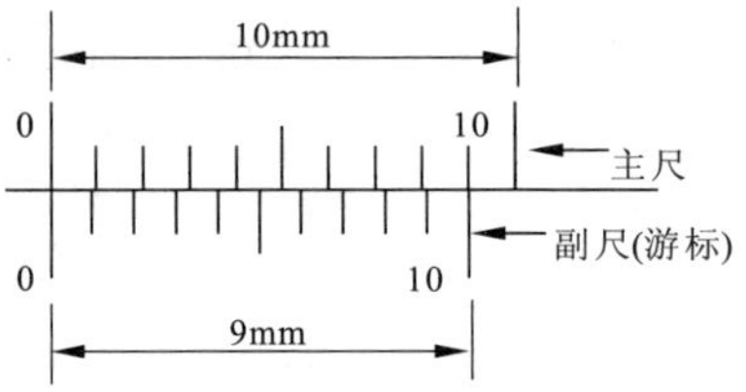

图 2-4 游标卡尺的分度

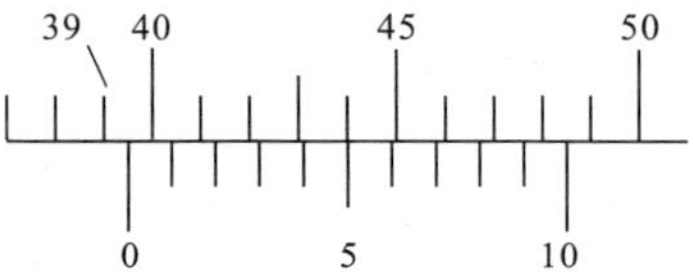

图 2-5 游标卡尺整数读法

所以，在测长度时，应先读出游标"0"线左侧主尺上的刻线读数(如例子中的 39 mm)；再看副尺上哪一刻线与主尺上刻线对齐(如本例中"5"线与主尺某刻线对齐)，则可决定小数值(为 $0.1\times5=0.5\ \text{mm}$)；两者相加就可获得待测长度(如本例中的 $L=39.5\ \text{mm}$)。

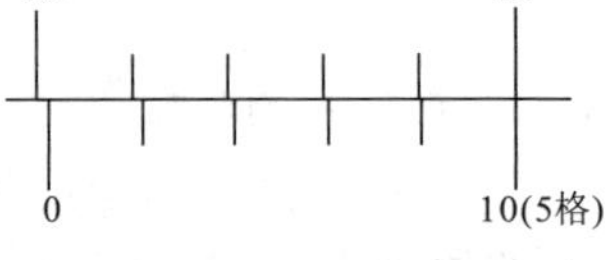

图 2-6 0.02 mm 分度游标卡尺的小数读法

分度值为 0.02 mm 游标尺，其游标共分 50 格，总长 49 mm，即游标上 50 格长度比主尺上 50 格长度小 1 mm，游标上每一分格与主尺每一分格之差为 0.02 mm。若游标位置如图 2-6 所示，则按前述读数方法，可得待测长度为 $L=10+5\times0.02=10.10\ \text{mm}$。由此可知，附设游标装置可提高测量精度，而游标尺的分度值越小，其测量误差也越小。

需要说明的是，游标上的数字一般不是分格的序号，而是游标的零刻线与左边主尺上最靠近游标的毫米刻度线的"距离值"。如果游标上第 k 格的刻线与主尺上的某刻线对齐，那么这一"距离值"就等于 k 与分度值的乘积；游标上第 k 格

的刻线处标的就是这一值。因此，在读毫米以下的小数时，就不必用 k 值去乘分度值，而直接从游标上读出就行了。

3. 使用方法

测量前应先将两量爪合拢，检查游标尺有无零值误差(即检查主尺“0”线和游标“0”线是否对准)。如有，则应记下此值，用以修正测量所得读数。测量时，量爪要卡正物体，松紧适当。利用内量爪和深度尺，游标尺还可用于测内径和深度。

2.1.3 千分尺(螺旋测微器)

1. 简介

千分尺是比游标尺更精密的长度测量仪器。常用的千分尺的量程为 25 mm，分度值为0.01 mm。千分尺的外形如图 2-7 所示，它将测微螺杆的角位移转变为直线位移，以此测量长度。螺杆上螺距是 0.5 mm，与螺杆连成一体的微分套筒圆周上均匀地刻着 50 条线，共 50 个分格。套筒旋转一周，螺杆即前进或后退 0.5 mm，而旋过 1 个分格时，螺杆移动 0.01 mm。在另一固定套管上还刻了一条与螺杆转轴平行的细刻线 S，在其下方(有的千分尺在上方)刻有 25 个分格，每分格为 1 mm；在其上方(有的千分尺在下方)，从与下方“0”线错开0.5 mm 处开始，刻有 24 个分格，可标出半毫米读数，故 S 就成了一把主尺，其分度值为 0.5 mm。在 E 和 F 两测量面之间可放置待测物。微分套筒的周缘边线 H 可作为主尺上毫米和半毫米读数的指示线。而 S 线也是一条指示线，用来指示套筒圆周上 0.5 mm 以内的读数值。

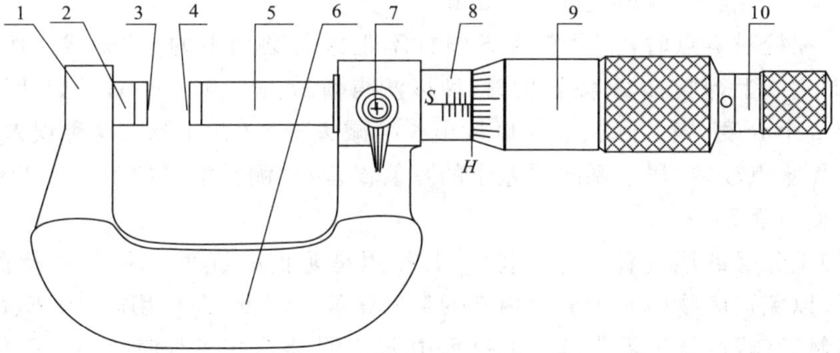

图 2-7　外径千分尺

1—尺架；2—测砧；3—测量面 E；4—测量面 F；5—测量螺杆；6—护板；7—锁紧装置；
8—固定套筒；9—微分套筒；10—棘轮装置

2. 读数方法

(1)转动棘轮装置带动微分套筒前进使两测量面 E 和 F 密合(听到"咔""咔"声时,即证明两测量面 E 和 F 已密合)。此时,边线 H 应与主尺的"0"mm 刻线重合,而圆周上的"0"刻线也应与 S 线重合,这就是校对零点。

(2)后退螺杆,然后在 E、F 间放置待测物体,再转动棘轮装置带动微分套筒前进使待测物与 E、F 密合(听得"咔""咔"声时,即证明待测物与 E、F 密合)。此时,设各指示线的位置如图 2-8(a)所示。读数方法顺序如下:① 先以 H 线为准,它位于 6 mm 与 6.5 mm 之间,因此主尺读数为 6 mm;② 再以 S 线为准,S 指在套筒圆周刻线的 48 与 49 中间,通过估读,可得48.2,此值应等于 0.482 mm。所以,待测物长度为 6.482 mm。

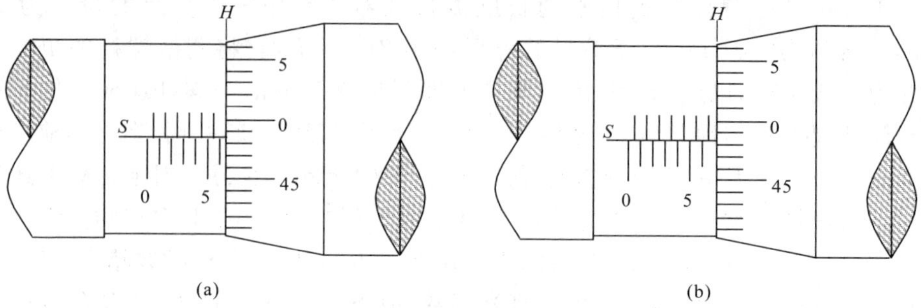

图 2-8 千分尺的读数

3. 读数时的注意事项

(1)千分尺主尺分度值为 0.5 mm。所以,特别要留心指示线 H 是否过了半毫米线,这一点易被初学者忽视。例如,图 2-8(b)中,不应读作 6.483 mm,因 H 线过了半毫米线,而应该是 6.983 mm。

(2)在校对零点时,常会发现 S 线并不正指着圆周上的"0"刻线。例如,它指在"2"刻线上,则在以后测长度时,须以测得值减去 0.020 mm;又如,距"0"刻线尚差 2 个分度,则实际长度应以读出长度减去－0.020 mm。这种误差(俗称为千分尺零点读数)属于系统误差中的零值误差,故测量值应按上法予以修正。

4. 使用规则

(1)千分尺的尾端有一棘轮装置,其作用是防止测量面 E 和 F 把待测物夹得太紧,以免损坏物体和千分尺内部的精密螺纹。因此,在使用时,当 E、F 将与物体接触时(或在读取零点读数的过程中 E、F 即将直接密合时),不要再旋转套筒,而应慢慢旋动棘轮,直至听到"咔""咔"声为止。这表示棘轮打滑,已无法带动螺杆前进,此时就可以读数。建议在使微分套筒前进的过程中,始终是转动棘轮装置带动微分套筒前进,不要直接旋转微分套筒,这样更保险。

(2)测量完毕移去待测物体后，在两测量面 E、F 之间要留有看得见的间隙（最好超过 1 mm），以免在千分尺受热膨胀时，E、F 吻合过度而使千分尺受损。

2.1.4 机械秒表

1. 简介

机械秒表简称秒表，它分为单针和双针两种。单针式秒表只能测量一个过程所经历的时段；双针式秒表能分别测量两个同时开始但不同时结束的过程所经历的时段。机械秒表由频率较低的机械振荡系统，操纵秒表启动、制动和指针回零的控制机构——锚式擒纵调速系统（包括按钮），发条以及齿轮等机械零件组成。图 2-9 所示的为机械秒表的外形图。

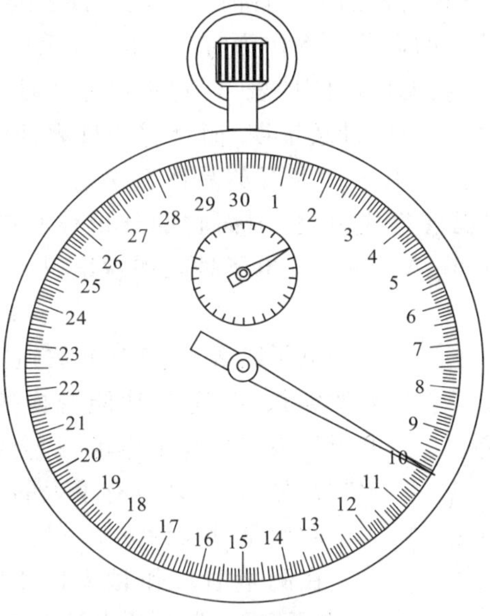

图 2-9 机械秒表的外形图

2. 使用方法

(1)秒表使用前，须先检查发条的松紧程度，如果发现发条相当松，应上紧发条，但不宜过紧。

(2)秒表的准确与否对计时影响很大，所以，在实验前，须将秒表与一只标准钟或标准电子计时仪（采用晶体振荡方式的）进行校对。例如，标准钟走时为 1800.0 s（即 30 min），而在此期间，如果秒表的示数为 1801.2 s，则用此秒表测量某时段的正确值应该是

$$t = t'(\text{测量值}) \times (1800.0/1801.2)$$

(3)测量时间前,应检查秒表的零点读数,以备测量完毕后消除零点误差。

(4)测量某时段时,例如,测量三线摆周期,应在特定摆线经过平衡位置时按下按钮;然后经过 N(一般可取整数,例如 100)个完整周期后,当此摆线又同向经过平衡位置时,再按下按钮。这时指针指示的时段,即为终止时刻与起始时刻的差值。在记下时段数值后,再按一下按钮,指针又复位到零。有的秒表设有回零按钮,归零时,应按回零按钮。

(5)如果秒表长期不用,应让指针持续走动,以松弛发条。

2.1.5 电子秒表

1. 简介

电子秒表也是一种较精密的电子计时器。电子秒表的机芯全部由电子器件组成,它利用石英振荡器的振荡频率作为时间基准,并采用六位液晶数字器显示时间。电子秒表的使用功能比机械秒表多,它不仅能作秒表以显示分、秒,而且能作时钟以显示秒、分、时、日、月及星期,而且它的秒表计时功能的读数精度可达百分之一秒。目前,国产电子秒表石英晶体振荡器的振荡频率一般为 32768 Hz,并采用 CMOS 大规模集成电路,因而它的外形体积较小。电子秒表功耗小,工作电流一般小于 6 μA。一般的电子秒表连续累积计时时间为 59 分 59.99 秒,平均日差±0.5 s。

图 2-10 电子秒表计时状态

电子秒表配有三个按钮,如图 2-10 所示。S_1 为调整按钮,S_2 为功能变换按钮,S_3 为秒表按钮。电子秒表只要装上电池,就会处于正常计时状态显示"时、分、秒",即具有手表的功能。

2. 测量时段的方法

在测量时段作秒表使用时,按功能变换按钮 S_2,电子秒表进入秒表计时状态,如图 2-11(a)所示。计时结束后,再按功能变换按钮 S_2,秒表回到时钟状态,如图 2-11(c)所示。

(1)单次计时

在秒表处于计时状态的情况下,按调整按钮 S_1,电子秒表计时开始,再按调整按钮 S_1,计时结束,如图 2-11(b)所示;要使电子秒表复位到零,按秒表按钮 S_3。

(2)累加计时

在秒表处于计时状态的情况下,按调整按钮 S_1,电子秒表计时开始;再按 S_1,第一次计时结束;三按 S_1,第二次计时开始,显示屏显示累加计时;四按 S_1,

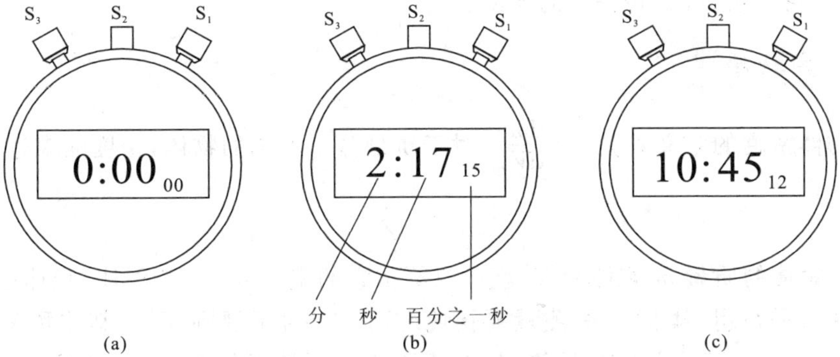

图 2-11　电子秒表调节过程

第二次计时结束，显示屏显示的是两次累加计时的总时间；五按 S_1，第三次计时开始，显示屏继续显示累加计时；六按 S_1，第三次计时结束，显示屏显示的是三次累加计时的总时间……以此类推。计时结束后，要使电子秒表复位到零，按秒表按钮 S_3。

(3)分段计时

如果有几个事件需同时开始计时，且又要分别记下各自结束的时间，可用此功能。

在秒表处于计时状态的情况下，按调整按钮 S_1，电子秒表计时开始；一按秒表按钮 S_3，显示屏显示第一事件的结束时间(秒表内部继续走时)；二按秒表按钮 S_3，显示屏显示同时开始的第二事件的结束时间(秒表内部继续走时)；三按秒表按钮 S_3，显示屏显示同时开始的第三事件的结束时间(秒表内部继续走时)……以此类推。计时结束后，要使电子秒表复位到零，先按 S_1，停止计时(显示屏显示的是第一次按 S_1 到此次按 S_1 之间的总时间)，再按 S_3，秒表复位到零。

关于电子秒表的其他功能，由于与本课程关系不大，这里就不再赘述。

2.2　用流体静力称衡法测物体的密度

密度是物质的基本属性。在一定温度下，各种物质具有确定的密度。通过测定物体的密度，可以确定物体的质地结构及组成部分。在工业上，物体密度的测定常用在原料的分析及地质矿产的判别上。

实验目的

(1)学习用流体静力称衡法测定不规则物体的密度；

(2)学习天平的正确使用方法；

(3)测铜块、石蜡和酒精的密度。

实验原理

物体密度的定义式是 $\rho=\frac{\mathrm{d}m}{\mathrm{d}V}$。对于质量分布均匀的物体，密度的表达式为

$$\rho=\frac{m}{V} \tag{2-1}$$

测定了物体的质量 m 和体积 V，就可以算出它的密度 ρ。对于固体，物体的质量 m 可用天平称得，体积 V 的测量要视情况而定。对于规则固体，其体积 V 可用游标尺、千分尺等量具测量后算得；对于不规则固体的体积 V，一般采用流体静力称衡法测得。对于液体，可用天平称得质量 m、用量筒量出体积 V，也可以借用参考物体采用流体静力称衡法测得质量 m 和体积 V。本实验就是用流体静力称衡法测物体的密度。

1. 用流体静力称衡法测定密度比水密度大的不规则固体（简称物体 1）的密度 ρ_1

忽略空气的浮力，物体 1 在空气中的重量为 $m_1 g$，浸入密度为 ρ_0 的水中，如图 2-12 所示，其视重为 $m_{11} g$。则物体 1 在水中所受到的浮力为

$$F_1=m_1 g-m_{11} g=(m_1-m_{11})g$$

依阿基米德定律，浮力应等于物体 1 排开水的重量，即

$$F_1=\rho_0 V_1 g$$

所以

$$(m_1-m_{11})g=\rho_0 V_1 g$$

得物体 1 的体积 V_1 为

$$V_1=\frac{m_1-m_{11}}{\rho_0} \tag{2-2}$$

于是可求得物体 1 的密度 ρ_1 为

$$\rho_1=\frac{m_1}{V_1}=\frac{m_1}{(m_1-m_{11})/\rho_0}=\frac{\rho_0 m_1}{m_1-m_{11}} \tag{2-3}$$

式中，ρ_0 为水的密度，$\rho_0=1.000\times10^3\ \mathrm{kg/m^3}$（可视为常数）。

2. 用流体静力称衡法测定密度比水密度小的不规则固体（简称物体 2）的密度 ρ_2

在使用流体静力称衡法时，若待测物体 2（其质量 m_2 由天平称其在空气中的重量 $W_2=m_2 g$ 测得，并设它的体积为 V_2）的密度比水的密度小，可用一个密度比水大的重物（本实验用物体 1，$W_1=m_1 g$）将其压入水中，两物均应被水淹没，再用天平测得两物在水中的视重 $m_{21} g$（图 2-13）。则两物体在水中所受到的

浮力为

$$F_2 = (m_1 + m_2)g - m_{21}g$$

又依阿基米德定律,此浮力应等于两物体排开水的重量,即

$$F_2 = \rho_0(V_1 + V_2)g$$

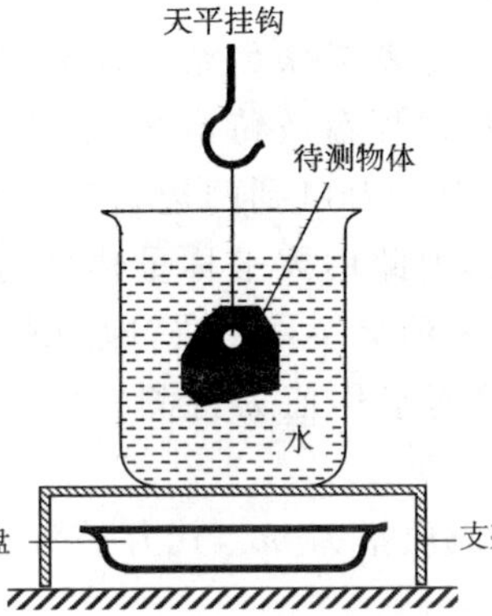

图 2-12 用流体静力称衡法测定不规则物体(密度比水大)的体积

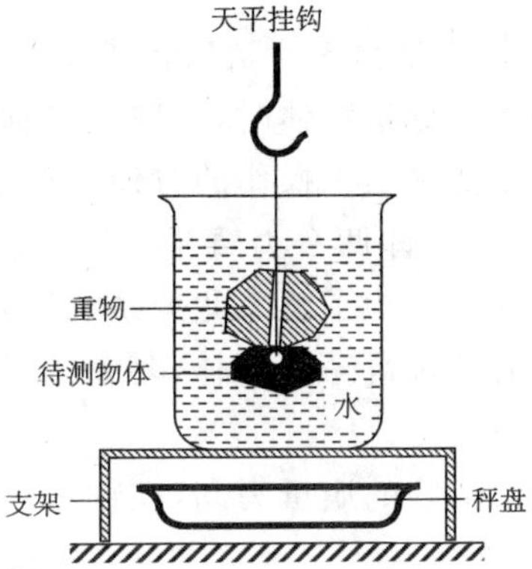

图 2-13 用流体静力称衡法测定不规则物体(密度比水小)的体积

得两物体的体积 $V_1 + V_2$

$$V_1 + V_2 = \frac{m_1 + m_2 - m_{21}}{\rho_0}$$

于是物体 2 的体积 V_2 为

$$V_2 = \frac{m_1 + m_2 - m_{21}}{\rho_0} - V_1 = \frac{m_1 + m_2 - m_{21}}{\rho_0} - \frac{m_1 - m_{11}}{\rho_0}$$

$$= \frac{m_2 + m_{11} - m_{21}}{\rho_0} \tag{2-4}$$

这样就可求得物体 2 的密度 ρ_2

$$\rho_2 = \frac{m_2}{V_2} = \frac{m_2}{\dfrac{m_2 + m_{11} - m_{21}}{\rho_0}} = \frac{\rho_0 m_2}{m_2 + m_{11} - m_{21}} \tag{2-5}$$

3. 用流体静力称衡法测定液体(简称物体 3)的密度 ρ_3

取一参考重物,本实验用物体 1,其质量 m_1 与体积 V_1[式(2-2)]已经测得。将其浸入液体 3 中,用天平测得其视重 $m_{31}g$。则重物 1 在液体 3 中所受到的浮力为

$$F_3 = m_1 g - m_{31} g = (m_1 - m_{31})g$$

再依阿基米德定律,此浮力应等于重物 1 排开液体 3 的重量,即

$$F_3 = \rho_3 V_1 g = \rho_3 \left(\frac{m_1 - m_{11}}{\rho_0} \right) g$$

就可得待测液体 3 的密度 ρ_3：

$$\rho_3 = \frac{F_3}{V_1 \cdot g} = \rho_0 \frac{m_1 - m_{31}}{m_1 - m_{11}} \tag{2-6}$$

4. 用交换称衡法消除因天平两臂不绝对相等所带来的系统误差

用天平称量物体时，一般是左物右码，即左边秤盘放待测物，右边秤盘放砝码。这主要是为了操作的方便。但是，横梁上中间刀口到两边刀口的距离不可能绝对相等，即两个力臂 $l_L = l_R$ 不是绝对满足，因此用天平称量物体时，必然带来系统误差。为了消除此项系统误差，本实验采用交换称衡法，即用左物右码和右物左码各称量一次物体，然后取测量值的几何平均值为待测物的测量结果。证明如下：

设待测物的质量为 m，左物右码称量时砝码质量为 m_R，其力平衡方程为

$$mgl_L = m_R g l_R$$

然后右物左码称量时砝码质量为 m_L，其力平衡方程为

$$mgl_R = m_L g l_L$$

以上两式相乘，并化简得

$$m = \sqrt{m_L m_R} \tag{2-7}$$

5. 称量物体的顺序

本实验测量的是不规则铜块、不规则蜡块和酒精的密度，水的密度 ρ_0 已知。实验室的酒精是要反复使用的，为了不使酒精的浓度降低，所以在用天平称量物体时，其顺序是：先称量物体在空气中的表观质量，再称量物体在酒精中的表观质量，最后称量物体在水中的表观质量。

实验仪器

分析天平及砝码一套，小烧杯一个，支架一个，镊子一把，铜块一件，待测石蜡一块，待测酒精一瓶（本实验的主要任务是测铜块的密度与石蜡的密度）。

物体的质量可用天平来称量，称量时把物体放入天平的左盘，在天平右盘中放砝码。由于天平的两臂是等长的，故当天平平衡时，物体的质量就等于砝码的质量，而后者的数值已标出，于是可求得物体的质量。物理实验中常用的天平是物理天平与分析天平。物体密度的测定用的是分析天平。下面讲述分析天平的结构、使用方法及使用中的注意事项。

1. 结构

分析天平的结构如图 2-14 所示，天平的横梁 7 上有三个刀口 2、5、10，两侧

的刀口向上，用以承挂左右秤盘 13 和左右秤盘吊篮 20；而中间刀口则可搁在立柱上部的刀承 4 平面上，在称衡时全部重量（包括横梁、秤盘、砝码、待测物体）都由此刀口承担。横梁中部装有一根与之垂直的指针 8，而立柱下部有一标尺 16（从右到左刻有 20 个分度），通过指针在标尺上所指示的读数，可以确定天平是否达到平衡。在立柱内部装有制动器，而在底部有一制动旋钮 17，旋转制动旋钮可使刀承 4 上下升降。平时，刀承降下，使横梁搁在三托承上（左边一个托承 3，右边一个托承 9，中间一个刀承 4，三托承的尖顶组成的平面应与刀承平面平行），中间刀口不受力，以此保护刀口，同时横梁也不会摆动。

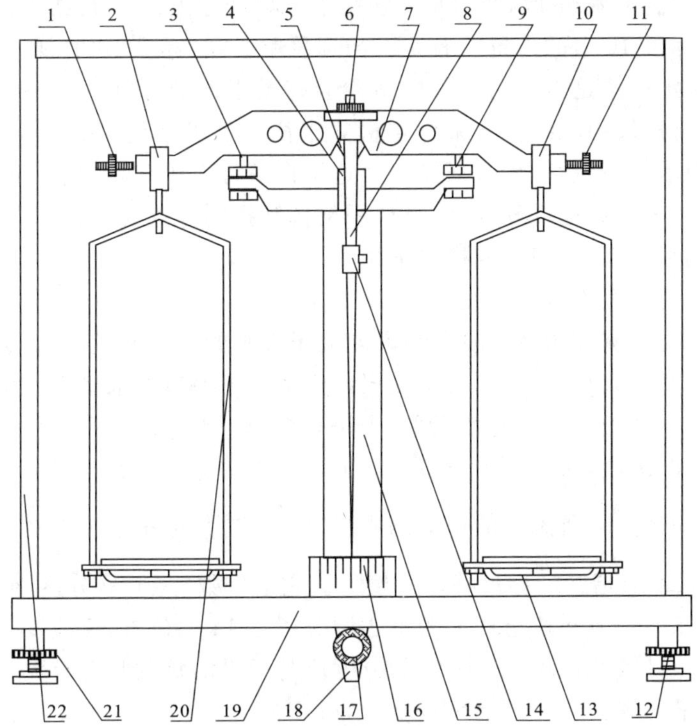

图 2-14　分析天平

1—左平衡螺母；2—左刀口；3—左边托承；4—刀承；5—中间刀口；6—平衡指针紧固螺母；7—横梁；8—平衡指针；9—右边托承；10—右刀口；11—右平衡螺母；12—右调水平螺母；13—左右秤盘；14—平衡指针重心调节螺母；15—立柱；16—平衡指示标尺；17—制动旋钮；18—底脚；19—底座；20—左右秤盘吊篮；21—左调水平螺母；22—玻璃罩

整个天平安装在玻璃罩 22 内，玻璃罩的作用有两点：其一是在称量物体的过程中减少空气的流动，使测量准确；其二是保持天平的清洁。玻璃罩的正面有玻璃门，打开玻璃门可在天平上进行称量操作。

2. 天平的调整与使用

(1)调水平

转动天平的左右水平螺母 21、12,观察天平底座上的水准器(图中未画出),将底座 19 调成水平。这一步的目的是将立柱调整到铅直(天平制造厂家已将立柱与底座调成垂直)。如果调整后水准仪的气泡移至中间,则立柱已处于铅直方向;同时立柱上部的刀承平面也就处于水平面。如此,在称衡时,刀口就不会滑移。

(2)调零点

慢慢转动制动旋钮 17,使刀承 4 缓缓上升以托起刀口 5,观察平衡指针 8 尖在平衡指示标尺 16 上的位置。看是否与标尺中心线(标号 10 的刻线,称之为零点)相合来判定横梁是否平衡。一般横梁会有微小摆动,可以由指针左、右摆幅的中点是否与标尺中心线相合来判定横梁平衡。如果平衡指针不指零点,则应先制动,使刀承下降,然后调节横梁上两边平衡螺母 1、11 的位置。再升起横梁,观察指针位置……如此反复调节,直至平衡指针指向零点为止,此时天平调整完毕。最后,仍须制动,使刀承及横梁下降。

(3)天平的最大称量和分度值

使用天平时,被称物体的质量绝不能大于天平的最大称量,否则会使天平横梁产生形变,并使天平的刀口、刀承受损而降低天平原有的准确度。最好先将被称物体在低一级的天平(如药物天平)上进行预称,以减少天平在称衡过程中的横梁起、止动的次数,从而减少刀口的磨损。天平的分度值是指使指针 8 偏转 1 分度时在某一秤盘上所添加的小砝码质量,即 $s=\dfrac{\Delta m}{\Delta\theta}$(g/分度),其中 Δm 为添加的砝码质量,$\Delta\theta$ 为指针沿标尺移动分度数。它的倒数 $c=1/s$(分度/g)称为天平的分度灵敏度。调节套在指针上的重心调节螺母 14 的位置,可改变天平的灵敏度,重心越高,灵敏度也越高。天平的分度值与天平的负载状态有关。实验室常用的分析天平的规格:最大称量为 200 g,分度值为 0.01 g。

(4)砝码组

用分析天平称量物体时的调平全部使用砝码。克以上的砝码是圆柱状砝码,克以下的砝码是片状砝码(物理天平称量克以下的质量用游码),砝码上都标明了质量。一般天平所用砝码的总值等于(或稍大于)天平的最大称量,同数量级的砝码一般按 5, 2, 2, 1 的质量比组成。一般分析天平的砝码配置是:100 g 一个,50 g 一个,20 g 两个,10 g 一个,5 g 一个,2 g 两个,1 g 一个;500 mg 一个,200 mg 两个,100 mg 一个,50 mg 一个,20 mg 两个,10 mg 一个。故分析天平的量程是 200 g,分度值是 10 mg(即感量为 10 mg)。10 mg 以下要估读一位,即分析天平的称量值可达 0.001 g。10 mg 以下的估读是通过平衡指针的偏转来确定的：平衡指针指向中心刻度 10 时，物体的质量就是砝码的质量；左右偏转一小格为 10 mg，根据平衡指针偏转的方向，物体的质量就应在砝码的质量上加上或减去相应估读出来的数值（10 mg 以下）。为了保证测量的准确，只准在 10 到 11 或 10 到 9 之内估读。

(5)称衡须知

称衡时，将物体放置左盘，砝码放置右盘。启动后，观察指针位置，如砝码过重（或过轻），均须制动，即刀承下降使横梁搁在三承托上后再减（或增）砝码。在旋转制动旋钮使横梁升降时，手法要轻稳，眼睛注视中间刀口与刀承之间、横梁与托承之间情况，尽量避免彼此冲撞，增减砝码的动作要轻，不要将砝码丢进秤盘；从盒中取出砝码时，须使用镊子；砝码取出后，除放进天平秤盘中外，不能随处乱放；不可随意换用其他天平的砝码来进行称衡。由盒中取用砝码时，须数读一次总值，由秤盘取下放回盒中时再数读一次，核对两次读数是否相符，以免出错。称衡完毕，降下刀承，使横梁固定不动。砝码要完全归入盒中并清点盒中砝码数量，以防砝码丢失。

旋转制动旋钮必须缓慢小心。放置砝码后，启动横梁时不能将制动旋钮拧放到最大，而只能放开到恰能确定指针向哪一边偏转即可，然后立即关闭制动器使横梁下降（在尚未平衡时，如果制动器完全打开，分析天平的横梁往往会产生严重滑移现象，从而很可能会导致部件跌落以及刀口受损等后果）。

在称衡时，秤盘不应振动，若有振动，则将制动器轻轻关闭，然后再打开，这样做几次，就可以消除振动。

如果要更精确地称量物体，在（调节天平横梁平衡螺母，放置物体，加减砝码使）天平快达到平衡时，应在玻璃门框关好的情况下观察天平是否平衡，以防空气对流，影响称衡。开、关玻璃门也应仔细，以免扰动调整好的天平。

(6)其他注意事项

①使用分析天平时如遇故障（例如横梁或秤盘的滑落等），应找老师解决。

②天平左右挂钩、左右吊篮和左右砝码盘绝对不容许放错，即左边的部件不能放在右边，右边的部件不能放在左边。

③天平使用完毕后，应将挂钩连同吊篮、砝码盘从左右刀口上移开，直接放到横梁上，不使刀口受力。

实验步骤

(1)调天平水平螺母，观察天平座上的水准仪，使天平座水平；

(2)调节天平横梁两端的调节螺母，观察指针是否指向中心刻度，使天平横梁平衡；

(3)按交换称衡法称量铜块、蜡块在空气中的表观质量 m_1、m_2；

(4)按交换称衡法称量铜块在待测酒精中的表观质量 m_{31}；

(5)按交换称衡法称量铜块在水中，铜块连同蜡块全浸入水中的表观质量 m_{11}、m_{21}。

注意事项

称量物体在液体中的表观质量时应注意以下几点：

(1)物体不能露出液面；

(2)物体不能接触烧杯；

(3)支架不能接触砝码盘；

(4)附着在物体上的气泡要清除。

原始数据表格

天平量程________，天平分度值________；水的密度__________ kg/m^3。

表 2-1　称得的质量

测量项目	待测物在左盘 m_R	待测物在右盘 m_L	$\sqrt{m_L m_R}$
铜块在空气中称得的质量 m_1(g)			
蜡块在空气中称得的质量 m_2(g)			
铜块在酒精中称得的质量 m_{31}(g)			
铜块在水中称得的质量 m_{11}(g)			
铜、蜡共同在水中称得的质量 m_{21}(g)			

数据处理

(1)计算铜块的密度 ρ_1，并与铜的标准密度($\rho_{10}=8.92\times10^3\ kg/m^3$)比较，计算其相对误差

$$E_r(\rho_1)=\frac{|\rho_1-\rho_{10}|}{\rho_{10}}$$

(2)计算蜡块的密度 ρ_2 及蜡块的密度的不确定度 $\Delta\rho_2$。

由于交换称衡法消除了因两力臂不绝对相等所带来的系统误差，故作为不确定度计算的简化处理，将质量几何平均值的不确定度按单次测量进行计算。即

$$\Delta m_1=\Delta m_2=\Delta m_{11}=\Delta m_{21}=\Delta_B m=\Delta_{仪}m=0.005\ g$$

为计算蜡块密度的不确定度，对式(2-5)两边取对数，有

$$\ln\rho_2=\ln\rho_0+\ln m_2-\ln(m_2+m_{11}-m_{21})$$

再两边微分

$$\frac{\mathrm{d}\rho_2}{\rho_2}=\frac{\mathrm{d}m_2}{m_2}-\frac{\mathrm{d}m_2+\mathrm{d}m_{11}-\mathrm{d}m_{21}}{m_2+m_{11}-m_{21}}$$

$$=\frac{\mathrm{d}m_2(m_{11}-m_{21})}{m_2(m_2+m_{11}-m_{21})}-\frac{\mathrm{d}m_{11}}{m_2+m_{11}-m_{21}}+\frac{\mathrm{d}m_{21}}{m_2+m_{11}-m_{21}}$$

$$\frac{\Delta\rho_2}{\rho_2}=\sqrt{\left[\frac{\Delta m_2(m_{11}-m_{21})}{m_2(m_2+m_{11}-m_{21})}\right]^2+\left(\frac{\Delta m_{11}}{m_2+m_{11}-m_{21}}\right)^2+\left(\frac{\Delta m_{21}}{m_2+m_{11}-m_{21}}\right)^2}$$

$$\Delta\rho_2=\rho_2\sqrt{\left[\frac{\Delta m_2(m_{11}-m_{21})}{m_2(m_2+m_{11}-m_{21})}\right]^2+\left(\frac{\Delta m_{11}}{m_2+m_{11}-m_{21}}\right)^2+\left(\frac{\Delta m_{21}}{m_2+m_{11}-m_{21}}\right)^2}$$

写出蜡块密度的结果表达式

$$\rho_2=\rho_{2测}\pm\Delta\rho_2$$

(3)计算酒精的密度 ρ_3，按有效数字的运算法则，得出正确的有效数字位数。

预习思考题

(1)天平的主要技术参数有哪些？称衡时，对所称量荷载的最大值有何要求？

(2)如何调整天平水平？为什么要调整天平水平？如何调整天平零点？

(3)在哪些情况下必须止动天平？其目的是什么？只有在什么情况下才能启动天平？

(4)流体静力称衡法测不规则固体密度时，以前有少数同学的实验步骤是：

①用小烧杯装满水放入天平左边砝码盘中称量。

②将物体挂于秤盘钩上连同水称衡。

③将物体沉于水中但不与杯子接触再称衡。

……

你认为他们能测出物体的密度吗？为什么？如果不能，应如何改进？

(5)流体静力称衡法测物体密度中，当称量物体在水中的视重时，支架与秤盘能否接触？物块与杯子能否接触？物块能否露出水面？为什么？

实验后思考题

(1)有人把天平的使用总结为四点："称量、分度值先看清，柱直、梁平、游码零，物左码右止动勤，仪器用毕收拾净。"请对此解释说明一下。

(2)称量用的细线是尼龙线好，还是棉线好？

2.3　研究单摆的运动特性

单摆实验有着悠久历史，1583 年，伽利略在观察比萨教堂中的吊灯摆动时发现，摆长一定的摆，其摆动周期不因摆角而变化，因此可用它来计时，后来惠更斯利用了伽利略的这个观察结果，发明了摆钟。

本实验是用经典的单摆公式测量重力加速度 g，对影响测量精度的因素进行分析，学习如何改进测量方法，以进一步提高测量精度。

实验目的

(1)用单摆测定动力加速度；

(2)学习使用计时仪器(光电计时器)；

(3)学习在直角坐标纸上正确作图及处理数据；

(4)学习用最小二乘法作直线拟合。

实验原理

把一个金属小球拴在一根细长的线上，如图 2-15 所示。如果细线的质量比小球的质量小很多，而球的直径又比细线的长度小很多，则此装置可看做是一根不计质量的细线系住一个质点，这就是单摆。略去空气的阻力和浮力以及线的伸长不计，在摆角很小时，可以认为单摆作简谐振动，其振动周期 T 为

$$T = 2\pi\sqrt{\frac{l}{g}} \tag{2-8}$$

式中，l 为单摆的摆长，就是从悬点 O 到小球球心的距离；g 为重力加速度。因而，单摆周期 T 只与摆长 l 和重力加速度 g 有关。如果我们测量出单摆的 l 和 T，就可以计算出重力加速度 g。

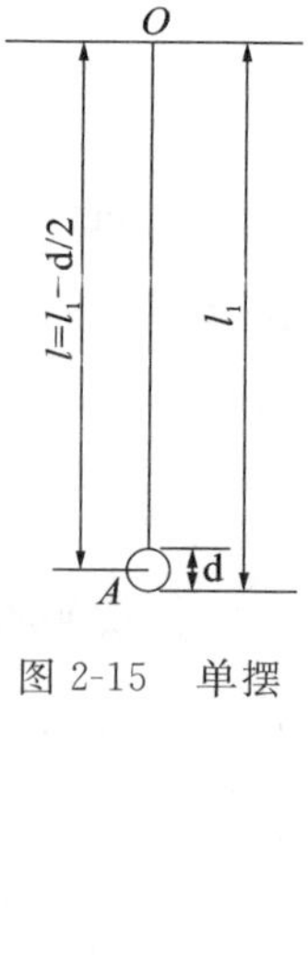

图 2-15　单摆

然而，理想的单摆并不存在。因为：① 悬线总是有质量的，设其为 m'，它绕悬挂点的转动惯量为 $I' = \frac{1}{3}m'l'^2$(l' 为摆绳的长度，它不等于绳子上悬点到摆球质心的距离)，它产生的重力矩为 $M' = -\frac{1}{2}m'gl'\sin\theta$；(2) 摆球总是有大小(设半径为 r)的，摆角 θ 与 $\sin\theta$ 也不是严格相等。由此系统所满足的方程应是

$$-mg(l'+r)\sin\theta-\frac{1}{2}m'gl'\sin\theta=\left[m(l'+r)^2+\frac{2}{5}mr^2+\frac{1}{3}m'l'^2\right]\frac{\mathrm{d}^2\theta}{\mathrm{d}t^2}$$

而且空气还有阻力与浮力，这就使得用式(2-8)算出的重力加速度是十分粗糙的。为了能用式(2-8)算出 g，而相对不确定度又在 10^{-3} 以下数量级，那么以上各因素产生的系统误差的相对值应在 10^{-4} 数量级以下。通过适当计算，应有

$$m'<10^{-4}m,\quad r<10^{-2}l',\quad \theta<5^\circ$$

由式(2-8)可得

$$T^2=4\pi^2 l/g=(4\pi^2/g)l \tag{2-9}$$

即单摆摆动周期的平方(T^2)与摆长(l)成正比，比例系数为 $k=4\pi^2/g$。求出了比例系数 k，就可以求出重力加速度 g

$$g=4\pi^2/k \tag{2-10}$$

实验仪器

单摆装置，米尺，游标卡尺，光电计时器。

实验步骤

1. 固定摆长，测定 g

(1)测定摆长(摆长 l 取 100cm 左右)

①用米尺测量悬点 O 到小球最低点 A 的距离 l_1(图 2-15)，计算出标准不确定度 Δl_1。

② 用游标卡尺多次测量小球沿摆长方向的直径 d，再求出 $\bar{d}$ 和 $\Delta\bar{d}$。

(2)测量单摆周期

使单摆作小角度摆动。通过计算可知，当小球的振幅小于摆长的 1/12 时，摆角 $\theta<5^\circ$。小球的振幅通过档杆在水平方向的位置而确定。从档杆方向平稳放开小球，开始自由摆动，待摆动稳定后，用光电计时器测量。

光电计时器的使用方法：连接好光电门传感器与计时器的插线；开机通电后，设定计时次数 n 为 60 次(30 个周期)，按【执行】键即准备计时，等小球经过光电门挡光时，即进行计时，在第 61 次挡光时停止计时，显示 30 个周期总时间 $30T$。如果要改变计时次数，可以在计时结束后按【返回】键或【复位】键，再按【上调】和【下调】键可改变计时次数。再按【执行】键即可计时。

测量摆动 $30T$ 所需的时间(积累法)，并重复测量多次，求平均值。

2. 改变摆长，测定 g

使 l 分别为 30 cm、40 cm、50 cm、60 cm、70 cm、80 cm、90 cm 左右，(l 不需要严格为某一个整数)，测出不同摆长下的 $30T$，然后求出周期 T。

注意事项

(1)要注意小摆角的实验条件,例如控制摆角 $\theta<5°$。

(2)要注意使小球始终在同一个竖立平面内摆动,防止形成“锥摆”。

(3)铁质小球的直径:20 mm。

(4)挡光针为长 15 mm,直径为 2.7 mm 的中空塑料圆柱,实验时将其插在小球的底部孔中。

原始数据表格

(1)悬点 O 到小球最低点 A 的距离 l_1。

表 2-2 悬点 O 到小球最低点 A 的距离 l_1

悬点 O 的位置 x_1 (cm)	小球最低点 A 的位置 x_2 (cm)	$l_1=\vert x_1-x_2\vert$ (cm)

(2)小球沿摆长方向的直径 d。

表 2-3 小球沿摆长方向的直径 d

次数	1	2	3	平均	卡尺零点	修正零点后的平均值
d(cm)						

(3)小球摆动 $30T$ 所需的时间。

表 2-4 小球摆动 $30T$ 所需的时间

次数	1	2	3	4	5	平均
$30T$(s)						

表 2-5 摆长与周期的关系

测量序号	1	2	3	4	5	6	7	8
l_0(cm)								
l(cm)								
$t(30T)$(s)								
T(s)								
T_2(s^2)								

数据处理

(1)计算摆长及其标准不确定度 Δl,这里取米尺的仪器误差为 $\Delta_{仪}x=$

1.0 mm。光电计时器的仪器误差 $\Delta_{仪}t$ 为仪器的精度。

将各直接测量量的平均值及不确定度填入表 2-6（置信概率 $P=0.95$ ）。

表 2-6　各直接测量量的平均值及不确定度

直接测量量	平均值 $\bar{x}$	$S_{\bar{x}}$	t 值（无单位）	$\Delta_A x$	$\Delta_{仪} x$	$\Delta_B x$	Δx
l_1(cm)							
d(mm)							
$30T$(s)							

其中

$$\bar{x}=\frac{1}{n}\sum_{1}^{n}x_i$$

$$S_{\bar{x}}=\sqrt{\frac{\sum_{1}^{n}(x_i-\bar{x})^2}{[n(n-1)]}}$$

$$\Delta_A x=tS_{\bar{x}}$$

$$\Delta x=\sqrt{(\Delta_A x)^2+(\Delta_B x)^2}$$

分别求出 l_1 和 Δl_1、$\bar{d}$ 和 $\Delta\bar{d}$、$\overline{30T}$ 和 $\Delta\,\overline{30T}$，最后求出 $\Delta l=\sqrt{\Delta^2 l_1+\left(\frac{\Delta\bar{d}}{2}\right)^2}$。

(2)摆长为 $l=l_1-\frac{\bar{d}}{2}$，求出摆长 l 为：$l=$________$\pm$________ cm。

(3)求出 $\overline{30T}$ 和 $\Delta\,\overline{30T}$，则 $30T=$________$\pm$________ s。

(4)代入公式，$g=\frac{4\pi^2 l}{T^2}=\frac{4\pi^2 l}{(\frac{30T}{30})^2}=\frac{\pi^2 l\times 3600}{(30T)^2}$

$$\frac{\Delta g}{g}=\sqrt{\left(\frac{\Delta l}{l}\right)^2+\left(\frac{2\Delta\,\overline{30T}}{30T}\right)^2}$$

计算 g 的标准不确定度 Δg（计算时可把 $30T$ 作为一个数，而不必求出 T）。

$g=$________$\pm$________[　　　　]（写出单位符号）。

(5)测摆长与周期的关系 $T^2=\frac{4\pi^2 l}{g}$。

(6)依实验步骤 2 得出的数据，在直角坐标纸上绘制 T^2-l 曲线。

(7)用最小二乘法计算 $T^2=bl+a$ 直线方程中的斜率 b，截距 a 及相关系数 r。

$$b=\frac{\bar{l}\cdot\overline{T^2}-\overline{lT^2}}{(\bar{l})^2-\overline{l^2}}$$

$$a=\overline{T^2}-b\bar{l}$$

$$r=\frac{\overline{lT^2}-\bar{l}\cdot\overline{T^2}}{\sqrt{[\overline{l^2}-(\bar{l})^2]\cdot[\overline{(T^2)^2}-(\overline{T^2})^2]}}$$

以此计算出重力加速度 g

$$g=4\pi^2/k$$

并与荆州地区重力加速度公认值 $g=9.781\ \mathrm{m/s^2}$ 比较其误差的绝对值与相对误差的绝对值。

预习思考题

(1)用单摆测重力加速度的公式 $g=4(^2l/T^2$ 为什么是近似的？它存在哪些系统误差？实际应用此公式时应满足什么条件？

(2)如何测单摆上悬点与摆球下端的间距？

实验后思考题

(1)请想出一种用摆锤为不规则形状的重物(如一把挂锁)制成“单摆”，并测定重力加速度 g 的方法。

(2)假设单摆的摆动不在竖立平面内，而是作圆锥形运用(即“锥摆”)。若不加修正，在同样的摆角条件下，所测的 g 值将会偏大还是偏小？为什么？

2.4 用拉伸法测金属丝的杨氏模量

材料受外力作用时必然发生形变，其内部的胁强(或称应力，是单位面积上受的垂直作用力)和胁变(或称应变，即相对形变)的比值称为弹性模量，这是描述固体材料抵抗形变能力的重要物理量，是选定机械构件材料的重要依据，是工程技术中常用的参数。本实验是测量金属丝的纵向弹性模量，即杨氏模量。实验将具体学习一种测量微小长度的方法——光杠杆法和一种常用的数据处理方法——逐差法，它们在物理实验中经常用到。

实验目的

(1)用拉伸法测量钢丝的杨氏模量；

(2)掌握测微小长度的一种方法——光杠杆法；

(3)学习用逐差法处理实验数据。

实验原理

固体在外力作用下会发生形变。外力撤除后形变能完全恢复的称为弹性形变;外力撤除后形变完全不能恢复的称为范性形变。如果作用在弹性形变物体上的外力过大,以致外力撤除后物体不能完全恢复原状,这种形变就包含有弹性形变与范性形变。本实验只研究弹性形变,也就是说,适当控制外力的大小,以保证去掉外力后物体能恢复原状。

最简单的形变是棒状物体受外力后的伸长或缩短。

一条各向同性的金属丝(棒),原长为 L,截面积为 A,在外力 F 的作用下伸长 δL。当呈平衡状态时,如果忽略金属棒本身的重力,则棒中任一截面上,内部的恢复力必须与外力相等。在弹性限度内,按胡克定律应有应力($\sigma=F/A$)与应变($\varepsilon=\delta L/L$)成正比关系,即

$$E = \text{应力} / \text{应变} = \sigma/\varepsilon$$

E 称为该金属的杨氏(弹性)模量。杨氏模量 E 是表征固体弹性性质的物理量,只决定于材料的弹性性质,与外力 F、物体长度 L 以及截面积 A 的大小均无关。

设金属丝为圆柱形,直径为 d,如果在金属丝的下端悬挂一质量为 m 的重物,忽略金属丝的质量,在金属丝内产生的拉力 F 应等于 mg,则

$$E = \frac{\sigma}{\varepsilon} = \frac{F/A}{\delta L/L} = \frac{mg/[\pi(d/2)^2]}{\delta L/L} = \frac{4mgL}{\pi d^2 \delta L} \tag{2-11}$$

根据式(2-11),测出等式右边各项,就可算出该金属的杨氏模量。其中 F、L、d 可用一般方法测得。但当悬挂重物的质量 m 不太大时,相应的 δL 很小,用一般的工具不易测准,为此采用光杠杆放大测量法。

光杠杆装在如图 2-16(a)所示的拉伸仪上。它由反射镜 M 和有 3 个足尖的底座组成,如图2-17(a)所示。底盘上 3 个足尖构成等腰三角形,如图 2-17(b)所示。弯成为有后足尖 D 的金属杆与这一等腰三角形的高 DG 对应,金属杆插在底座孔内,可以调节后足尖 D 与两前足尖 E、F 连线的距离 b,b 称为光杠杆常数。光杠杆的侧面如图 2-17(c)所示。

实验时,待测金属丝的两端固定在夹头 1、2 上,下夹头 2 固定在框架上部,金属丝靠框架受的重力被拉直,框架下部有一金属环,金属环通过螺杆与框架相连,螺杆上部有一圆锥形小坑,为放光杠杆的后足尖 D 而设。金属环上挂一钩码,钩码上再增添有槽的圆盘状砝码 5 使金属丝伸长。

光杠杆两前足尖放在拉伸仪固定平台 4 上的钩槽内,后足尖放在框架下部金属环螺杆上端的圆锥形小坑内。在光杠杆反射镜 $M3$ 的前方 1m 以上的距离处放镜尺组,如图 2-16(b)所示。镜尺组上的望远镜 6 水平地对准光杠杆平面

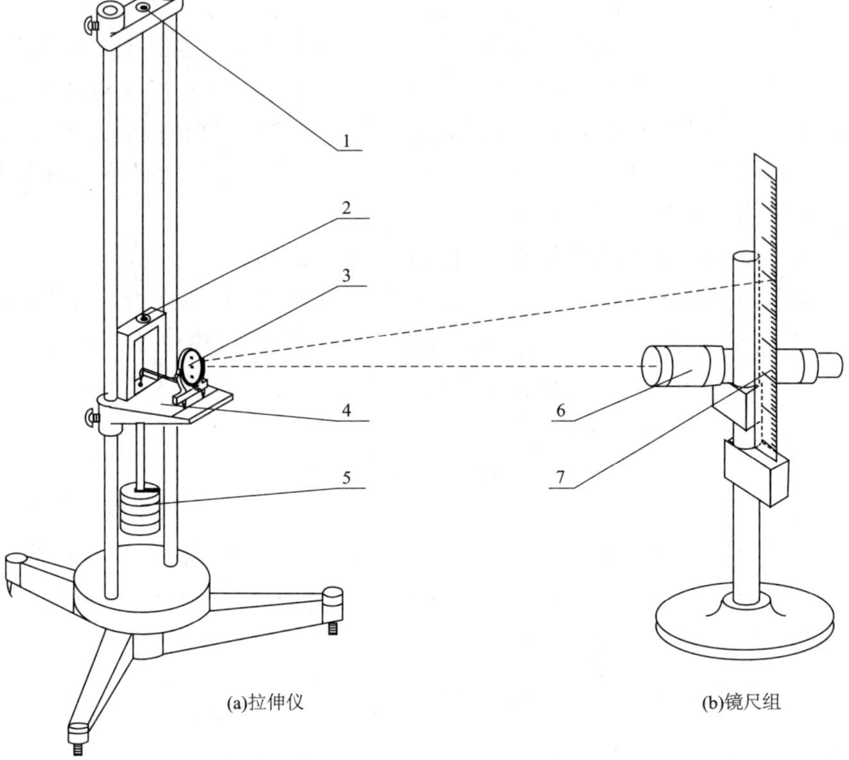

图 2-16　拉伸仪和镜尺组

1—夹头；2—下夹头；3—光杠杆反射镜；4—平台；5—砝码；6—望远镜；7—标尺

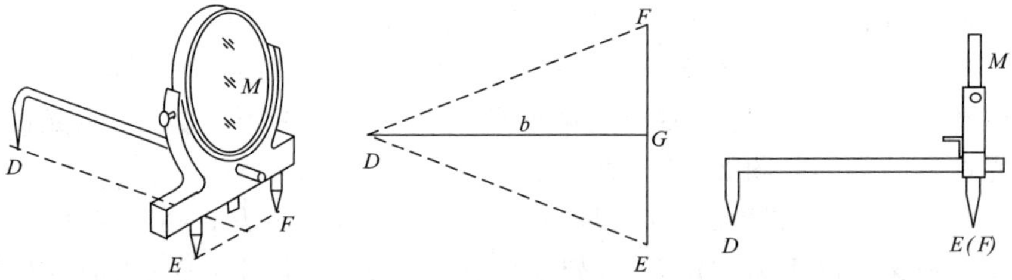

(a)　　　　(b)　　　　(c)

图 2-17　光杠杆

镜 M 的中心。望远镜旁有一竖直的标尺 7，标尺的零刻度与望远镜中心等高。在没有挂钩码及加砝码时，望远镜 6 的光轴应与反射镜 M 垂直，此时应从望远镜目镜中可以看见镜内水平叉丝对准反射镜内标尺像的某一刻度线（调节好以后应对准零刻度线)，设为 n_0。当加上钩码继而再加砝码时，因钢丝伸长，置于框架下端螺杆上部凹坑内，光杠杆后足尖 D 跟随下移到 D' 点，DD' 即为钢丝的伸长 δL。而反射镜将以两前足尖 EF 为轴从 M 转到 M'，这时从固定不动的望远镜 6 中将会看到水平叉丝对准标尺上的另一刻度线，它应在 n_0 的上部，设为 n，如图 2-18 所示。则望远镜读数变化，即标尺像发生的位移(简称像移)Δn 为

$$\Delta n = n - n_0$$

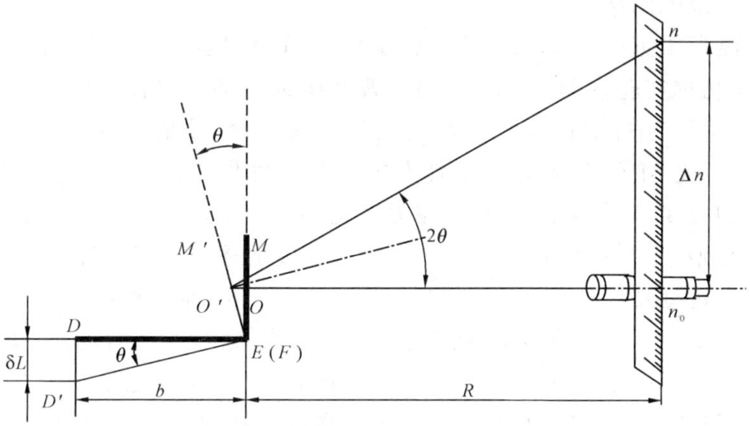

图 2-18　光杠杆工作原理图

由于经光杠杆反射而进入望远镜的光线方向不变，故当反射镜旋转一角度 θ 后，能经望远镜射到光杠杆反射镜上的光线方向就要偏转 2θ，即$\angle n_0O'n = 2\theta$。因 θ 很小，OO' 也很小，则可认为平面镜到标尺的距离 $R = On_0$，并有

$$2\theta \approx \tan(2\theta) = \Delta n/R$$

得

$$\theta = \Delta n/(2R)$$

又从$\triangle EDD'$得

$$\theta \approx \tan\theta = \delta L/b$$

式中，b 为光杠杆前后足尖间的距离，称光杠杆常数。由以上两式得

$$\delta L = b\theta = b\Delta n/(2R) = \Delta n/(2R/b) = \Delta n/W \tag{2-12}$$

其中，$W = 2R/b$ 称作光杠杆的"放大率"。式(2-12)中的 R 和 b 可以直接测量，因此只要在望远镜中测得标尺刻线的像移 Δn，即可算出金属丝的相应伸长 δL。将式(2-12)代入式(2-11)中，得

$$E = \frac{8mgLR}{\pi d^2 b\Delta n} \tag{2-13}$$

实验仪器

杨氏模量测定仪一套(包括拉伸仪、光杆杠、镜尺组),1 m 钢直尺一根,千分尺一把,300 mm钢直尺一根,水准仪一个,量程 2 m 钢卷尺一个。

(1)拉伸仪及光杠杆(见实验原理)

(2)望远镜

①望远镜的结构。

为了测量较远(0.5 m 以上)物体的线度,可使用望远镜及附加的读数设备。图 2-19 是物理实验室测量中常用的开普勒望远镜的光路图,物镜 L_1(凸透镜)的像方焦点 F'_1 刚好与目镜 L_2 的物方焦点 F_2 相重合,故从无限远 A 射来的光线(可视为平行光)汇聚在物镜 L_1 的像方焦点 F'_1,也是汇聚在目镜 L_2 的物方焦点 F_2。经过目镜 L_2 后所成的虚像也在无穷远 A',只不过视角变得很大。由于物镜的像方焦距 f'_1 比目镜物方焦距 f_2 大得多,故上述虚像对人眼的张角比用人眼直接观察远处物体的张角放大到了 $f'_1/(-f_2)$ 倍,即视角放大率等于 $-f'_1/f_2$。由图 2-19 可知,用开普勒望远镜观察远方物体时,看到的是倒立的像,且该物似乎向我们移近了。在物理实验中所遇到的远物,通常总是处于有限的距离内,为了看清楚物体的像,可将目镜镜筒从物镜镜筒中向外伸出,使 F'_1 位于 F_2 的外侧。这时远物所形成的实像在物镜像方焦点 F'_1 的外侧,该实像又位于目镜物方焦点 F_2 上或贴近物方焦点 F_2 的内侧(观察有限远物体,习惯上使物体实像成像在 F_2 的内侧)。而在贴近目镜的物方焦点 F_2 内侧,有一块固定的十字准线分划板,以测量物体的准确位置。

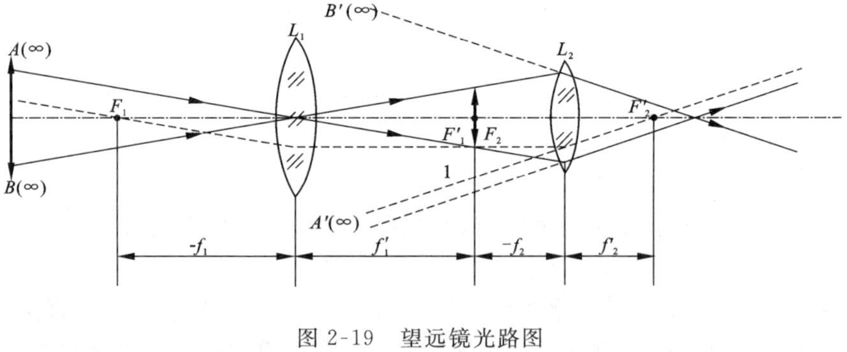

图 2-19　望远镜光路图

②测量时先调节目镜与分划板上测量准线的距离,使人眼看到清晰的很细的“十”字叉丝线(准线)。因每个人眼焦距的变化范围不同,调目镜与分划板上测量准线的距离实际上是调人眼与目镜组成的新“目镜”的焦距,以便清楚地看清分划板上的“十”字叉丝线。看清“十”字叉丝线后,再调节物镜与目镜间的距

离，使物体成像在分划板上，直至物体的像与“十”字叉丝线无视差为止。

实验步骤

1. 调节拉伸仪和光杠杆达到备用状态（调水平、铅直、等高）

(1)把圆水准仪放在拉伸仪的平台上，调节底脚螺丝使平台水平。此步骤的目的是使卡钢丝的框架四周不与围住框架的平台相碰，框架自然下垂与四周没有摩擦。

事实上平台的上平面与立柱不一定垂直，按上面的方法调整后，钢丝不一定铅直，框架四周与围住框架的平台相碰，框架与四周就有摩擦。为此，此步按下面的方法调整为好：调节底脚螺钉，观察框架，让框架四周不与别的物品相碰，框架处于自然下垂。

(2)调光杠杆，使两前足尖 E、F 与后足尖 D 成等腰三角形，使后足尖 D 的弯杆垂直于 E、F、D 组成的平面。

(3)将两前足尖 E、F 放在平台上，让后足尖 D 自然落入框架内框下部平面的凹坑中。

(4)把圆水准泡放在光杠杆的平台上，微调工作台 4 的高低，使光杠杆水平。

(5)将光杠杆上反射镜 M 调竖直。

(6)以 1 m 钢直尺的某刻度为基准，调望远镜、标尺高度，使望远镜中心线、标尺零刻度线、反射镜中心线在同一高度。

2. 调整望远镜

(1)调节望远镜目镜，对十字叉丝进行聚焦，使人眼看清十字叉丝。

(2)外观对准。移动镜尺组底座，眼睛看望远镜镜筒外部上面的准心对准反射镜中的标尺像（即人眼、准心凹槽、准心小尖与反射镜中的标尺像在一直线上）。有的望远镜没有准心瞄准装置，此时，应移动镜尺组底座，使眼睛、望远镜轴线、反射镜中的标尺像在一直线上，直到在望远镜镜筒内观察到反射镜中的标尺像（可能不清晰）。

(3)调焦找尺。调节物镜与目镜的距离，使标尺成像在十字叉丝平面内，这时在望远镜镜筒内能清晰地观察到反射镜中的标尺像；再微动镜尺组底座，使标尺像在视场中部；如果望远镜视场内标尺像上下清晰程度不同，可调节望远镜的俯仰，使标尺像在整个视场内都一样清晰；再仔细调节物镜与目镜的距离，并上下微微移动眼睛，使标尺像与叉丝间不存在视差。

3. 调反射镜 M 垂直于望远镜光轴

观察望远镜中水平叉丝是否对准标尺像的 0 刻度线，若明显偏离可微微改变反射镜俯仰，直到望远镜中读出的数据在 0 附近为止（一般小于 5 mm），并注意数据的正负。

4. 测像移

记下叉丝对准的标尺刻度 n_0，并逐次加砝码 m_0（钩砝作为一个砝码），记录每次相应读数 n_i'，待 7 个砝码全部加完后再逐次取下，记录相应读数 n_i''（注意减砝码时的读数填入数据表中的顺序），取两者平均值。

5. 测量 R、L 和 d

用钢卷尺测量平台沟槽与标尺间的距离 R（即镜尺间的距离）、金属丝原长 L 各一次。用螺旋测微计在金属丝的 3 个不同部位测量直径 d 各两次（从两个相互垂直的方向去测量）。

6. 测量光杠杆常数 b

将光杠杆放在平坦的纸上，轻压出三个足尖的印痕，用直尺测后足尖 D 到两个前足尖的连线 EF 的垂直距离，测一次。

注意事项

（1）光杠杆、望远镜和标尺应在测量前调好，实验过程中不得再移动，否则所测数据无效，实验应从头做起。

（2）加砝码时务必谨慎，以免金属丝摆动造成光杠杆移动；并注意各槽口应相互错开，防止砝码倾斜掉落。

（3）测量过程中，应先测量容易被破坏的数据，后测量不易破坏的数据，即先测量像移 n，次测镜尺距离 R，再测其他量。

（4）实验完后，砝码应全部取下，以免钢丝拉断。

原始数据表格

1. 测像移 $\Delta n = n_{i+4} - n_i$

标尺分度值______，重力加速度______ m/s^2，单个砝码质量______ kg。

表 2-7 像移

测量次数	1	2	3	4	5	6	7	8
钩码上砝码个数	0	1	2	3	4	5	6	7
增砝码读数 n'_i(cm)								
减砝码读数 n''_i(cm)								
$n_i=(n'_i+n''_i)/2$(cm)								
$\Delta n_i = n_{i+4} - n_i$(cm)					$\overline{\Delta n}=$		$S_{\overline{\Delta n}}=$	

2. 测 R、L、b

钢卷尺（测 R）量程______，分度值______；钢卷尺（测 L）量程______，分

度值________；

钢直尺量程________，分度值________。

表 2-8　R、L、B

项　目	镜尺间距 R(cm)	金属丝长度 L(cm)	光杠杆常数 b(cm)
测量值			

3. 测金属丝直径 d(mm)

千分尺量程________，分度值________，零点读数________。

表 2-9　金属丝直径

测量次数	1	2	3	4	5	6	平均值	$S_{\bar{d}}$
d(mm)								

数据处理

1. 各直接测量量的平均值及不确定度一览表

质量 m_0 和重力加速度 g 均作为常量。根据不确定度 B 分量依实际情况估计误差限值的原则，本实验中各直接测量量的仪器误差讨论如下：测钢丝长度 L 时，因金属丝上下端装有紧固夹头，米尺很难测准，取 L 的不确定度 $\Delta L=2$ mm；测镜尺间的距离 R 时，因平台上沟槽有一宽度，钢卷尺松紧程度不一，且测量时难以保证钢卷尺水平和两端对准，故取 R 的不确定度 $\Delta R=5$ mm；测标尺像移时，因没有钢直尺直接测长度，且标尺刻度精度等级不够高，故取像移的仪器误差限为 $\Delta_{仪}(\Delta n)=1$ mm；其他量的仪器误差按正常情况记取。

表 2-10　直接测量量的平均值及不确定度

直接测量量	$\bar{x}$	$S_{\bar{x}}$	t 值 (无单位)	$\Delta_A x$	$\Delta_{仪}\ x$	$\Delta_B x$	Δx
L(cm)							
R(cm)							
b(cm)							
d(mm)							
Δn(cm)							

其中

$$\bar{x}=\frac{1}{n}\sum_{i=1}^{n}x_i$$

$$S_{\bar{x}}=\sqrt{\sum_{i=1}^{n}(x_i-\bar{x})^2/[n(n-1)]}$$

$$\Delta_A x = tS_{\bar{x}}$$

$$\Delta x = \sqrt{(\Delta_A x)^2 + (\Delta_B x)^2}$$

2. 用逐差法处理数据

计算钢丝的杨氏模量 E，因 $m=4m_0$，故式(2-13)变为

$$E = \frac{32m_0 gLR}{\pi d^2 b\Delta n} \tag{2-14}$$

3. 不确定度计算

对式(2-14)两边取对数，有

$$\ln E = \ln\left(\frac{32m_0 g}{\pi}\right) + \ln L + \ln R - 2\ln d - \ln b - \ln(\Delta n)$$

两边微分(微分号用 δ 代替)，有

$$\frac{\delta E}{E} = \frac{\delta L}{L} + \frac{\delta R}{R} - 2\frac{\delta d}{d} - \frac{\delta b}{b} - \frac{\delta(\Delta n)}{\Delta n}$$

$$\frac{\Delta E}{E} = \sqrt{\left(\frac{\Delta L}{L}\right)^2 + \left(\frac{\Delta R}{R}\right)^2 + 4\left(\frac{\Delta d}{d}\right)^2 + \left(\frac{\Delta b}{b}\right)^2 + \left[\frac{\Delta(\Delta n)}{\Delta n}\right]^2}$$

$$\Delta E = E \cdot \sqrt{\left(\frac{\Delta L}{L}\right)^2 + \left(\frac{\Delta R}{R}\right)^2 + 4\left(\frac{\Delta d}{d}\right)^2 + \left(\frac{\Delta b}{b}\right)^2 + \left[\frac{\Delta(\Delta n)}{\Delta n}\right]^2}$$

最后，写出所测杨氏模量的结果表达式，即

$$E = \overline{E} \pm \Delta E$$

预习思考题

(1)对任意方向的入射光线，根据光的反射定律，证明：当入射光线的方向不变时，反射镜转动 θ 角，则反射光线转过 2θ 角。

(2)将本实验中的金属丝换成另一根由同种材料制成、直径为 $2d$ 的金属丝，则测得的杨氏模量为原测量值的几倍？

(3)设实验测得 $y_1, y_2, \cdots, y_8$。欲求 Δy，有两种方法。

①逐项逐差

$$\Delta y = \frac{1}{7}\sum_{i=1}^{7}(y_{i+1} - y_i)$$

②逐四项逐差

$$\Delta y = \frac{1}{4}\sum_{i=1}^{4}(y_{i+4} - y_i)$$

请写出上述两种方法的具体计算公式，并由此说明逐多项逐差比逐项逐差优越。

实验后思考题

(1)已知金属丝直径 d 约为 0.03 cm,要求杨氏模量的最大相对不确定度 $E_r = \Delta E/E < 2\%$,试由不确定度均分原则分析判断选用千分尺测钢丝直径是否合适。

(2)按照光杠杆——尺读望远镜系统的调整原理,回答以下问题:

①本实验装置能比较严格地保证望远镜光轴的水平吗?为什么?

②设标尺已垂直于地面,然而在望远镜内观察到标尺像时,上、下清晰度却不对称,这是什么原因造成的?如何调整?

(3)根据光杠杆原理说明怎样提高光杠杆测微小长度变化的灵敏度。这种灵敏度是否越高越好?为什么?结合下述给定条件,根据不确定度均分原则对影响灵敏度的测量量进行必要的数量级估算。已知镜尺距离 R 的误差限为 0.5 cm,光杠杆常数 b 的误差限为 0.05 cm,要求杨氏模量的最大相对不确定度 $\Delta E/E < 2\%$。

2.5 用三线摆测物体的转动惯量

转动惯量是刚体转动惯性大小的量度,是表征刚体特性的一个物理量。转动惯量的大小除与物体质量有关外,还与转轴的位置和质量分布(即形状、大小和密度)有关。如果刚体形状简单,且质量分布均匀,可直接计算出它绕特定轴的转动惯量。但在工程实践中,我们常碰到大量形状复杂,且质量分布不均匀刚体,理论计算将极为复杂,通常采用实验方法来测定。

转动惯量的测量,一般都是使刚体以一定的形式运动。通过表征这种运动特征的物理量与转动惯量之间的关系,进行转换测量。测量刚体转动惯量的方法有多种,三线摆法是具有较好物理思想的实验方法,它具有设备简单、直观、测试方便等优点。

实验目的

(1)学会用三线摆测定物体的转动惯量;

(2)学会用累积放大法测量周期运动的周期;

(3)验证转动惯量的平行轴定理。

实验原理

图 2-20 是三线摆实验装置的示意图。上、下圆盘均处于水平,悬挂在横梁

上。三个对称分布的等长悬线将两圆盘相连。上圆盘固定，下圆盘可绕中心轴 OO' 作扭摆运动。当下盘转动角度很小，且略去空气阻力时，扭摆的运动可近似看作简谐运动。根据能量守恒定律和刚体转动定律均可以导出物体绕中心轴 OO' 的转动惯量，推导过程如下：

当下盘扭转振动，其转角 θ 很小时，其扭动是一个简谐振动，其运动方程为：

$$\theta = \theta_0 \sin \frac{2\pi}{T_0} t$$

当摆离开平衡位置最远时，其重心升高 h，根据机械能守恒定律有：

$$\frac{1}{2} I_0 \omega_0^2 = m_0 g h$$

即

$$I_0 = \frac{2 m_0 g h}{\omega_0^2} \tag{2-15}$$

而

$$\omega = \frac{\mathrm{d}\theta}{\mathrm{d}t} = \frac{2\pi\theta_0}{T} \cos \frac{2\pi}{T_0} t$$

$$\omega_0 = \frac{2\pi\theta_0}{T_0} \tag{2-16}$$

将式(2-16)代入式(2-15)得

$$I_0 = \frac{m_0 g h T_0^2}{2\pi^2 \theta_0^2} \tag{2-17}$$

从图 2-21 中的几何关系中可得

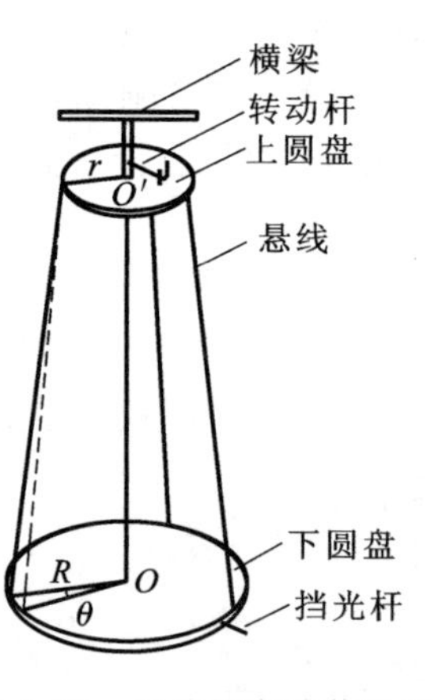

图 2-20　三线摆实验装置图

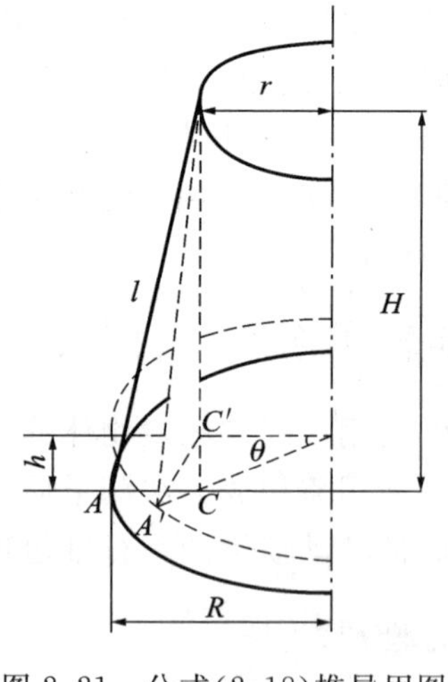

图 2-21　公式(2-18)推导用图

$$(H_0 - h)^2 + R^2 - 2Rr\cos\theta_0 = l^2 = H^2 + (R - r)^2$$

简化得

$$H_0 h - \frac{h^2}{2} = Rr(1 - \cos\theta_0)$$

略去 $\frac{h^2}{2}$，且取 $1 - \cos\theta_0 \approx \theta_0^2/2$，则有

$$h = \frac{Rr\theta_0^2}{2H_0}$$

代入式(2-17)得

$$I_0 = \frac{m_0 gRr}{4\pi^2 H_0} T_0^2 \tag{2-18}$$

式中，m_0 为下盘的质量；r、R 分别为上下悬点离各自圆盘中心的距离；H_0 为平衡时上下盘间的垂直距离；T_0 为下盘作简谐运动的周期；g 为重力加速度(在杭州地区 $g = 9.793\ \mathrm{m/s^2}$)。

将质量为m的待测刚体放在下盘上，并使待测刚体的转轴与OO'轴重合。测出此时摆的运动周期 T_1 和上下圆盘间的垂直距离 H。同理可求得待测刚体和下圆盘对中心转轴 OO' 轴的总转动惯量为：

$$I_1 = \frac{(m_0 + m)gRr}{4\pi^2 H} T_1^2 \tag{2-19}$$

如不计因重量变化而引起悬线伸长，则有 $H \approx H_0$ 。那么，待测物体绕中心轴的转动惯量为：

$$I = I_1 - I_0 = \frac{gRr}{4\pi^2 H}[(m + m_0)T_1^2 - m_0 T_0^2] \tag{2-20}$$

因此，通过长度、质量和时间的测量，便可求出刚体绕某轴的转动惯量。

用三线摆法还可以验证平行轴定理。若质量为 m 的物体绕通过其质心轴的转动惯量为 I_C，当转轴平行移动距离 x 时(图 2-22)，则此物体对新轴OO'的转动惯量为$I_{OO'} = I_C + mx^2$ 。这一结论称为转动惯量的平行轴定理。

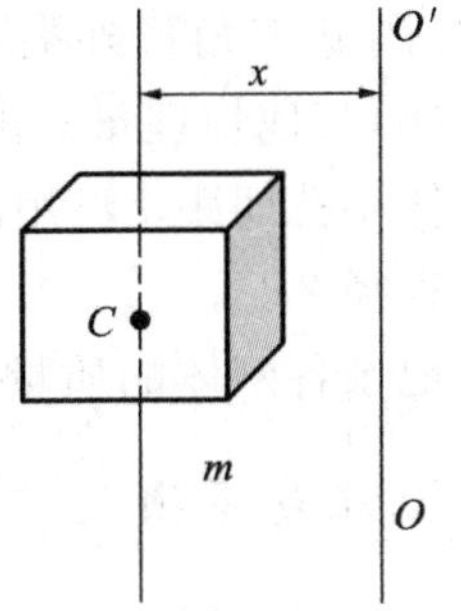

图 2-22　平行轴定理

实验时将质量均为 m'，形状和质量分布完全相同的两个圆柱体对称地放置在下圆盘上(下盘有对称的两个小孔)。按同样的方法，测出两小圆柱体和下盘绕中心轴 OO' 的转动周期 T_x，则可求出每个柱体对中心转轴 OO' 的转动惯量：

$$I_x = \frac{(m_0 + 2m')gRr}{4\pi^2 H} T_x^2 - I_0 \tag{2-21}$$

如果测出小圆柱中心与下圆盘中心之间的距离 x 以及小圆柱体的半径 R_x，则由平行轴定理可求得

$$I'_x = m'x^2 + \frac{1}{2}m'R_x^2 \tag{2-22}$$

比较 I_x 与 I'_x 的大小，可验证平行轴定理。

实验仪器

三线摆实验仪、水准仪、米尺、游标卡尺、光电计时器、物理天平以及待测物体等。

实验步骤

1. 用三线摆测定圆环对通过其质心且垂直于环面轴的转动惯量

2. 用三线摆验证平行轴定理

(1)调整下盘水平：将水准仪置于下盘任意两悬线之间，调整小圆盘上的三个旋扭，改变三悬线的长度，直至下盘水平。

(2)测量空盘绕中心轴 OO' 转动的运动周期 T_0：轻轻转动上盘，带动下盘转动，这样可以避免三线摆在作扭摆运动时发生晃动。注意扭摆的转角控制在 5°以内。用累积放大法测出扭摆运动的周期(用光电计时器测量累积 30～50 次的时间，然后求出其运动周期，为什么不直接测量一个周期?)。测量时间时，应在下盘通过平衡位置时开始计数，并默读 5、4、3、2、1、0，当数到“0”时启动停表，这样既有一个计数的准备过程，又不至于少数一个周期。

(3)测出待测圆环与下盘共同转动的周期 T_1：将待测圆环置于下盘上，注意使两者中心重合，按同样的方法测出它们一起运动的周期 T_1。

(4)测出二小圆柱体(对称放置)与下盘共同转动的周期 T_x。

(5)测出上下圆盘三悬点之间的距离 a 和 b，然后算出悬点到中心的距离 r 和 R (等边三角形外接圆半径)。

(6)其他物理量的测量：用米尺测出两圆盘之间的垂直距离 H_0 和放置两小圆柱体小孔间距 $2x$；用游标卡尺测出待测圆环的内、外直径 $2R_1$、$2R_2$ 和小圆柱体的直径 $2R_x$。

记录各刚体的质量。

注意事项

通电后电源指示灯亮，信号指示灯在接入光电门后点亮。(计时精度可达 0.01 s)

通电开启系统后，系统默认计数周期为30，用户可以用面板上的【上调】和【下调】来调整计数周期，计数周期设定完毕后按【置数】键输入系统，再按【执行】键进行准备计数，计数完毕后面板显示的是计数时间，按【返回】键返回，返回的状态是用户设置的计数周期状态，按【复位】键则返回系统默认的计数周期状态。

原始数据表格

1. 实验数据记录

$r=\frac{\sqrt{3}}{3}a=$ ________；　$R=\frac{\sqrt{3}}{3}b=$ ________；　$H_0=$ ________；

下盘质量 $m_0=$ ________；　待测圆环质量 $m=$ ________；　圆柱体质量 $m'=$ ________。

注：本实验的上摆悬线孔的半径 r=44.0 mm，下摆悬线孔的半径 R=90.0 mm。

表 2-11　累积法测周期数据记录参考表格

	下盘		下盘加圆环		下盘加两圆环	
摆动50次所需时间(s)	1		1		1	
	2		2		2	
	3		3		3	
	4		4		4	
	5		5		5	
	平均		平均		平均	
周期	$T_0=$　　s		$T_1=$　　s		$T_x=$　　s	

表 2-12　有关长度多次测量数据记录参考表

项目 次数	上盘悬孔间距 a(cm)	上盘悬孔间距 b(cm)	待测圆环 外直径 $2R_1$(cm)	待测圆环 内直径 $2R_2$(cm)	小圆柱体直径 $2R_x$(cm)	放置小圆柱体两小孔间距 $2x$(cm)
1						
2						
3						
4						
5						
平均						

数据处理

(1)待测圆环测量结果的计算,并与理论值计算值比较,求相对误差并进行讨论。已知理想圆环绕中心轴转动惯量的计算公式为 $I_{\text{理论}} = \frac{m}{2}(R_1^2 + R_2^2)$。

(2)求出圆柱体绕自身轴的转动惯量,并与理论计算值$\{I_{\text{理}} = \frac{m'}{2}R'^2_x\}$比较,验证平行轴定理。

预习思考题

(1)如何利用三线摆测定任意形状的物体绕某轴的转动惯量?

(2)三线摆在摆动中受空气阻尼影响,振幅越来越小,它的周期是否会变化?对测量结果影响大吗?为什么?

实验后思考题

(1)用三线摆测刚体转动惯量时,为什么必须保持下盘水平?

(2)在测量过程中,如下盘出现晃动,对周期有测量有影响吗?如有影响,应如何避免?

(3)三线摆放上待测物后,其摆动周期是否一定比空盘的转动周期大?为什么?

(4)测量圆环的转动惯量时,若圆环的转轴与下盘转轴不重合,对实验结果有何影响?

2.6 用混合法测固体比热容

比热容是表征物质热学性质的重要物理量。在不发生相变的情况下,单位质量的物质温度升高(或降低)1 K(或 1 ℃)所吸收(或放出)的热量称为物质的比热容,其单位为 J/(kg·K)。比热容与物质有关,而且还是温度的函数。在温度变化不大的情况下,物质的比热容是一常数。测量比热容的方法很多,在这儿主要介绍混合法。

实验目的

(1)学习用混合法测固体比热容;

(2)学习使用量热器及温度计。

实验原理

温度不同的两个物体相互接触组成一个热学系统后，热量将由高温物体向低温物体传递。如果在热交换过程中，系统没有向外界散失热量，也没有从外界吸收热量，系统最后将达到均匀稳定的热平衡。在此过程中，高温物体放出的热量等于低温物体所吸收的热量。设质量为 m、温度为 T_1 的高温物体与温度均为 T_2（$T_2 < T_1$），质量分别为 m_0、m_1、m_2，比热容分别为 c_0、c_1、c_2 的水、内筒、搅拌器密切接触，达到热平衡（其平衡温度为 T）时，其关系式为

$$Q_{放} = Q_{吸}$$

可得

$$mc(T_1 - T) = (m_0c_0 + m_1c_1 + m_2c_2)(T - T_2)$$

于是可得物体的比热容 c 为

$$c = \frac{m_0c_0 + m_1c_1 + m_2c_2}{m} \cdot \frac{T - T_2}{T_1 - T} \tag{2-23}$$

在一般情况下，量热器内筒和搅拌器都用铜制成，比热容相同，都为 c_1，在天平上称量时，把它们合在一起，质量记为 m_1；另外，对待测固态物体加热，为了便于温度的测量，都是放入水中连同水一块儿加热到沸腾的，在将待测物从沸水中取出放到冷水中时，总会带有一部分残留的沸水，设其质量为 m_{01}。于是有

$$(mc + m_{01}c_0)(T_1 - T) = (m_0c_0 + m_1c_1)(T - T_2)$$

$$\begin{aligned} c &= \left[(m_0c_0 + m_1c_1) \cdot \frac{T - T_2}{T_1 - T} - m_{01}c_0\right] / m \\ &= \frac{m_0c_0 + m_1c_1}{m} \cdot \frac{T - T_2}{T_1 - T} - \frac{m_{01}}{m}c_0 \end{aligned} \tag{2-24}$$

值得指出的是：

(1) 上述讨论，均假定该热力学系统是孤立系统的理想情况。事实上，在整个实验过程中，系统与外界总有热量交换。通常系统温度比环境温度高，一定会有热量散失。因此，所测平衡温度 T 一定低于无热量散失的系统平衡温度。为了得到准确的比热容 c，必须对所测平衡温度 T 进行修正。现已有多种修正方法，最简单的办法是使初始温度低于室温，系统将从外界环境中吸收一些热量，损失的热量会得到一些补偿。本实验即采用此法。

(2) 测温所用温度计也是热系统的一部分，在式(2-23)中也应给予修正。由于修正量较小，本实验中将不做此修正。

在实验过程中，为了尽量减小热量损失，除了仪器设备的精密外，要求实验者的动作尽量迅速，待测比热容的物体与已知比热容的水要有足够大的接触面积，以保证在短时间内两者的温度达到平衡。

实验仪器

量热器、电热杯、温度计、量筒、天平、待测金属块、塑料水杯。

实验步骤

(1)用天平称量待测金属块的质量 m，称量量热器内筒的质量和搅拌器的质量 m_1。

(2)在量热器内筒内加适量的冷水(以能淹没金属块和温度计的水银泡为准，不能太多)，称出水与量热器(含搅拌器)的总质量 m_2 后，算出水的质量 $m_0=m_2-m_1$。

(3)用搅拌器轻轻地搅拌，测出系统的初始温度 T_2。

(4)将金属块放入装水的电热杯连同水一起加热至水沸腾，记下温度 T_1。

(5)迅速把金属块放入量热器，搅拌，并注意温度上升的变化情况，至温度最高时记下此时温度 T。

(6)再用天平称量装有水、待测金属块的量热筒(含搅拌器)的质量 m_3，以算出随待测金属块从电热杯带入量热器的残留沸水质量 $m_{01}=m_3-m_0-m_1-m=m_3-m_2-m$。

注意事项

(1)把金属块从沸水中取出放入量热器与读取 T(混合后的温度)时要迅速。

(2)温度计插入水中要深，但不要碰到待测金属。

(3)不要折断温度计。

原始数据表格

1. 物理常量

水的比热容 $c_0=4.182$ kJ/(kg·K)；

铜的比热容 $c_1=c_2=0.385$ kJ/(kg·K)。

2. 天平称量

天平量程__________，分度值(感量)__________。

表 2-13　天平称量数据

待测金属块质量 m(g)	搅拌器量热筒质量 m_1(g)	$m_2=m_1+m_0$ (g)	水的质量 $m_0=m_2-m_1$(g)	$m_3=m_2+m+m_{01}$ (g)	残留沸水质量 $m_{01}=m_3-m_2-m$(g)

3. 温度测量

温度计量程__________，分度值__________。

表 2-14 温度测量数据

混合前($m+m_{01}$)的温度 T_1(℃)	混合前(m_1+m_0)的温度 T_2(℃)	混合后的平衡温度 T_1(℃)

数据处理

1. 计算待测金属块的比热容 c 及其不确定度 Δc

(1)用式(2-24)计算待测金属块的比热容 $c_{测}$。

(2) 计算待测金属块比热容的不确定度 Δc。

因是单次测量，质量、温度的不确定度取仪器误差限值，c_0、c_1 认为是常量，考虑到热损失产生的不确定度，取其相对不确定度为 5%。

①计算 m_0、m_{01} 的不确定度

$$\Delta m = \Delta m_1 = \Delta m_2 = \Delta m_3 = \text{分度值的一半} = \Delta_{仪} m$$

因 $m_0=m_2-m_1$，$m_{01}=m_3-m_2-m$，有

$$\Delta m_0 = \sqrt{(\Delta m_2)^2 + (\Delta m_1)^2} = \sqrt{2}\Delta_{仪} m$$

$$\Delta m_{01} = \sqrt{(\Delta m_3)^2 + (\Delta m_2)^2 + (\Delta m)^2} = \sqrt{3}\Delta_{仪} m$$

②各有关量的不确定度一览表

$\Delta T_1=\Delta T_2=\Delta T=$温度计分度值

表 2-15 各有关量的不确定度

Δm(g)	Δm_0(g)	Δm_1(g)	Δm_{01}(g)	ΔT_1(℃)	ΔT_2(℃)	ΔT(℃)

③计算不确定度

将式(2-24)改写成

$$c = \frac{m_0 c_0 + m_1 c_1}{m} \cdot \frac{T - T_2}{T_1 - T} - \frac{m_{01}}{m} c_0 = c' - c''$$

$$c' = \frac{m_0 c_0 + m_1 c_1}{m} \cdot \frac{T - T_2}{T_1 - T}$$

$$c'' = \frac{m_{01}}{m} c_0$$

对式 $c'=\frac{m_0 c_0 + m_1 c_1}{m} \cdot \frac{T-T_2}{T_1-T}$两边取对数，得

$$\ln c' = \ln(m_0 c_0 + m_1 c_1) - \ln m + \ln(T - T_2) - \ln(T_1 - T)$$

再两边微分

$$\frac{dc'}{c'} = \frac{c_0 dm_0 + c_1 dm_1}{m_0 c_0 + m_1 c_1} - \frac{dm}{m} + \frac{dT - dT_2}{T - T_2} - \frac{dT_1 - dT}{T_1 - T}$$

$$= \frac{c_0 dm_0}{m_0 c_0 + m_1 c_1} + \frac{c_1 dm_1}{m_0 c_0 + m_1 c_1} - \frac{dm}{m} + \frac{dT}{T - T_2} - \frac{dT_2}{T - T_2} - \frac{dT_1}{T_1 - T} + \frac{dT}{T_1 - T}$$

$$= \frac{c_0 dm_0}{m_0 c_0 + m_1 c_1} + \frac{c_1 dm_1}{m_0 c_0 + m_1 c_1} - \frac{dm}{m} + \frac{(T_1 - T_2)dT}{(T - T_2)(T_1 - T)} - \frac{dT_2}{T - T_2} - \frac{dT_1}{T_1 - T}$$

得

$$E_{r1} = \frac{\Delta c'}{c'} = \left\{ \left(\frac{c_0 \Delta m_0}{m_0 c_0 + m_1 c_1}\right)^2 + \left(\frac{c_1 \Delta m_1}{m_0 c_0 + m_1 c_1}\right)^2 + \left(\frac{\Delta m}{m}\right)^2 + \left[\frac{(T_1 - T_2)\Delta T}{(T - T_2)(T_1 - T)}\right]^2 + \left(\frac{\Delta T_2}{T - T_2}\right)^2 + \left(\frac{\Delta T_1}{T_1 - T}\right)^2 \right\}^{1/2}$$

$$\Delta c' = c' E_{r1}$$

对式 $c'' = \frac{m_{01}}{m} c_0$ 两边取对数，得

$$\ln c'' = \ln m_{01} - \ln m + \ln c_0$$

再两边微分，考虑到 c_0 为常量，有

$$\frac{dc''}{c''} = \frac{dm_{01}}{m_{01}} - \frac{dm}{m}$$

得

$$E_{r2} = \frac{\Delta c''}{c''} = \sqrt{\left(\frac{\Delta m_{01}}{m_{01}}\right)^2 + \left(\frac{\Delta m}{m}\right)^2}$$

$$\Delta c'' = c'' E_{r2}$$

考虑热损失产生的不确定度，取

$$E_{r3} = 5\%$$

$$\Delta c''' = c_{测} E_{r3}$$

故

$$\Delta c = \sqrt{(\Delta c')^2 + (\Delta c'')^2 + (\Delta c''')^2}$$

2. 写出结果表达式

$$c = c_{测} \pm \Delta c$$

预习思考题

(1)热学实验中极难避免但又必须考虑的是什么？

(2)温度计必须与被测系统处于什么状态时才能读数？

实验后思考题

实验中有哪些环节会造成热损失？如何减小这些损失？

2.7 落球法测液体的黏滞系数

物体在流体中运动时，要受到黏滞力的作用。流体中各流层间有相对运动时，流层间也有黏滞力的作用。黏滞力可使流动速度快的流层变慢，使流动速度慢的流层变快。流层间黏滞力 f 的大小与流层间的接触面积 ΔS 成正比，与流体速度的速度梯度 $\mathrm{d}v/\mathrm{d}x$（设 x 轴垂直于流速的方向）成正比，有

$$f = \eta \Delta S \mathrm{d}v/\mathrm{d}x$$

式中，η 为黏滞系数，Pa · s。流体的黏滞系数与流体的性质和状态有关（特别与温度有关）。测定黏滞系数的方法很多，本实验用落球法测液体的黏滞系数。

实验目的

(1)观察液体中的内摩擦现象；

(2)掌握用落球法测液体黏滞系数的原理和方法。

实验原理

光滑的小球在静止的液体中下落，将受到三种力的作用，如图2-23所示。

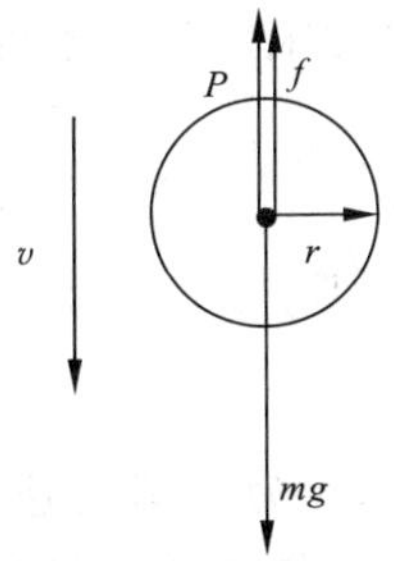

图 2-23 下落小球在流体中受力

1. 流体的黏滞阻力 f

小球以速度 v 在无限广延的均匀液体中下落时，黏附在小球表面的液层被球带走，其次一层以较小速度被带走，使紧靠小球的液层与相邻液层发生摩擦，从而使小球受到与运动方向相反的摩擦阻力，这种阻力称内摩擦力或黏滞力。在小球半径 r 很小，下落速度不太大（液体黏滞性大），运动过程中又不产生旋涡的情况下，根据斯托克斯定律，在无限广阔的流体中，小球受到阻力为

$$f = 6\pi\eta vr \tag{2-25}$$

式中，η 为液体的黏滞系数，与液体性质和温度有关。

由式(2-25)可知，f 随 v 增大而增大。

2. 重力 mg

$$mg = \frac{4}{3}\pi r^3 \rho g \tag{2-26}$$

式中，m 为小球质量；ρ 为小球密度。

3. 流体的浮力 P

根据阿基米德原理，有

$$P = \frac{4}{3}\pi r^3 \rho' g \tag{2-27}$$

式中，ρ' 为流体的密度。

刚落入液体的小球，因速度小，黏滞阻力小，开始作向下的加速运动，随着小球速度增加，黏滞阻力也加大。当速度增大到某一数值时，阻力、浮力与重力平衡，小球所受的合力为零，匀速下落（设速度为 v_0）。此后

$$f + P + mg = 0$$

将其投影到竖直方向，以向上为正，有

$$6\pi\eta v_0 r + \frac{4}{3}\pi r^3 \rho' g - \frac{4}{3}\pi r^3 \rho g = 0$$

$$6\pi\eta v_0 r = \frac{4}{3}\pi r^3 (\rho - \rho') g$$

得

$$\eta = \frac{2gr^2(\rho - \rho')}{9v_0} \tag{2-28}$$

在实验中，小球是在盛有待测流体的半径为 R 的玻璃圆筒中下落，液体不满足无限广延的条件，考虑到筒壁对小球运动的影响，阻力计算式应修正为

$$f = 6\pi\eta v_0 r\left(1 + 2.4\frac{r}{R}\right) \tag{2-29}$$

于是有

$$\eta = \frac{2gr^2(\rho - \rho')}{9v_0(1 + 2.4r/R)} \tag{2-30}$$

式中，v_0 为小球匀速下落的速度，它等于匀速下落的高度 h 与对应时间 t 的比值。于是式(2-30)变为

$$\eta = \frac{2tgr^2(\rho - \rho')}{9h(1 + 2.4r/R)} \tag{2-31}$$

一般情况下，圆形物体的半径是通过测直径而得到的，用小球的直径 d 代替小球半径 r，用玻璃筒的内径 D 代替其半径 R，式(2-31)变为

$$\eta = \frac{2tgr^2(\rho - \rho')}{9h(1 + 2.4r/R)} = \frac{2tg(d/2)^2(\rho - \rho')}{9h[1 + 2.4(d/2)/(D/2)]}$$

$$= \frac{tgd^2(\rho - \rho')}{18h(1 + 2.4d/D)} \tag{2-32}$$

小球直径 d 用千分尺测量；玻璃圆筒的内径 D 用游标卡尺测量；小球匀速下落的高度 h 用钢尺测量；匀速下落 h 所用的时间 t 用机械秒表或电子秒表测量。

本实验待测黏滞系数的液体用的是洗洁液；下落的小球用小钢球，其密度为 $\rho=7.86\times10^3\ kg/m^3$；荆州地区地面的重力加速度 $g=9.781\ m/s^2$。

下面介绍确定小球下落高度 h 为匀速下落的方法。实验用的玻璃筒上有三条红色标记线，上面第一条标记线与最下面的一条标记线之间的间隔可预先作为小球匀速下落的高度。为了验证此段高度内小球是否匀速下落，可用一橡皮筋套在圆筒外边(实验室的每台仪器提供了两根橡皮筋)，且不歪不扭地位于这两标记线的正中间，把此高度分成相等的两段。让小球自由下落，用秒表测量小球先后通过这两等分高度所用的时间，看其是否相等。相等则说明小球在这两标记线间的下落是匀速的；不等，则说明不匀速，就应再找一起点记号线，用以上的方法验证其是否匀速。在找新起点记号线时应以小球匀速下落高度尽可能大为原则。

实验仪器

液体黏滞系数测定仪一台，千分尺一把，游标卡尺一把，300 mm 钢板尺一把，磁钢一个，水准仪一个，小钢球 10 个，待测黏滞系数的液体——洗洁液一筒(已装入筒内)，秒表一个，橡皮筋两根，密度计一支(公用)，温度计一支(公用)，小方毛巾一条。

实验步骤

(1)用水准仪调黏滞系数测定仪底座水平，即调玻璃筒铅直。

(2)用密度计测出待测液体的密度 ρ'，读取待测液体的温度 θ，记下钢球的密度 ρ 和荆州地区地面重力加速度 g。

(3)用游标卡尺从不同的部位测玻璃筒内径 D 五次。

(4)用钢直尺从不同部位测玻璃筒两记号线的距离(此为小钢球下落的高度)h 五次。

(5)用千分尺测量 10 个小钢球直径 d 各一次。

(6)验证小球在下落高度 h 内做匀速直线运动。

(7)用手拿一小钢球小心地放入玻璃筒上盖的中心小孔中，任其在洗洁液中自由下落，用秒表记录小钢球通过两记号线间距离 h 的时间 t；计时间时眼应该平视标记线，小球通过时按表。一共 10 个小球。

(8)实验完后，用磁性钢丝取出小钢球，擦干，放回小盒中。小方毛巾洗干净，平铺在实验桌上。

注意事项

(1)千万小心不要弄碎玻璃筒。

(2)实验过程中不要丢失小钢球(测小钢球直径时应在小方毛巾上或在装千分尺塑料盒内的海绵上进行,以免小钢球在桌上跳动而丢失),实验完后将小钢球擦干净,放回小方盒中。

(3)不要将待测液体溅出筒外。

(4)小方毛巾用后一定要洗干净。

原始数据表格

1. 实验室给定量与单次测量量

密度计分度值__________,温度计分度值__________。

表 2-16　给定量与测量量

重力加速度 $g(\mathrm{m/s^2})$	钢球密度 $\rho(\mathrm{kg/m^3})$	待测液体密度 $\rho'(\mathrm{kg/m^3})$	实验室温度 θ(℃)

2. 测圆筒内径与钢球下落高度

游标卡尺量程_____,分度值_____,零点读数_____;钢直尺分度值_____。

表 2-17　圆筒内径与钢球下落高度

次 数	1	2	3	4	5	平均值	$S_{\bar{x}}$
圆筒内径 D(mm)							
钢球下落高度 h(cm)							

3. 验证钢球下落为匀速下落

表 2-18　钢球匀速下落验证表

钢球下落高度 h(cm)	下落前 $h/2$ 的时间	下落后 $h/2$ 的时间	是否匀速下落

4. 测钢球直径与下落时间

千分尺量程_____,分度值_____,零点读数_____;秒表分度值_____,零点读数_____。

表 2-19　钢球直径与下落时间

次数	1	2	3	4	5	6	7	8	9	10	$\bar{x}$	$S_{\bar{x}}$
d(mm)												
t(s)												

数据处理

1. 计算各直接测量量的平均值和不确定度

说明：计算小球直径 d 与小球下落 h 的时间 t 的平均值及平均值的标准偏差时，可把各测量结果看作是在相同条件下进行测量的（严格说，d 与 t 的测量不是对同一小球进行的，不能看做测量条件完全相同）。将重力加速度 g 与小钢球的密度 ρ 看作常量。

各直接测量量的平均值及不确定度填入表 2-20。

表 2-20　各直接测量量的平均值及不确定度

直接测量量	$\overline{x}$	$S_{\overline{x}}$	t 值（无单位）	$\Delta_A x$	$\Delta_{仪} x$	$\Delta_B x$	Δx
ρ'(kg/m^3)							
D(mm)							
h(cm)							
d(mm)							
t(s)							

其中

$$\overline{x} = \frac{1}{n}\sum_{i=1}^{n} x_i$$

$$S_{\overline{x}} = \sqrt{\sum_{i=1}^{n}(x_i - \overline{x})^2/[n(n-1)]}$$

$$\Delta_A x = tS_{\overline{x}}$$

$$\Delta x = \sqrt{(\Delta_A x)^2 + (\Delta_B x)^2}$$

2. 用式(2-32)计算洗洁液的黏滞系数的平均值 $\overline{\eta}$

3. 计算黏滞系数 η 不确定度 $\Delta\eta$

对式(2-32)两边取对数

$$\ln\eta = \ln(g/18) + \ln t + 2\ln d + \ln(\rho - \rho') - \ln h - \ln(1 + 2.4d/D)$$

再两边微分（用 δ 代替微分号），有

$$\begin{aligned}\frac{\delta\eta}{\eta} &= \frac{\delta t}{t} + 2\frac{\delta d}{d} - \frac{\delta\rho'}{\rho - \rho'} - \frac{\delta h}{h} - \frac{2.4\dfrac{\delta d}{D} - 2.4\dfrac{d\delta D}{D^2}}{1 + 2.4d/D} \\ &= \frac{\delta t}{t} + 2\frac{\delta d}{d} - \frac{\delta\rho'}{\rho - \rho'} - \frac{\delta h}{h} - \frac{2.4\delta d}{D + 2.4d} + \frac{2.4d\delta D}{D(D + 2.4d)} \\ &= \frac{\delta t}{t} + \frac{2D + 2.4d}{d(D + 2.4d)}\delta d - \frac{\delta\rho'}{\rho - \rho'} - \frac{\delta h}{h} + \frac{2.4d\delta D}{D(D + 2.4d)}\end{aligned}$$

得

$$E_r = \frac{\Delta\eta}{\eta} = \sqrt{\left(\frac{\Delta t}{t}\right)^2 + \left[\frac{2D+2.4d}{d(D+2.4d)}\Delta d\right]^2 + \left(\frac{\Delta\rho'}{\rho-\rho'}\right)^2 + \left(\frac{\Delta h}{h}\right)^2 + \left[\frac{2.4d\Delta D}{D(D+2.4d)}\right]^2}$$

$$\Delta\eta = \eta E_r$$

4. 写出其结果表达式

$$\eta = \bar{\eta} \pm \Delta\eta$$

预习思考题

(1)式(2-25)适用于什么条件？为什么要对其修正为式(2-29)？

(2)如何确定小球在某段距离内是匀速下落的？

(3)为什么要用水准仪调玻璃筒底座的水平？

(4)为什么小钢球一定要在圆筒中心下落？偏在一边行不行？

实验后思考题

(1)通过不确定度的计算，请指出造成测量不确定度的主要因素是什么，如何改进。

(2)在特定的液体中，当小球的半径减小时，它下落的收尾速度如何变化？当小球的密度增大时，情况又如何？

(3)此实验中选用的小球半径大好还是小好？

2.8 物质导热系数的测定

导热系数是表征物质热传导性质的物理量。材料结构的变化与所含杂质对导热系数有着明显的影响，因此材料的导热系数需要由实验具体测定。测量导热系数的方法一般分为两类：一类是稳态法，另一类是动态法。在稳态法中，先利用热源在待测样品内部形成一稳定的温度分布，然后进行测量。在动态法中，待测样品中的温度分布是随时间变化的，例如，呈周期性变化等。本实验采用稳态法进行测量。

实验目的

(1)学习用稳态法测物体导热系数的实验方法；

(2)测量不良导体橡皮的导热系数。

实验原理

1882 年法国数学家、物理学家傅里叶给出了热传导的基本公式。公式指出，如果物体内部各部分的温度不同，热量将从温度较高处向温度较低处传递。如图 2-24 所示，设在热传导方向（令其为 x 轴正向）取一与其垂直的平面 ΔS，在单位时间内从温度较高的一侧通过这一平面向温度较低的一侧所传递的热量 dQ/dt 与这一平面所在处的温度梯度 $\mathrm{d}T/\mathrm{d}x$ 成正比，与该面的大小 ΔS 成正比，即

$$\mathrm{d}Q/\mathrm{d}t=-\kappa\Delta S\mathrm{d}T/\mathrm{d}x \tag{2-33}$$

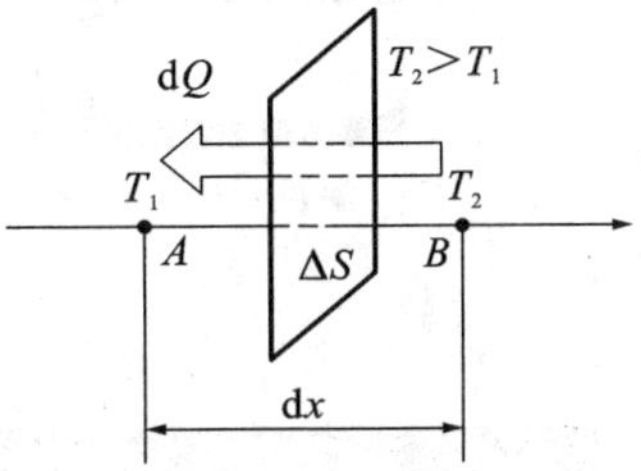

图 2-24　导出热传导公式用图

式中，κ 为导热系数，W/(m·K)。负号表示热传导的方向与温度梯度的方向相反。对于均匀物质内部且热量传递均匀的相邻两个垂直于热传导方向，彼此相距为 h，温度分别为 T_1 与 T_2（$T_2>T_1$）的两个平行平面，其温度梯度变为

$$\mathrm{d}T/\mathrm{d}x=\Delta T/\Delta x=(T_2-T_1)/h \tag{2-34}$$

若平面面积为 S，在 Δt 时间内通过这两面之间的面积也为 S 的一平行平面的热量为 ΔQ（只考虑大小，取 ΔQ 是传递热量的绝对值），式(2-33)变为：

$$\Delta Q/\Delta t=\kappa S(T_2-T_1)/h \tag{2-35}$$

本实验装置如图 2-25、图 2-26 所示，由式(2-35)可知，单位时间内通过待测样品 B 的任一截面的热量 $\Delta Q/(\Delta t$ 为

$$\Delta Q/\Delta t=\kappa\pi R_{\mathrm{B}}^2(T_2-T_1)/h_{\mathrm{B}} \tag{2-36}$$

式中，R_{B} 为圆盘样品 B 的半径；h_{B} 为样品的厚度。当热传导达到稳定状态时，T_1 和 T_2 的值不变。于是通过 B 盘上表面的热流量与铜盘 P 向周围散失的热流量相等。因此，可通过铜盘 P 在稳定温度 T_1 时散热速率来求出热流量 $\Delta Q/\Delta t$。实验中，在读得稳定时的 T_1 和 T_2 以后，即可关掉加热铜盘 A 的电源，将样品盘 B 移走，让加热铜盘 A 的底面与铜盘 P 直接接触，用其余热对铜盘 P 加热。当铜盘 P 的温度上升到高于稳定时的值 T_1 若干摄氏度后，再将加热铜盘 A 移开，让铜盘自然冷却。观察铜盘 P 的温度 T_1' 随时间 t 的变化情况，然后由此求出铜盘在 $T_1'=T_1$ 时的冷却速率 $\Delta T_1'/\Delta t$。

对于质量为 m，比热为 c 的铜盘 P，如果在 Δt 时间内均匀降温 $\Delta T_1'$，而 $\Delta T_1'$ 又在稳态时铜盘温度 T_1 的附近，即 $\Delta T_1'$ 的中心温度 $T_1'=T_1$，可得铜盘在温度 $T_1'=T_1$ 的散热速率为 $mc\Delta T_1'/\Delta t$。

但须注意，这样求出的 $\mathrm{d}T_1'/\mathrm{d}t$ 是黄铜盘全部表面暴露于空气中的冷却速率，其散热表面积为 $2\pi R_{\mathrm{P}}^2+2\pi R_{\mathrm{P}}h_{\mathrm{P}}$（其中 R_{P} 与 h_{P} 分别为铜盘 P 的半径和厚度）。然而在观测样品稳态导热时，铜盘 P 的上表面（面积为 πR_{P}^2）是被样品覆盖着的，它是热量的传入表面，不是散热表面。考虑到物体的冷却速率与它的表面积成正比，测稳态时铜盘散热速率的表达式修正后为

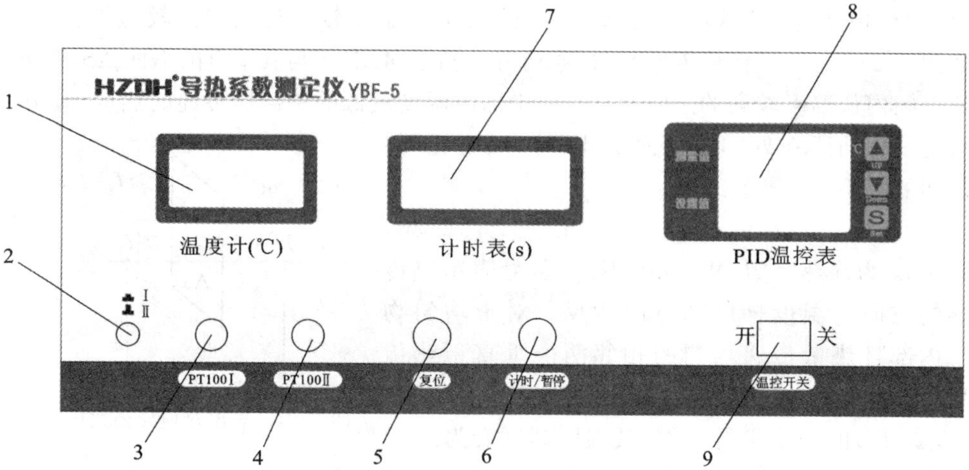

图 2-25　导热系数测定仪面板示意图

1—温度计显示窗;2—切换开关;3,4—两路 $PT100$ 传感器输入接口;5—计时表复位开关;6—计时启动或暂停开关;7—计时表显示窗;8—温度控制器;9—温控开关

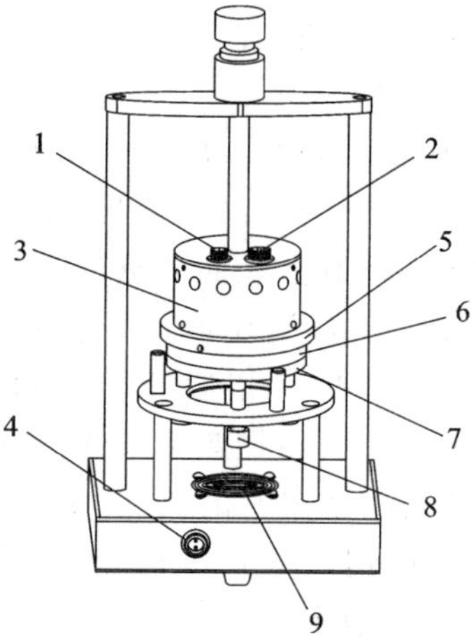

图 2-26　导热系数测定仪测试架示意图

1—控温 PT100 传感器插座;2—加热电流插座(大四芯);3—防护罩;4—风扇电源插座(大两芯)和开关;5—加热铜盘 A;6—待测样品 B;7—散热盘;8—调节螺钉;9—风扇

$$\left.\frac{\Delta Q}{\Delta t}\right|_{T_1'=T_1} = mc\cdot\left.\frac{\Delta T_1'}{\Delta t}\right|_{T_1'=T_1}\cdot\frac{\pi R_P^2+2\pi R_P h_P}{2\pi R_P^2+2\pi R_P h_P}$$

$$= mc\cdot\frac{R_P+2h_P}{2R_P+2h_P}\cdot\left.\frac{\Delta T_1'}{\Delta t}\right|_{T_1'=T_1} \tag{2-37}$$

将式(2-37)代入式(2-36),有

$$mc \cdot \frac{R_P + 2h_P}{2R_P + 2h_P} \cdot \frac{\Delta T_1'}{\Delta t}\bigg|_{T_1'=T_1} = \kappa\pi R_B^2 \frac{T_2 - T_1}{h_B} \tag{2-38}$$

于是得样品橡皮的导热系数为

$$\kappa = mc \cdot \frac{R_P + 2h_P}{2R_P + 2h_P} \cdot \frac{h_B}{T_2 - T_1} \cdot \frac{1}{\pi R_B^2} \cdot \frac{\Delta T_1'}{\Delta t}\bigg|_{T_1'=T_1} \tag{2-39}$$

样品圆盘 B 和铜盘 P 的各几何尺寸均可用游标尺多次测量取平均得出，铜盘 P 的质量 m 可用物理天平称衡得出。不过在本教材中，铜盘 P 质量 m 和铜板的比热容由实验室给出，铜板的比热容 $C=0.385$ kJ/(kg·K)。

实验仪器

YBF-5 型导热系数测定仪一台，测试样品（橡皮、胶木板），塞尺，测温 PT100，测试连接线。

实验步骤

(1)安放好被测材料和散热铜盘，在加热铜盘和散热铜盘中放入橡皮，调节支撑散热铜盘的 3 个固定调节螺钉，使相互接触良好，注意不要过紧或太松（配合塞尺调节）。

(2)把测量加热铜盘温度的 PT100 的信号端与仪器面板的 PT100 Ⅰ插座相连，探测头插在加热铜盘的小孔中（确保孔中有导热硅脂使导热良好）；把测量散热铜盘温度的 PT100 的信号端与仪器面板的 PT100 Ⅱ插座相连，探测头插在散热铜盘的小孔中（确保孔中有导热硅脂使导热良好）。

(3)温度控制器温度设定在 100℃（或其他合适的温度值），自动控温。

(4)20～40 mm 后（时间长短随被测材料、测量温度及环境温度等有所不同），待加热铜盘温度读数 T_2 稳定后（波动小于 0.1 ℃），每隔 2 min 读取温度示值并记录在表中，直到散热铜盘温度读数 T_1 也相对稳定（10 min 内波动小于0.1 ℃）。

(5)记录稳态时 T_1、T_2 值后，移去样品，通过加热铜盘继续对散热铜盘加热，当散热铜盘温度比 T_1 高出 10 ℃左右时，向上移开加热铜盘（尽可能远离散热铜盘），让散热铜盘所有表面均暴露于空气中，使散热铜盘自然地冷却。每隔 30 s读一次散热铜盘的温度示值并记录，直至温度下降到 T_1 以下一定值。作铜盘的 T_1-t 冷却速率曲线。（选取邻近稳态时 T_1 的测量数据来求出冷却速率）。

(6)根据式(2-39)计算样品的导热系数 κ。

注意事项

(1)加热铜盘侧面和散热铜盘侧面，都有供安插 PT100 传感器的小孔，

PT100 插入小孔时，要抹上导热硅脂，并插到洞孔底部，保证接触良好。

(2)实验时应保持空气不流通。

(3)读取数据时要快。

原始数据表格

1. 用游标卡尺测量样品圆盘 B 的几何尺寸、铜盘 P 的几何尺寸，多次测量取平均值

铜盘质量为 0.535 kg。

表 2-21　样品 B 和铜盘 P 的几何尺寸

样品名称	1	2	3	4	5	平均值
铜盘 P 厚度 h_P(mm)						
铜盘 P 直径 D_P(mm)						
橡胶厚度 h_B(mm)						
橡胶直径 D_B(mm)						

2. 使样品上下表面温度稳定的过程中高低端对应的温差电动势(同学预习实验时在学生实验手册作此表格时，应将此表格的格数作多些，以备温度达到稳定的过程中数据需要较多之用，但在教师发给的原始数据表格中，可将最初的几组数不填)

数字毫伏表量程________，分度值________。

表 2-22　温差电动势 T_2、T_1

测量次数	1	2	3	4	5	6	7	8	9	10	11	12	13
T_2(℃)													
T_1(℃)													
测量次数	14	15	16	17	17	19	20	21	22	23	24	稳定值	
T_2(℃)													
T_1(℃)													

注：两次测量间隔时间大约 120 s。

3. 测黄铜冷却速率时的 T_1' 值

表 2-23　黄铜冷却速率时的 T_1'

测量次数	1	2	3	4	5	6	7	8	9	10	11	12	13
t(s)	0	30	60	90	120	150	180	210	240	270	300	330	360
T_1'(℃)													

注：两次测量时间间隔严格 30 s。

数据处理

(1)作黄铜冷却速率时的铜板的 T_1'-t 冷却速率曲线。

(2)从黄铜 T_1'-t 冷却速率曲线中得出对应的冷却速率,(选取邻近稳态时 T_1 的测量数据来求出冷却速率,即斜率)。

(3)用所测实验数据计算橡皮的导热系数:

$$\kappa = mc \cdot \frac{R_P + 2h_P}{2R_P + 2h_P} \cdot \frac{h_B}{T_2 - T_1} \cdot \frac{1}{\pi R_B^2} \cdot \frac{\Delta T_1'}{\Delta t}\bigg|_{T_1' = T_1}$$

预习思考题

(1)为什么公式(2-33)中有一负号,而公式(2-35)中没有?

(2)如何在待测样品内得到稳定的温度分布?

(3)如何由冷却速率得出散热速率?

(4)稳态时样品的散热与移走橡皮并对铜盘加热后自然冷却的散热有什么不同?

实验后思考题

(1)能否用此实验方法测空气、金属的导热系数?

(2)实验中误差的来源有那些?

(3)此实验的操作中,应注意什么?

3 电磁学实验

3.1 电磁学实验的基本知识

电磁测量是现代生产和科学研究中应用最广的测量。除了测量电磁量外，还可以通过换能器把非电量变为电量来进行测量。物理实验中电磁学实验的目的是学习电磁学中常用的典型测量方法(例如伏安法、电桥法、电位差法、冲击法等)，对学生进行实验方法和实验技能的训练，培养学生看电路图、正确连线和分析判断实验故障的能力。同时，通过实验，使学生深入理解和掌握电磁学理论的基本规律。

电磁学实验离不开电源和各种测量电表，为此必须事先了解常用基本仪器的性能，掌握仪器布置和线路连接的要领，下面对一些常用的基本仪器及实验要领做一些简单介绍。

3.1.1 电源

1. 直流电源

(1)晶体管直流稳压电源

其输出电压有固定的，有连续可调的；有的仅有一路输出，有的可有两路，甚至多路输出，使用很方便。晶体管稳压电源内阻小，输出电压长期稳定性好，瞬时稳定性较差。

(2)干电池

输出电压 1.5 V，内阻小，电压瞬时稳定性好，长期稳定性较差，长期使用时电压降低，内阻增加。

(3)直流稳流电源

内阻很大，在一定负载范围内，输出稳定的电流，电流大小可调。

选用电源要注意功率要求，在输出电压符合需要的情况下，要注意其电流是否在额定范围之内，电流过载将导致电源急剧发热而损坏。对直流稳流电源、干电池要特别防止短路。晶体管稳压电源具有过载保护功能，在短路或过载时，能自动切断输出。

2. 交流电源

电网电源是应用最为广泛的交流电源，其电压可用变压器来调节。交流电压表上的读数值一般都是有效值。例如，工业生产和日常生活中用的市电电压为 220 V，这就是有效值，其峰值为$\sqrt{2}\times 220=311$ (V)。

在使用交流电源时应注意安全，国家规定 36 V 以下为安全电压，否则触及人身会有生命危险。

使用直流或交流电源时应特别注意，切忌电源短路，即绝不能将电源两极直接用导线相连。因为短路时外电路电阻为零，使得电路中的电流很大。过大的短路电流会使电源损坏甚至造成重大事故。

3.1.2 直流电表

电测仪表绝大多数是磁电系仪表，其主要部件是表头。

1. 表头的构造

表头是利用通电线圈在永久磁铁的磁场中受到磁力矩的作用发生转动的原理而制成的。在磁场、线圈面积和匝数一定时，线圈转动角度与其电流大小成正比。其结构如图 3-1 所示，1 为强磁力的永久磁铁；2 是接在永久磁铁两端的圆弧形筒状“极掌”；3 是置于极掌中心的圆柱形铁芯，它与两极掌间形成空气隙，使空气隙内的磁场呈均匀的辐射状分布；4 是处于气隙间的可活动的线圈（亦称动圈），它是在一个矩形铝框架上用很细的绝缘铜线绕制成的；5 是装在转轴上的指针；6 是产生反作用力矩的两个“游丝”，一端固定在仪表内部支架上，另一

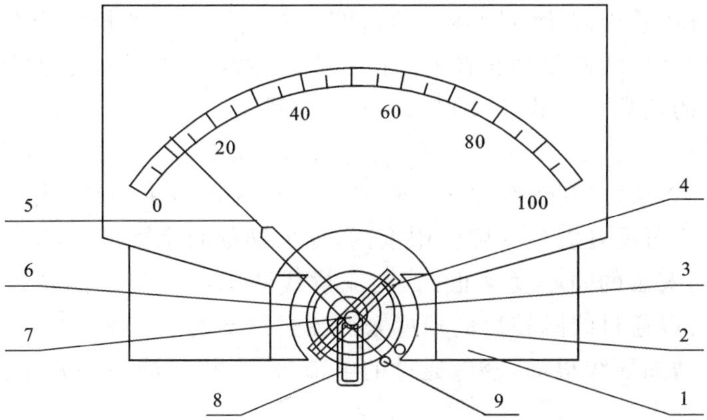

图 3-1 磁电系电表的结构

1—永久磁铁；2—极掌；3—圆柱形铁芯；4—线圈；5—指针；

6—游丝；7—半轴；8—调零螺杆；9—平衡锤

端固定在转轴上，当线圈通电受磁力矩作用转动时，游丝随之发生扭转形变，其弹性恢复力对转轴产生一个反作用力矩，当磁力矩和反作用力矩平衡时，线圈就停止转动，指针就指在一定位置上，两个游丝还兼作线圈的电流引入线；7 是支撑动圈两端的“半轴”，其轴尖支持在宝石轴承里，使动圈可以自由转动；8 是调零螺杆，如果电表在开始使用前，指针不在零位，即可用起子调节调零器螺杆，使指针恢复到零位；9 是对指针起平衡作用的平衡锤。

2. 工作原理

永久磁铁两端的圆弧形筒状“极掌”与圆柱形铁芯间形成空气隙，使空气隙内的磁场呈均匀的辐射状分布，如图 3-2 所示。当线圈中有电流 I 流过时，线圈就会受到磁力矩的作用。设矩形线圈匝数为 N，则线圈在空气隙内的两边各受磁力为

$$F = NIBa \tag{3-1}$$

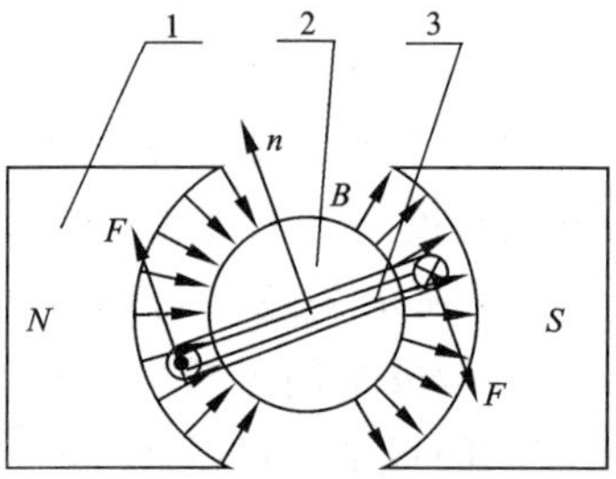

图 3-2　均匀辐射状磁场

1—永久磁铁；2—铁芯；3—线圈

式中，a 为线圈在空气隙内（即在磁场空间）的两边的边长。

设不在磁场中的另两边的边长为 b，则力 F 的力臂为 $b/2$。于是线圈受的磁力矩为

$$M = 2Fb/2 = NIBab = NIBA \tag{3-2}$$

式中，A 为线圈所围的面积。线圈在磁力矩的作用下要发生转动，使与线圈相连的游丝产生扭转形变，游丝扭转弹性形变产生的扭转力矩为

$$M' = C\theta \tag{3-3}$$

式中，C 为扭转系数；θ 为线圈转过的角度。当线圈受到的扭转力矩与线圈受到的磁力矩平衡时，线圈就静止在一定的位置，与线圈固定在一起的指针就会指出线圈中电流的读数。由式(3-2)与式(3-3)可得

$$I = C\theta/(NBA) = \alpha\theta \tag{3-4}$$

式中，$\alpha = C/(NBA)$，其倒数 $1/\alpha = S = NBA/C$ 为电流灵敏度，表示每单位电流的偏转角度。可见在游丝的弹性限度内，如果轴承的摩擦很小，均匀辐射状的磁场相当规范，安装的同心度又很高，则流过线圈的电流与线圈转过的角度成正比，于是就可以通过线圈转过的角度来测流过线圈的电流了。

表头的动圈导线很细，容许通过的电流很小，故只能检测几十微安电流，一般又叫做微安表。

3. 检流计

用来测量微小电流，或检查电路中有无电流的电流计。它一般直接由表头制成，可测量的电流为几十微安甚至几微安。常用的检流计有指针式检流计、光

斑反射式检流计和数字检流计三类。指针式检流计的零点在刻度盘的中央，没有电流流过时，指针指零，有微弱电流流过时，指针随电流的流向而偏转。指针式检流计上装有常开按键开关，自由状态时，检流计处于断开状态，下按开关时，检流计才接入电路中。因此，用它来检验电路中有无微弱电流十分方便。光斑反射式检流计有墙式和台式两种，它没有指针，靠线圈悬丝上装的反射镜反射的光斑来读数。它的灵敏度很高，一般每格示值为 10^{-9}～10^{-7} A 的数量级。数字检流计也没有指针，是通过数字显示来判断有没有电流流过，数字显示为 0 时，表示数字检流计几乎没有电流流过。

4. 电流表

要测较大电流，则必须在表头上加分流器。由表头并联电阻可组成各种量程的电流表。并联的电阻越小，则电流表的量程越大。用电流表量电流时必须将电流表串接于电路中。

5. 电压表

由表头串联电阻可组成各种量程的电压表。串联的电阻越大，则电压表的量程越大。用电压表量电路两端的电压时必须将电压表并联于电路中。

6. 常用电气仪表符号

根据国家标准规定，电气仪表的主要技术性能都用一定的符号标记在仪表的度盘上。表 3-1 是指示仪表度盘上常见的一些标记符号。

表 3-1　指示仪表度盘上常见的一些标记符号

名称	符号	名称	符号
安培表	A	毫安表	mA
微安表	μA	伏特表	V
毫伏表	mV	千伏表	kV
欧姆表	Ω	兆欧表	MΩ
负端钮(负极)	−	正端钮(正极)	+
公用端钮	*	接地端钮	
与机壳或底板连接端钮	⊥	调零器	
磁电系仪表		电磁系仪表	
电动系仪表	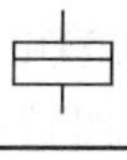	静电系仪表	

续表 3-1

名称	符号	名称	符号
感应系仪表		直流	—
交流(单相)	～	交流和直流	≃
以标度尺量限百分数表示的准确度等级，例如 1.5 级	1.5	以指示值的百分数表示的准确度等级，例如 1.5 级	(1.5)
标度尺位置为垂直的	⊥↑	标度尺位置为水平的	▭→
绝缘强度试验电压为 2 kV		二级防外磁场及电场	[Ⅱ] [Ⅱ]

3.1.3 万用电表

万用电表是通过适当的电路将一块微安表头与若干电阻、一组(或几组)干电池以及波段开关组合起来的一种多功能电表。万用电表是实验室、科研机构、工矿企业、家电维修及家庭广泛使用的简单电器测试工具，它测量的项目多、量程范围大、用途广泛，并且使用十分方便。

3.1.4 数字电表

随着电子技术和电子工业的发展，数字式显示仪表得到越来越广泛的应用。在这类仪表中，利用电子线路(晶体管、集成电路)与显示器件(液晶显示、数码管显示等)，把测量结果直接用几位数字显示出来，读数快速、准确，操作简便。由于数字电表要涉及晶体管、集成电路和显示器件的专门知识，所以这里对数字电表的原理不作介绍。但由数字电表的表头组成电流表、电压表、欧姆表和万用表的原理与前面介绍的电流表、电压表、欧姆表以及万用表的原理大同小异。一般的数字电表都有过量程与过载保护功能，这就为使用数字电表带来了不少的方便。

3.1.5 直流电阻器

在实际电路中经常需要接入各种不同阻值的电阻，以达到改变电路中电压和电流(起分压或变流作用)或作为特定电路的组成部分。电阻分为固定和可变两大类。在选用电阻时除了要注意阻值大小，还应注意其额定功率（在标准大气压和一定环境温度下，电阻器能长期连续负荷而不改变性能时的允许功率，称为额定功率），额定功率一般分为 1/20、1/8、1/4、1/2、1、2、4、5、…、500（单位为 W）等 19 个等级。选用时应留有余量，即一般选取额定功率要比电阻的实际耗散功率大一倍，以确保电路安全。

3.1.6 开关

用于接通、断开电源或变换电路。物理实验室常用的开关有以下几种：

1. 单刀单掷开关

单刀单掷开关是一种最简单的开关，按下时电路接通，拉开时电路切断。单刀单掷开关多用于电源的通断及其他需要通断的单回路。

2. 双刀单掷开关

这种开关实际上是并联的两把刀，双刀单掷开关一般用于需要同时接通或断开两条电路的场合。

3. 单刀双掷开关

单刀双掷开关也称选择开关，当开关打向某一边时，该边的电路接通，另一边电路断开。单刀双掷开关一般用于两条电路的换接。

4. 双刀双掷开关

此开关相当于两个单刀双掷开关的并联。当开关打向某一边时，该边的两条电路接通，另一边两条电路断开。双刀双掷开关一般用于两条电路的换接。

5. 换向开关

换向开关是双刀双掷开关的变形，是将双刀双掷开关的对角线用导线连接。当双刀双掷开关从一边倒向另一边时，回路中的电流反向。故换向开关常用于使负载中的电流换向。

6. 按键开关

按键开关是一种有弹性的开关。当用手按下时电路接通，手松开时，按键开关自动弹回，使电路断开，平常时按键开关处于断开状态，故称常开开关；按键开关也可以制成常闭开关，其功能与常开开关相反。

单刀单掷开关、单刀双掷开关、双刀单掷开关、双刀双掷开关、换向开关及按键开关等的表示符号如图 3-3 所示。

3.1.7 电学实验中的接线规则

(1)分析电路图。实验线路一般分为电源部分、控制部分和测量部分。在线路中找出这三部分并了解其功能。

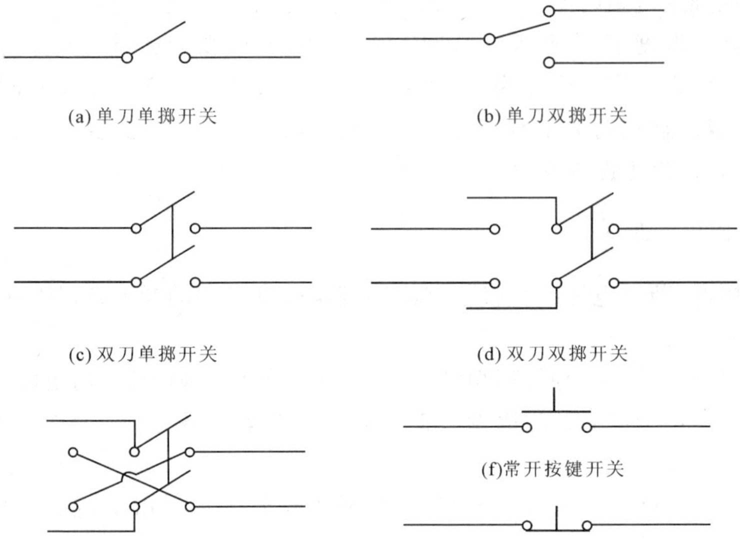

(a) 单刀单掷开关　(b) 单刀双掷开关

(c) 双刀单掷开关　(d) 双刀双掷开关

(e) 换向开关　(f)常开按键开关　(g) 常闭按键开关

图 3-3　各种开关的表示符号

(2)合理安排仪器。在看懂线路图的基础上，把需要经常操作的仪器放在手边，需要经常读取数据的仪表放在眼前。按实验安全、操作方便、走线合理的原则来布置仪器。

(3)按回路接线法连线和查线。布置好仪器后，将线路图分解为若干回路，从第一回路的高电位点开始连线，沿回路路线，连至电位最低点；然后再接第二回路，这样一个回路一个回路地接线。这种接线法称回路接线法。连线后再按回路检查，保证接线正确无误。还要注意，接线时先不接通电源，并空出电源一端；导线要长短合适，走线美观整齐。

(4)电气元件的初始状态应为安全状态。在接电源前要检查各电器是否处于安全状态：电键处于"断开"位，滑线变阻器滑动端处于使电路电流最小或电压最低位置，电阻值为预估值，电表量程足够大等。

(5)请指导教师审查电路。接好电路后，应仔细对照原图检查一遍，然后请指导教师审查。未经允许，不可接通电源进行实验。

(6)瞬态试验和"宏观"粗测。在确信线路连接无误后，先跃接电源开关，密切观察线路状态有无异常。若出现异常(例如，电源不能启动、发热、空气中有焦煳味、电表指针反转、电表指针超量程等)，应立即断电，一定要检查异常原因，方可再次试接通；若情况正常，则正式合上电源。然后粗调控制电路，从宏观角度全面地观看测量仪器的变化，使心中有数后，再仔细调节至实验的最佳状态，进行数据测量。

(7)实验过程中,若要改变电路必须先切断电源,方可进行。

(8)实验完毕后,应将测试数据送交教师审阅,待其同意后方可拆除线路。

(9)拆线时应先断电源,并拆下电源两端接线柱上的连线后再拆其他导线,以免电源短路;拆完线后,仪器还原至非工作状态(例如,电源输出旋钮打至“最小”,检流计处于“短路”等),并归位放置;最后把导线捆扎好,将实验台整理整齐。

3.1.8 电学实验中的常用符号

电学实验电路中常用的电气元件符号如表 3-2 所示。

表 3-2 电学实验电路中常用的电气元件符号

<table>
<tr><th colspan="2">名称</th><th>符号</th><th colspan="2">名称</th><th>符号</th></tr>
<tr><td colspan="2">原(干)电池和蓄电池</td><td>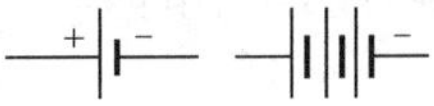</td><td colspan="2">指示灯泡</td><td>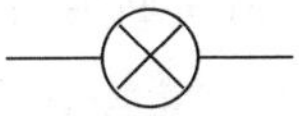</td></tr>
<tr><td rowspan="4">电阻器</td><td>电阻的一般符号</td><td>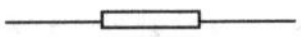</td><td colspan="2">不连接的交叉导线</td><td>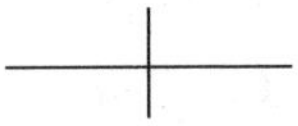</td></tr>
<tr><td>变阻器(可调电阻)</td><td></td><td colspan="2">连接的交叉导线</td><td></td></tr>
<tr><td>可断开电路的</td><td>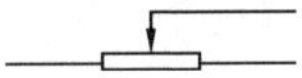</td><td colspan="2">晶体二极管</td><td>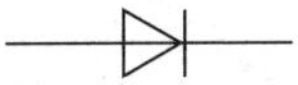</td></tr>
<tr><td>不断开电路的</td><td>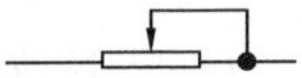</td><td colspan="2">稳压管</td><td>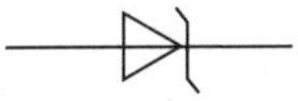</td></tr>
<tr><td rowspan="3">电容器</td><td>电容器一般符号</td><td>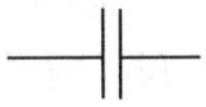</td><td rowspan="3">电感线圈</td><td>电感线圈</td><td></td></tr>
<tr><td>可变电容器</td><td>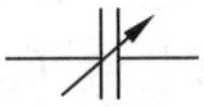</td><td>有铁芯电感线圈</td><td></td></tr>
<tr><td>极性电容器</td><td>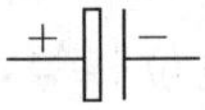</td><td>铁氧体芯电感线圈</td><td></td></tr>
<tr><td colspan="2">有铁芯的单相变压器</td><td>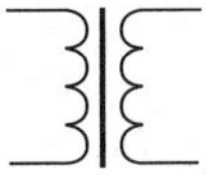</td><td colspan="2">晶体三极管(PNP)</td><td>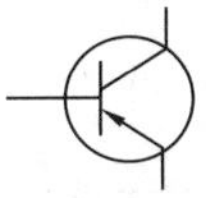</td></tr>
</table>

3.2 用惠斯通电桥测电阻

桥式电路是电学实验中常用的线路。由桥式电路制成的电桥，是一种测量电阻的精密仪器。用电桥测量电阻是一种比较测量法，即在电桥平衡时把被测电阻与标准电阻进行比较，得到被测电阻的电阻值。由于标准电阻可以具有很高的准确度，所以电桥具有测量准确、灵敏度高、使用方便的特点。

电桥不仅可以测电阻，它还可以用于测量与电阻有一定函数关系的其他电学量和非电学量，例如，电容、电感、温度、压力等。

电桥的种类很多，按供电方式分有直流电桥和交流电桥；按桥臂的种类分有单臂电桥和双臂电桥；按桥臂是否平衡分有平衡电桥与非平衡电桥。这里先讨论单臂电桥，即惠斯通电桥。本节后面的阅读材料介绍双臂电桥和非平衡电桥。

惠斯通电桥是一种测中等阻值的电桥，测量的电阻在 $10 \sim 10^6\ \Omega$ 之间。

实验目的

(1)掌握平衡电桥的实验原理——零示法或电压比较法；

(2)掌握电桥的使用方法；

(3)掌握电桥测电阻不确定度的计算；

(4)测量 3 个中等阻值的电阻。

实验原理

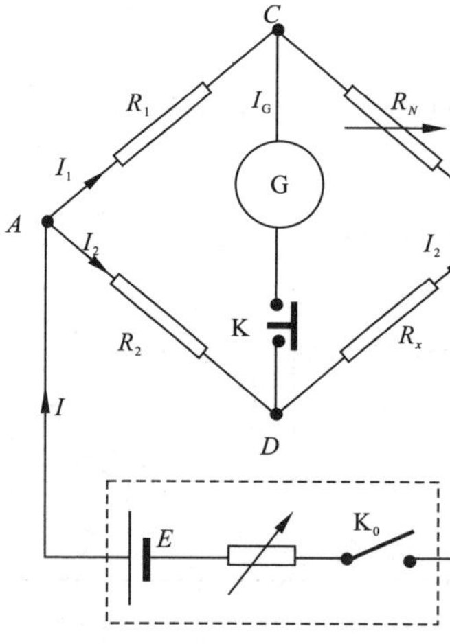

图 3-4　惠斯通电桥

图 3-4 所示为惠斯通电桥，它由 4 个电阻桥臂和由检流计连通的“桥”组成。R_1、R_2 和 R_N 均为精密电阻，R_x 为待测电阻。接通电路后，调节 R_1、R_2 和 R_N，使检流计中的电流 I_G 为零，电桥达到平衡。在电桥平衡时，因检流计中的电流 $I_G = 0$，C、D 两点电位相等，有

$$V_{AC} = V_{AD}, \quad V_{CB} = V_{DB}$$

同时有

$$I_{R_1} = I_{R_N} = I_1, \quad I_{R_2} = I_{R_x} = I_2$$

因

$$V_{AC} = R_1 I_1, \quad V_{AD} = R_2 I_2$$

$$V_{CB} = R_N I_1, \quad V_{DB} = R_x I_2$$

从而有

$$R_1 I_1 = R_2 I_2 \quad , \quad R_N I_1 = R_x I_2$$

用上式中的后式除以前式，得

$$R_N / R_1 = R_x / R_2$$

故

$$R_x = \frac{R_2}{R_1} R_N \tag{3-5}$$

R_2/R_1称比率 C，即 $C=R_2/R_1$，R_N为标准电阻，所以

$$R_x = CR_N \tag{3-6}$$

由于电桥平衡须用检流计示零表示，故电桥测量方法为零示法，其测量精度较高。电桥测电阻的过程是对 D 点和 C 点的电压进行比较（由检流计示零指示其比较结果），经过调节直到两点电压相等，即电桥达到平衡，电桥一旦平衡便可由 3 个已知电阻定出一个未知电阻。测量过程是电压比较过程，故电桥测量又是电压比较测量。

在电桥平衡后，将 R_x稍改变 ΔR_x，电桥将失衡，检流计指针将有 Δn 格的偏转，称

$$S = \frac{\Delta n}{\Delta R_x / R_x} \tag{3-7}$$

为电桥灵敏度。由式(3-5)可知，如果把比率 $C=R_2/R_1$看做常量，有

$$\Delta R_x = \frac{R_2}{R_1} \Delta R_N = C \Delta R_N$$

则式(3-7)变为

$$S = \frac{\Delta n}{\Delta R_x / R_x} = \frac{\Delta n}{C \Delta R_N / (CR_N)} = \frac{\Delta n}{\Delta R_N / R_N} \tag{3-8}$$

显然，若 R_N改变很大范围，尚不足以引起检流计指针的反应，即 ΔR_N很大，对应 S 就很小，则此电桥的灵敏度很低，它将对测量的精确度产生很大影响。电桥灵敏度与检流计的灵敏度、电源电压及桥臂电阻配置等因素有关，选用较高灵敏度的检流计或适当提高电源电压都可提高电桥灵敏度。

实验仪器

实验一：用板式惠斯通电桥测电阻（固定 R_N，调节比率 C）

板式惠斯通电桥实验仪一台，电阻箱一台，自制电阻盒（有待测电阻 3 只）一个，稳压可调电源一台，数字检流计一台，数字万用电表一台（公用），导线若干。

实验二：用自组惠斯通电桥测电阻（固定比率 C，调节 R_N）

自组比率臂（$C=R_2/R_1=1$）一个，电阻箱一台，自制电阻盒（有待测电阻 3

只)一个,稳压可调电源一台,数字检流计一台,数字万用电表一台(公用),常开按键开关一个,导线若干,双刀换向开关一个。

1. 电阻箱

电阻箱一般由锰铜线绕制的精密电阻串联而成,通过十进位旋钮使阻值改变。电阻箱的主要规格是总电阻、额定电流(即允许通过的最大电流)和准确度等级。以 ZX-21 型旋钮式直流电阻箱为例,如图 3-5 所示,总电阻为 9×(0.1+1+10+100+1000+10000) Ω,有 6 个十进制旋钮盘,4 个接线柱。所需电阻在 0~0.9 Ω 范围内,用“0”与“0.9Ω”接线柱;所需电阻在 0~9.9 Ω 范围内,用“0”与“9.9Ω”接线柱;所需电阻在 0~99999.9 Ω 范围内,用“0”与“99999.9Ω”接线柱。这可避免电阻箱的其余部分的接触电阻和导线电阻对低电阻的附加误差。各挡阻值的额定电流不同,阻值越大额定电流越小,如表 3-3 所示。

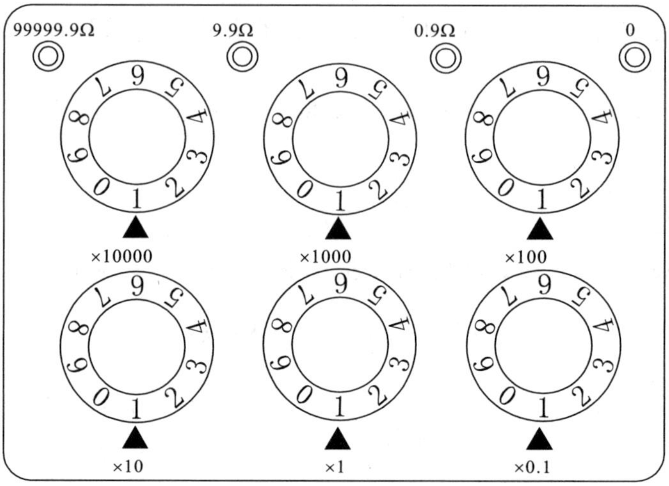

图 3-5　六转盘电阻箱面板图

表 3-3　电阻箱额定电流

旋钮倍率	0.1	1	10	100	1000	10000
额定电流(A)	1	0.5	0.15	0.05	0.015	0.005

2. 板式惠斯通电桥

板式惠斯通电桥如图 3-6 所示,其电路如图 3-7 所示。在木质底板上装有 3 片金属片、一根电阻丝、一根米尺(米尺长度 $L_0=1$ m)、1 个常开弹簧片按压开关和 8 个接线柱。金属片的电阻可认为是零,接线柱 2、3 接标准电阻箱 R_N,接线柱 6、7 接待测电阻 R_x,接线柱 4、5 接电源,接线柱 1、8 接检流计。常开弹簧片按压开关可在米尺上左右移动，下按弹簧片以接通电源(也等于接通了图 3-4 中的常开按压开关 K)并将电阻丝分成两段使之成为比率臂电阻 R_1、R_2，它的移动就是改变电桥的比率，即

$$C = R_2/R_1 = l_2/l_1$$

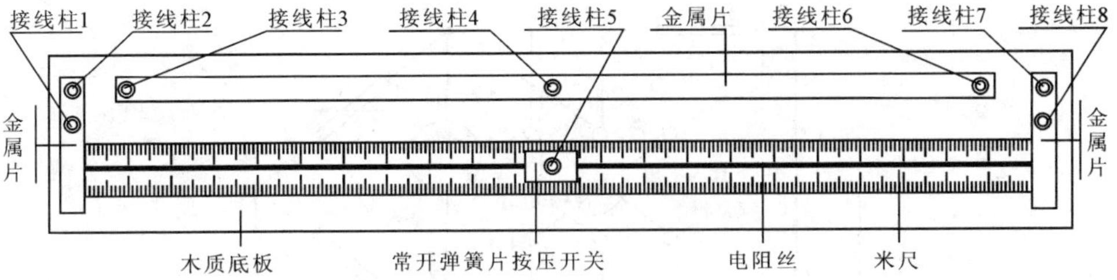

图 3-6　板式惠斯通电桥

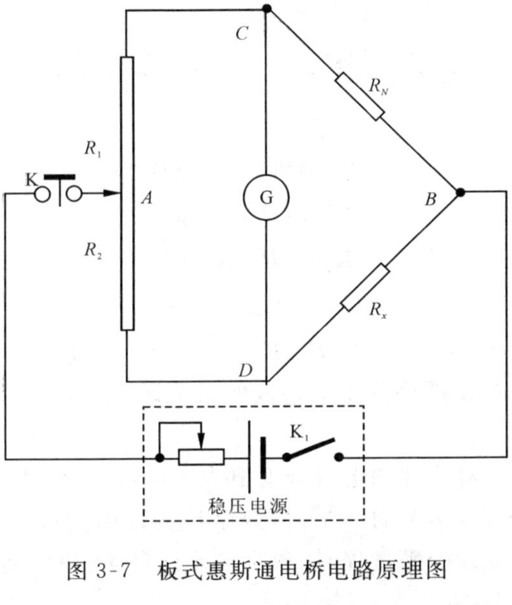

图 3-7　板式惠斯通电桥电路原理图

常开弹簧片按压在米尺上与电阻丝接触点的米尺读数 L 对应的是 l_1 的长度，故 $L=l_1$。则 $l_2=L_0-L$，于是有

$$C = R_2/R_1 = l_2/l_1 = (L_0\text{-}L)/L$$

所以待测电阻 R_x 与标准电阻 R_N 的关系是

$$R_x = CR_N = \frac{L_0 - L}{L}R_N \tag{3-9}$$

3. 自组惠斯通电桥

自组惠斯通电桥电路如图 3-8 所示，比率臂 R_1、R_2 由实验室购买两个精密

单电阻装配而成，比例设计成 $C=R_2/R_1=1$。双刀换向开关 K_1 是为测量过程中交换比率臂 R_1、R_2 的位置而设计的。由于 R_1 与 R_2 不严格相等，造成比率 C 不严格为 1，从而产生系统误差。为了消除此项系统误差，交换 R_1 与 R_2 的位置，再测一次 R_x。设交换前后测得的电阻分别为 R'_x 和 R''_x。有

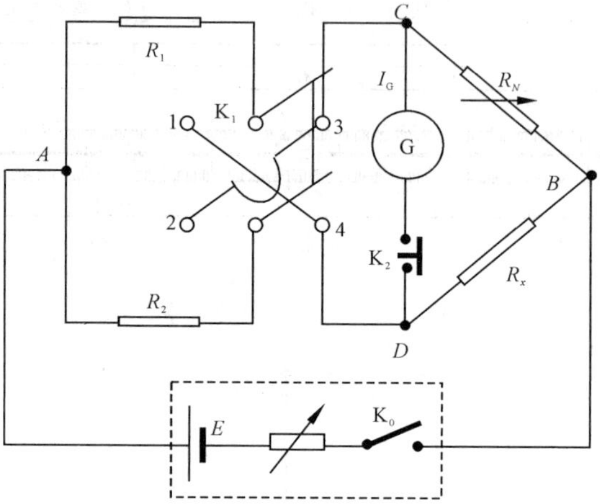

图 3-8 自组惠斯通电桥电路

$$R'_x=(R_2/R_1)R'_N$$
$$R''_x=(R_1/R_2)R''_N$$

于是得

$$R_x=\sqrt{R'_xR''_x}=\sqrt{[(R_2/R_1)R'_N]\cdot[(R_1/R_2)R''_N]}=\sqrt{R'_NR''_N} \tag{3-10}$$

这就消除了因比率 C 不严格为 1 而造成的系统误差。

4. 数字检流计

DM-nA6 型数字检流计的电流分度值为 1 μA，读数可以为正或为负。当流过检流计的电流小于 1 μA 的一半时，数字检流计的读数为零。当流过检流计的电流大于数字检流计的满量程时，数字检流计自动切断，读数也为零。

5. 箱式惠斯通电桥

典型的箱式惠斯通电桥是 QJ23 型单臂电桥，QJ23 型单臂电桥是多用电桥，除测电阻外，还可用于检测线路故障，其面板如图 3-9 所示，测电阻时的电路原理图如图 3-10 所示。该电桥基本量程为 $10^2\sim10^5$ Ω，准确度等级为 0.2 级。其测量范围可达 $1\sim10^7$ Ω，在基本量程以外的测量范围，其准确度为 0.5%～1%。

(1)比率 C 与测量臂

将电桥的两臂 R_1 与 R_2 之比（$R_1/R_2=C$），做成简单的比值：1000，100，10，1，0.1，0.01，0.001等，以便于操作与读数。C 称为比率，测量结果为

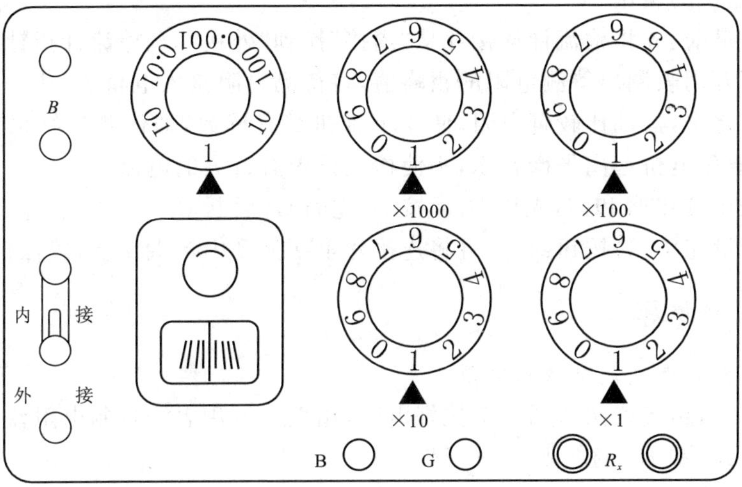

图 3-9　QJ23 电桥面板图

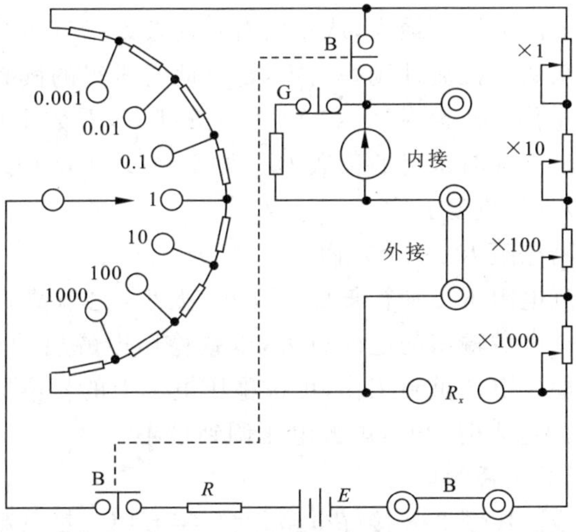

图 3-10　QJ23 电桥电路原理图

$$R_x = CR_N$$

式中，R_N 为标准电阻，是由 4 个精密可调电阻串联而成，称测量臂。旋动 4 个十进位旋钮即能改变接入测量臂电阻的大小。

转动比率臂旋钮，可改变比率。选取比率大小的原则是应使电桥测量臂的 4 个电阻都接入，以获得最多的有效数字，提高测量精度。

(2)电桥的使用

①测量前，先将检流计连接片从“内接”换到“外接”，调检流计指针指零。

②用万用表测出待测电阻的粗略值，将待测电阻接入电桥 R_x 处。选取合适的比率臂比率，拨动比较臂电阻，使 4 个旋钮都有读数，即使测量结果有四位有效数字，避免电桥远离平衡状态，不使检流计中有过大的电流。

③操作按钮 B 和 G，先按 B，后按 G，先断 G，后断 B。

④测量完毕，各按钮断开，且将连接片重新换到内接端钮上，以保护检流计。

实验步骤

1. 用板式惠斯通电桥测电阻

(1)用回路接线法按图 3-7 接好电路，用数字万用表测自制电阻盒中的 3 个电阻 R_{x1}、R_{x2} 和 R_{x3} 的电阻值。

(2)将第 2 个电阻 R_{x2} 接入电路，将标准电阻箱调到用数字万用表测得的 R_{x2} 的电阻值。开稳压电源，调稳压电源电压到最小，移动按键指针 K(A)并按按键 K，看数字检流计，直至数字检流计为零。

(3)再调稳压电源电压到最大，从左向右移动按键指针 K(A)，并按按键 K，看数字检流计，直至数字检流计刚好为零，记下此时米尺的读数 L_l。

(4)再从右向左移动按键指针 K(A)并按按键 K，看数字检流计，直至数字检流计刚好为零，记下此时米尺的读数 L_r。则 $L=(L_l+L_r)/2$。

(5)将步骤(3)、(4)重复五次。

(6)以此方法测电阻 R_{x3} 一个来回。

(7)以此方法测电阻 R_{x1} 一个来回。因 R_{x1} 太小，比率臂的电阻 R_1、R_2 的电阻亦很小，使得稳压电源输出的电流过大，以致稳压电源启动保护装置，不再输出电压(如果要使稳压电源重新工作，可按稳压电源上的复位按钮)，故在用板式惠斯通电桥测 R_{x1} 的电阻时，稳压电源电压调到最小。

2. 用自组惠斯通电桥测电阻

(1)用回路接线法按图 3-8 接好电路，用数字万用表量自制电阻盒中的 3 个电阻 R_{x1}、R_{x2} 和 R_{x3} 的电阻值。

(2)将标准电阻箱调到用数字万用表测得的第 2 个电阻 R_{x2} 的电阻值。开稳压电源，调稳压电源电压到最小，下按常开按键 K，看数字检流计，调标准电阻箱，直至数字检流计为零。

(3)再调稳压电源电压到最大，下按常开按键 K，看数字检流计，调标准电阻箱，直至数字检流计为零，记下此时标准电阻箱的示值 R_N'。

(4)为了消除电桥测量中因比率 C 不严格为 1 而造成的系统误差，交换 R_1

与 R_2 的位置，按(3)的方法再测一次 R_x。

(5)将步骤(3)、(4)重复五次。

(6)以此方法测电阻 R_{x3} 一次。

(7)以此方法测电阻 R_{x1} 一次。因 R_{x1} 太小，使得稳压电源输出的电流过大，比率臂的电阻 R_1、R_2 的电阻亦很小，以致稳压电源启动保护装置，不再输出电压(如果要使稳压电源重新工作，可按稳压电源上的复位按钮)，故在用自组惠斯通电桥测 R_{x1} 的电阻时，稳压电源电压调到最小。

原始数据表格

1. 用数字万用表测电阻

数字万用表型号____________________。

表 3-4　万用表测电阻

R_{x1}		R_{x2}		R_{x3}	
万用表所用挡	读数	万用表所用挡	读数	万用表所用挡	读数

2. 用板式电桥测电阻

电阻箱：型号__________，总电阻__________ Ω。

检流计：型号__________，分度值____________。

电阻箱电阻值为数字万用表所测值，调比例臂 $R_2/R_1=(L_0-L)/L$，其中 $L_0=1.0000\ \text{m}$。

①测电阻 R_{x2} 时的米尺读数(cm)，电阻箱读数__________(Ω)

表 3-5　测 R_{x2} 时的米尺读数

测量次数	1	2	3	4	5	总平均 $\overline{L_2}$
L_l						
L_r						
每次平均	L_{21}	L_{22}	L_{23}	L_{24}	L_{25}	

②测电阻 R_{x1}、R_{x3} 时的米尺读数(cm)

表 3-6　测 R_{x1}、R_{x3} 时的米尺读数

电阻标号	电阻箱读数(Ω)	L_l	L_r	平　均
R_{x1}				L_1
R_{x3}				L_3

3. 用自组电桥测电阻

电阻箱：型号__________，总电阻__________ Ω。

检流计：型号__________，分度值__________。

取比率臂 $R_2/R_1=1$，调电阻箱电阻值 R_N。

① 测电阻 R_{x2} 时电阻箱读数(Ω)

表 3-7 测 R_{x2} 时的电阻箱读数

测量次数	1	2	3	4	5	总平均
比例为 R_2/R_1						$R_N=\sum_{1}^{5}R_{Ni}/5$
比例为 R_1/R_2						
几何平均值 $R_N=\sqrt{R'_N R''_N}$						

②测电阻 R_{x1}、R_{x3} 时电阻箱读数(Ω)

表 3-8 测 R_{x1}、R_{x3} 时的电阻箱读数

电阻标号	比例为 R_2/R_1	比例为 R_1/R_2	几何平均值 $R_N=\sqrt{R'_N R''_N}$
R_{x1}			
R_{x3}			

数据处理

1. 用板式电桥测电阻

(1)用板式电桥测电阻 R_{x2}

用板式电桥测电阻时，电阻箱的接线柱用的是 0 与 99999.9 Ω，故 $\Delta_{仪}(R_N)=R_N\times0.1\%+7\times0.005$ Ω，其中，R_N 为标准电阻箱的读数。

表 3-9 直接测量量(米尺读数 L 与标准电阻箱的读数 R_N)的平均值及不确定度一览表

直接测量量	$\overline{x}$	$S_{\overline{x}}$	t 值(无单位)	$\Delta_A x$	$\Delta_{仪}x$	$\Delta_B x$	Δx
L(cm)							
R_N(Ω)							

其中

$$\overline{x}=\frac{1}{n}\sum_{i=1}^{n}x_i$$

$$S_{\overline{x}}=\sqrt{\sum_{i=1}^{n}(x_i-\overline{x})^2/[n(n-1)]}$$

$$\Delta_A x=tS_{\overline{x}}$$

$$\Delta x=\sqrt{(\Delta_A x)^2+(\Delta_B x)^2}$$

①用式(3-9)计算 R_{x2} 的值及其平均值。

②计算 R_{x2} 的不确定度 ΔR_{x2}。

将 L_0 作常数对待。对式(3-9)两边取对数,有

$$\ln R_{x2} = \ln(L_0 - L) - \ln L + \ln R_N$$

再两边微分,得

$$\frac{dR_{x2}}{R_{x2}} = -\frac{dL}{L_0 - L} - \frac{dL}{L} + \frac{dR_N}{R_N} = -\frac{L_0 dL}{L(L_0 - L)} + \frac{dR_N}{R_N}$$

所以,电阻 R_{x2} 测量值的相对不确定度 $\Delta R_{x2}/R_{x2}$ 与不确定度 ΔR_{x2} 分别为

$$E_r(R_{x2}) = \frac{\Delta R_{x2}}{R_{x2}} = \sqrt{\left[\frac{L_0 \Delta L}{L(L_0 - L)}\right]^2 + \left(\frac{\Delta R_N}{R_N}\right)^2}$$

$$\Delta R_{x2} = \overline{R_{x2}} E_r(R_{x2})$$

③写出 R_{x2} 测量值的结果表达式

$$R_{x2} = \overline{R_{x2}} \pm \Delta R_{x2}$$

(2)用板式电桥测电阻 R_{x1}、R_{x3}

用式(3-9)计算 R_{x1}、R_{x3} 的值。

2. 用自组电桥测电阻

(1)用自组电桥测电阻 R_{x2}

用自组电桥测电阻时,电阻箱的接线柱用的是 0 与 99999.9 Ω,故 $\Delta_{仪}(R_N) = R_N \times 0.1\% + 7 \times 0.005$ Ω,其中,R_N 为标准电阻箱的读数。因比率臂的电阻 R_1、R_2 每次测量都交换位置,这就消除了因比率臂的比率不严格为 1 而产生的系统误差,故交换比率臂电阻 R_1、R_2 的两次测量可看做单次测量,其测量值是两次测量的几何平均值 $R_N = \sqrt{R'_N R''_N}$。即用自组电桥测电阻 R_{x2},测量五次。

电阻箱读数 R_N 的平均值及不确定度一览表见表 3-10。

表 3-10　电阻箱读数 R_N 的平均值及不确定度一览表

直接测量量	$\overline{R_N}$	$S_{\overline{x}}$	t 值(无单位)	$\Delta_A R$	$\Delta_{仪} R$	$\Delta_B R$	ΔR
R_N(Ω)							

其中

$$\overline{R} = \frac{1}{n}\sum_{i=1}^{n} R_i$$

$$S_{\overline{R}} = \sqrt{\sum_{i=1}^{n}(R_i - \overline{R})^2 / [n(n-1)]}$$

$$\Delta_A R = t S_{\overline{R}}$$

$$\Delta R = \sqrt{(\Delta_A R)^2 + (\Delta_B R)^2}$$

①用式(3-10)计算 R_{x2} 的值及其平均值

$$\overline{R_{x2}} = \overline{\sqrt{R'_N R''_N}} = \overline{R_N}$$

②计算 R_{x2} 的不确定度 ΔR_{x2}

$$\Delta R_{x2} = \Delta R_N$$

③写出 R_{x2} 测量值的结果表达式

$$R_{x2} = \overline{R_{x2}} \pm \Delta R_{x2}$$

(2)用自组电桥测电阻 R_{x1}、R_{x3}

用式(3-6)计算 R_{x1}、R_{x3} 的值。

预习思考题

(1)惠斯通电桥用的是何电路？采用的是什么方法测电阻？当达到什么情况时电桥平衡？其标志是什么？

(2)选取比率臂的原则是什么？

(3)电桥的灵敏度是怎样定义的？如何测定？

实验后思考题

(1)是什么原因导致实验中检流计总向一边偏转？

(2)图 3-11 是有些通信设备中的二四线网，实际上就是一个电桥电路，你能否不看说明就能搞懂它的传送过程？如 $R_1 = R_2 = R_3 = 600\ \Omega$，当外线电阻等于什么值时，送话信号完全不会串到受话器中，为什么？

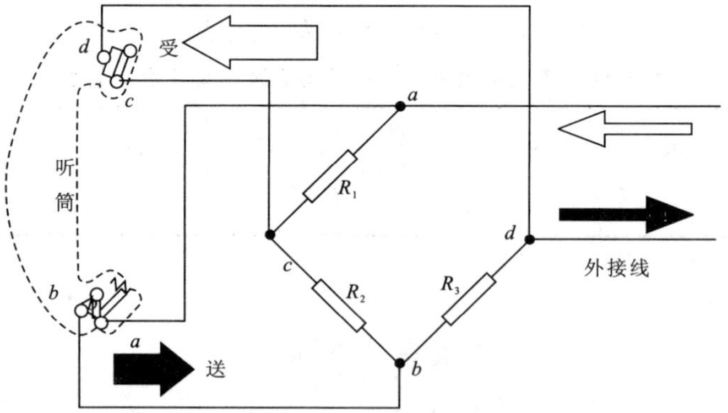

图 3-11 通信设备中二四线网示意图

[阅读材料]

1. 双臂电桥

双臂电桥是测量低电阻的电桥。

惠斯通电桥(单电桥)测量的电阻,其数值一般在 $1\sim10^6\ \Omega$ 之间,为中电阻。对于 $1\ \Omega$ 以下的电阻,例如,变压器绕组的电阻、金属材料的电阻等,在测量时测量线路的附加电阻(导线电阻和端钮处的接触电阻的总和约 $10^{-4}\sim10^{-2}\ \Omega$)不能忽略,惠斯通单电桥不再适用。双臂电桥是在单电桥的基础上发展起来的,可以消除(或减小)附加电阻对测量结果的影响,一般用来测量 $10^{-5}\sim10\ \Omega$ 之间的低电阻。

(1)测量低电阻遇到的问题。

如图 3-12 所示,用单电桥测低电阻时,附加电阻 r 与 r' 和 R_x 是直接串联的,当 r 和 r' 的大小与被测电阻 R_x 大小相比较不能被忽略时,用单电桥测电阻的公式 $R_x=\dfrac{R_a}{R_1}R_N$ 就不能准确地得出 R_x 的值。再者,由于 R_x 很小,电阻 R_N 也应是小电阻,其附加电阻的影响也不能忽略(图中未画出),这也是得不出 R_x 准确值的原因。

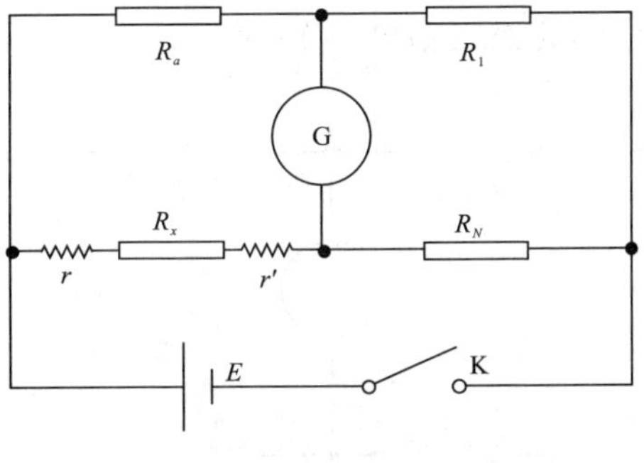

图 3-12　附加电阻的影响

(2)四端钮电阻的作用。

图 3-13 所示的电阻是在通常电阻(只有两个接触端钮)上增加了两个接线端钮,故称之为四端钮电阻。四端钮电阻的接法与两端钮电阻的接法不同,如图 3-13 与图 3-14 所示。其中 P_1 与 P_2 之间的电阻为待测低电阻。附加电阻 r、r'、r_a 和 r'_a 不再直接与 R_x 串联,其中 r' 和 r'_a 分别归入到电源和检流计回路中,它们不影响电桥的

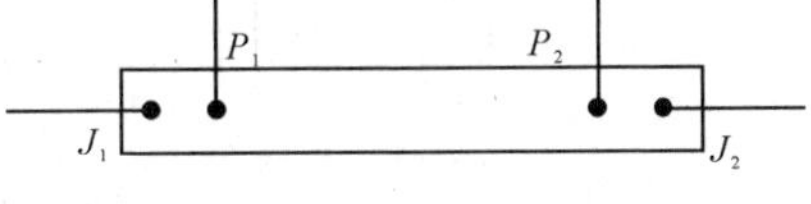

图 3-13　四端钮电阻

平衡；而 r_a 归入桥臂电阻 R_a 中，R_a 可以取值较大，故 r_a 的影响可以忽略。r 归入跨线电阻中，其影响也可以忽略，这将在下面讲述。由此可见，四端钮电阻的作用是"转移"附加电阻相对于被测电阻的位置，从而可以消除（或减小）附加电阻对被测电阻的影响。

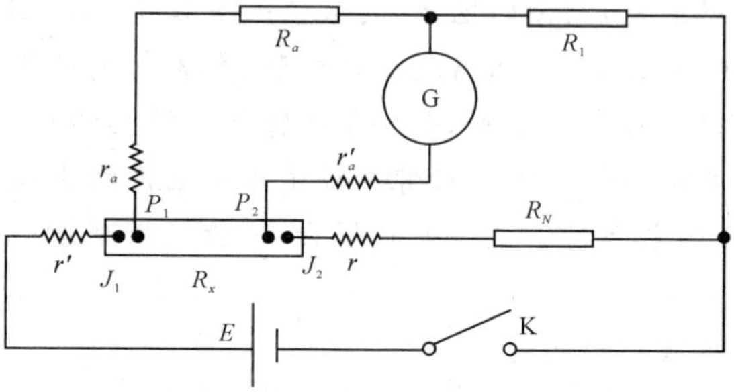

图 3-14 附加电阻的"转移"

通常把 J_1 和 J_2 两端称电流端，而 P_1 和 P_2 两端称电压端，电压端必须处在两电流端之间，否则达不到上面所说的作用。

(3)双臂电桥消除（或减小）附加电阻的措施。

当 R_x 很小时，标准电阻 R_N 也应是低电阻，也需采用四端钮电阻去消除附加电阻的影响。这样，必须再引入一组桥臂电阻 R_2 与 R_b，把单臂电桥发展为双臂电桥，又称为凯尔文电桥，其原理如图 3-15 所示。

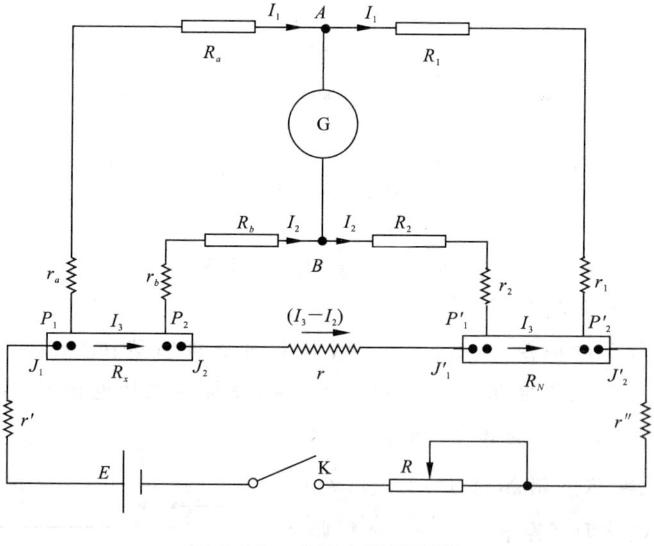

图 3-15 双臂电桥原理图

图 3-15 中 J_1、P_1、P_2、J_2是被测电阻R_x的四个接线端，P_1、P_2之间的电阻为R_x。J'_1、P'_1、P'_2、J'_2是标准电阻 R_N的四个接线端，P'_1、P'_2之间的电阻为 R_N。r 表示从 P_2 至 P'_1之间所有的接触电阻和导线电阻，以及 P_2与 J_2之间、J'_1与P'_1之间电阻的总和；r'和 r''表示从 P_1（经电源）至 P'_2的所有导线电阻，接触电阻以及 P_1与 J_1之间、J'_2与 P'_2之间电阻的总和；r_1、r_2、r_a、r_b分别表示桥臂电阻R_1、R_2、R_a、R_b与对应各接触端钮之间的附加电阻。由于检流计的内阻较大，附加电阻的影响可以忽略，图中未画出。

调节 R_1、R_2、R_a、R_b与 R_N的数值，使检流计无电流通过($I_G=0$)，即电桥平衡。此时通过 R_a与 R_1的电流相等，为 I_1；通过 R_b与 R_2的电流相等，为 I_2；通过R_x与 R_N的电流也相等，为 I_3。根据检流计两端电位相等 $U_A=U_B$，可以得出

$$I_1R_a + I_1r_a = I_3R_x + I_2R_b + I_2r_b \tag{3-11}$$

$$I_1R_1 + I_1r_1 = I_3R_N + I_2R_2 + I_2r_2 \tag{3-12}$$

在设计双电桥时，R_1、R_2、R_a、R_b均取较大的值，又用一根短粗导线连接 J_2与 J'_1，跨线电阻 r 很小，使电路中 $R_a \gg r_a$，$R_b \gg r_b$，$R_1 \gg r_1$，$R_2 \gg r_2$；且有 $I_3 \gg I_1$，$I_3 \gg I_2$。这样式(3-11)中的 I_1r_a和 I_2r_b比其他三项小得多，式(3-12)中的 I_1r_1和I_2r_2也远小于其他三项，于是这两式便简化为

$$I_3R_x = I_1R_a - I_2R_b \tag{3-13}$$

$$I_3R_N = I_1R_1 - I_2R_2 \tag{3-14}$$

式中不再出现附加电阻。用式(3-13)除以式(3-14)得

$$\frac{R_x}{R_N} = \frac{I_1R_a - I_2R_b}{I_1R_1 - I_2R_2} = \frac{R_b[I_1(R_a/R_b) - I_2]}{R_2[I_1(R_1/R_2) - I_2]}$$

调整各电阻，使下面的辅助条件成立

$$R_1/R_2 = R_a/R_b \quad 或 \quad R_a/R_1 = R_b/R_2$$

则可以得出双臂电桥的平衡条件为

$$\frac{R_x}{R_N} = \frac{R_b}{R_2} \tag{3-15}$$

为保证式(3-15)得到满足，箱式双臂电桥一般设计成电阻成对相等($R_1=R_2$，$R_a=R_b$)并采用联轴同步调节的结构。

由平衡条件式(3-15)可得出双臂电桥的两种设计方式。

① 选定两组桥臂之比 M

$$M = \frac{R_b}{R_2} = \frac{R_a}{R_1}$$

将 R_N做成可变的标准电阻，调节 R_N使电桥平衡，则 R_x的计算公式为

$$R_x = \frac{R_b}{R_2}R_N = \frac{R_a}{R_1}R_N = MR_N \tag{3-16}$$

式中，R_N称为比率臂电阻；M 为电桥倍率系数。

② 选定 R_N为某固定阻值的标准电阻，并选定 $R_1=R_2$为某一值，联调 R_a与 R_b使电桥平衡，则计算 R_x的公式(3-16)可变换为

$$R_x=(R_N/R_1)R_a \quad 或 \quad R_x=(R_N/R_2)R_b \tag{3-17}$$

此时称 R_a或 R_b为比率臂电阻；R_N/R_1或 R_N/R_2为电桥倍率系数。

(4)双臂电桥的基本误差

用电桥可以得到待测电阻 R_x的值，但要知道测量结果的可靠程度(即不确定度)，必须了解电桥的基本误差和灵敏度。

箱式双臂电桥基本误差的计算可仿箱式单臂电桥给出

$$\Delta R_{基}=a\%\left(CR_x'+\frac{CR_0}{10}\right)$$

式中，a 为电桥的准确度等级；R_x'为度盘示值；R_0为基准值，规定为标度盘最大示值的 10 的整数幂；C 为比率值。以 QJ26 型双电桥为例，$a=0.2$，比较臂电阻 R_N的最大值为 0.11 Ω，若选取量程因子(即比率值)$C=M=10$，则标度盘最大数值为 0.11 Ω，其最大的 10 的整数幂为 $10^{-1}=0.1$，即 $R_0=0.1$，若测量时读数为 $R_x=0.03156$(即待测电阻值为 $R_x=0.3156$ Ω)，则

$$\Delta R_{基}=0.2\%(10\times0.03156+10\times0.1\div10)=8.312\times10^{-4}\ \Omega$$

当选用的配套仪器(主要是检流计)灵敏度足够高时，基本误差可作为双电桥的误差限，否则还应考虑仪器的灵敏度误差。

2. 非平衡电桥

(1)非平衡电桥

电桥有平衡电桥与非平衡电桥之分。前面学习的平衡电桥，用于稳定状态下的测量是比较准确的。但如果电阻随时间而连续变化，用平衡电桥测量有时并不方便，而采用非平衡电桥来测量反而显得优越。非平衡电桥的用处很多，例如，利用电阻随温度变化的特性可以测量温度和电阻温度系数；利用应变电阻对形变的敏感特性可以用来测微小形变；还可以用于自动控制系统：桥臂电阻随某些因素或条件的变化而改变，从而引起桥路中电流发生变化，将此电流放大后即可用来进行控制。

非平衡电桥指在测量过程中电桥是不平衡的。图 3-16 是惠斯通电桥原理图。当待测电阻为初值 R_x时，调节电桥其他臂电阻，使电桥平衡(桥路中电流计指零，$I_0=0$)，有关系式如下：

$$R_x=(R_1/R_2)R_3$$

当 R_x变为 $R_x+\Delta R_x$时(其他各电阻不变)，电桥失去平衡，桥路上的电流计有电流通过，ΔR_x越大，电流计上通过的电流 I_G也越大。一般来说，I_G与 R_x的变化关

系是非线性的，仅当 $\Delta R_x \ll R_x$ 时，I_G 与 ΔR_x 近似成正比。当 U_{AB} 一定时，两者有一一对应的关系，即在一定的工作电压下，当 R_1、R_2、R_3 不变化时，I_G 是 R_x 的函数，因此利用非平衡电桥测电阻，实际上是测得桥路上电流计的读数，然后利用 I_G-R_x 的关系推算出被测电阻的阻值。

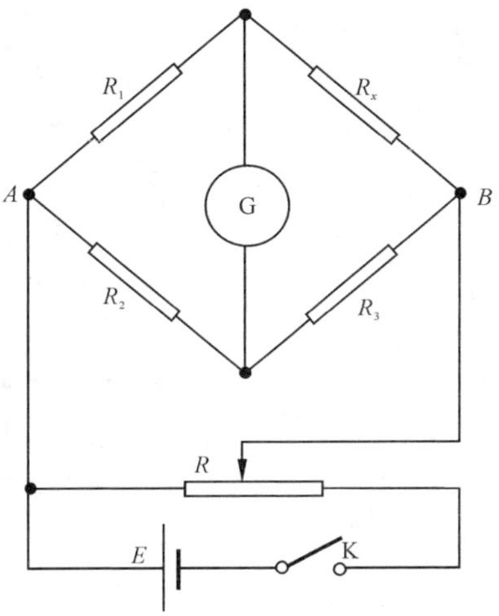

图 3-16　惠斯通电桥原理图

一般来说，I_G-R_x 的关系可以用实验方法来确定，这称为“定标”。方法是：将图 3-16 中的 U_{AB} 保持不变，将 R_x 用可变电阻箱 R 代替，用电流计（例如微安表）检测桥路中的电流 I_G。首先在设定初值 $R=R_0$ 时，调节电桥平衡，桥路中的电流 $I_G=0$；然后改变 R，桥路中有电流通过，记下不同 R 时相应的 I_G 值，直到电流计满偏为止。由所测数据作出 I_G-R 曲线，称为定标曲线。实测时读出 I_G 值，就可由此曲线查得待测 R_x 值。温度(t)可引起电阻值改变，同样也可作出 I_G-t 定标曲线，以进行温度测量。

(2)热敏电阻

热敏电阻是用半导体材料制成的非线性电阻，其特点是电阻随温度的变化非常灵敏，且有较好的稳定性和复现性，因而常在测温装置中使用，也常用作控制器件。将热敏电阻作为电桥的一臂，利用非平衡电桥原理做成的半导体温度计，具有传感速度快，灵敏度高，探头体积小等优点，故在许多方面得到了广泛的应用。

热敏电阻阻值随温度按指数规律变化

$$R_t = R_0 e^{\alpha t}$$

式中，R_0 是 0 ℃时的电阻；R_t 是 t ℃时的电阻；α 是电阻温度系数。

图 3-17 是对非平衡电桥进行定标的原理图，也可作热敏电阻和非平衡电桥组成的半导体温度计的原理图。E 为直流电源，G 为微安表，R_T 为热敏电阻，R_N 为电阻箱。当 K_3 打向 R_N 时，用于对电阻的定标，即测出 I_G-R 的曲线；当 K_3 打向 R_T，用于对温度的定标，即测出 I_G-t 曲线。

图 3-18 是对热敏电阻和非平衡电桥组成的半导体温度计进行定标的实验装置图，热敏电阻与温度计插入细玻璃试管内，玻璃试管内盛有硅油，硅油要漫过热敏电阻，温度计的水银泡和热敏电阻紧挨着。玻璃试管放入水（开始是冰水混合物）中，在加热过程中测 I_G-t 的关系。

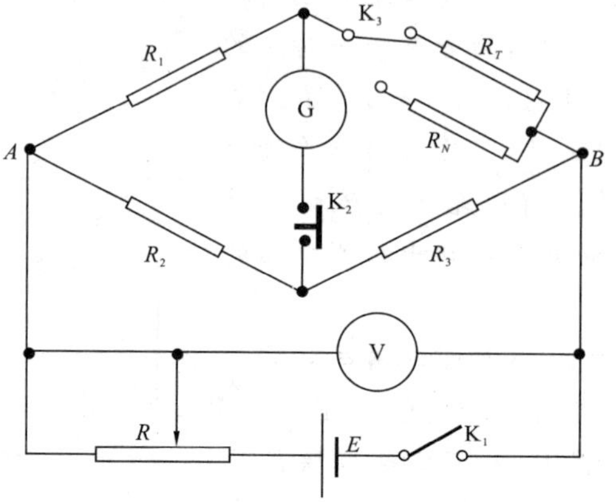

图 3-17 非平衡电桥原理图

(3)非平衡电桥温度计定标

下面简要说明一下非平衡电桥半导体温度计定标的实验过程。

①按图 3-18 布置好实验装置，R_1、R_2 为两标称值相同的固定电阻，R_3、R_N 为电阻箱。R_4 为阻值较大的滑线变阻器，R_5 为阻值较小的滑线变阻器。

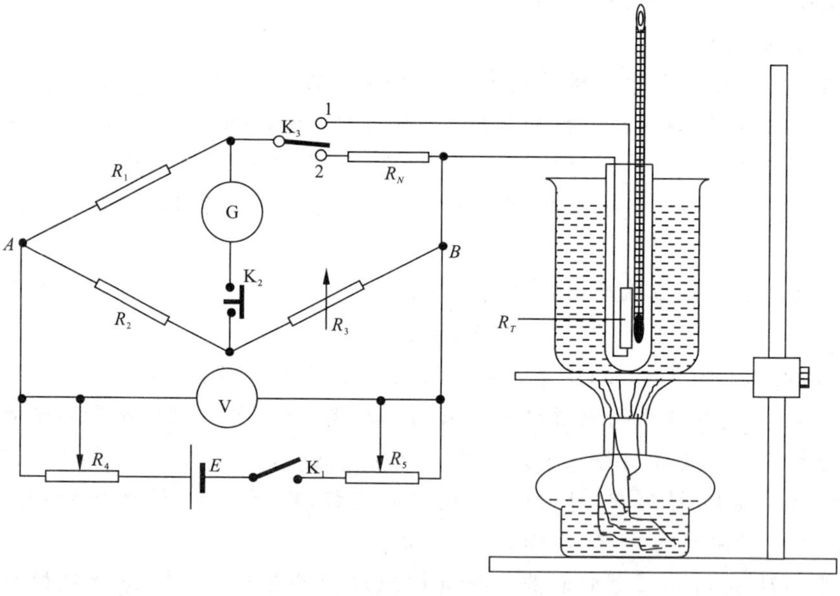

图 3-18 非平衡电桥半导体温度计定标实验装置图

②自组平衡电桥，测 0 ℃时的热敏电阻值 R_0 和 100 ℃时的热敏电阻值 R_{100}。

a. 将两滑线变阻器 R_4、R_5 调到最大；将盛温度计和热敏电阻的试管放入冰水混合物中，用万能表量热敏电阻两端引线之间的电阻，将电阻箱 R_3 调到这一阻值；合 K_1，K_3 接 1，跃接 K_2，调 R_3 使检流计指零；再调 R_4、R_5 至最小，跃接 K_2，调 R_3 使检流计指零。记下此时的 R'_0 值。多测几次取平均值。断 K_1、K_2、K_3。

b. 取开水放入烧杯中，将盛温度计和热敏电阻的试管放入开水中，用酒精灯加热开水直至沸腾。用万用表量热敏电阻阻值，重复 a 的过程，测出 R'_{100}。

c. R_3、R_N 都调到 R'_0 的值，将 K_3 接 2，调 R_N（不调 R_3）重复 a 中的过程，使检流计指零。此时 R_N 的读数才真正是热敏电阻 0 ℃时的阻值 R_0，多测几次取平均值。用同样的方法测出 R_{100}。

③自组非平衡电桥，测定 I_G 的定标曲线及热敏电阻的电阻温度系数 α。

a. 将 G 处的检流计换成微安表，将 R_3 调 R'_0，R_N 调成 R_0。合上各开关，看微安表的指针是否指零。如不指零，说明电桥不平衡，重复②中 c 的过程：调 R_N（不调 R_3），使微安表指零。将 R_N 调成 R_{100}，滑线变阻器 R_5 调到中间，合上各开关。调滑线变阻器 R_4 使微安表指100 μA，断 K_1、K_2。

b. 取冰水混合物放入烧杯中，盛温度计和热敏电阻的试管也放烧杯中，点燃酒精灯，对烧杯加热。温度每上升 6～7 ℃时，快速将 K_3 打到 2，合 K_1、K_2，调 R_5 使微安表满偏 100 μA。酒精灯熄火，K_3 合到 1，记下温度 t，记下微安表指针的偏转；再将酒精灯点上，按此过程重复测以后各点至水烧开。

④用自组非平衡电桥测定热敏电阻 I_G-R 定标曲线。

a. I_G-t 定标曲线测试完毕后，K_1、K_2 断开，K_3 接 2。移走加热用具。

b. 对应于 I_G-t 定标曲线中各点的微安表读数，调 R_N 得 I_G-R 曲线。每测一值前都应把 R_N 调至 R_{100} 使微安表满偏，再调到对应的 I_G 值，得出此时的 R 值。

⑤自组半导体温度计，利用已标定的 I_G-t 曲线，测自来水的温度。

3.3 线式电位差计的研究

电位差计是一种精密测量电位差的仪器。它的原理是将被测电压和一已知电压进行比较，相互补偿（即平衡）从而测得电位差，其准确度可达 0.001%。先进的比较式电位差计的准确度可达 10^{-7}。它的用途广泛，可以用来测量电动势、电压、电阻、电流等。电位差计所采用的补偿法原理还常用在非电量的测量仪器和控制系统中。

实验目的

（1）学习补偿法测电位差的原理，了解其优点；

(2)掌握电位差计的结构、工作原理和使用方法；

(3)学会用电位差计测电池的电动势。

实验原理

我们知道，如果用一个电压表去测电池的电动势 E_x 是得不到准确值的，这是因为电池内阻 r 和回路电流 I 的影响，测得的结果为其路端电压 U，即

$$U = E_x - Ir \tag{3-18}$$

如果用一已知电压 V_S 与干电池极性相对而接，如图 3-19(a)所示，调节 V_S，使检流计 G 的指针指零，则有

$$E_x = V_S \tag{3-19}$$

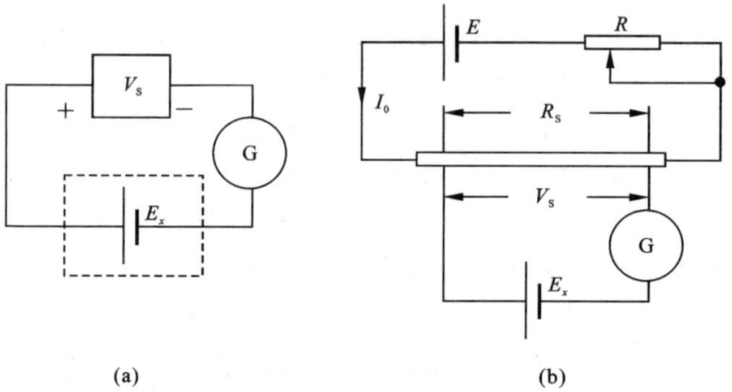

图 3-19 补偿法测电动势原理

若 V_S 的数值已知，则可求出 E_x。这种测量电动势的方法就是补偿法。这时称电路达到电压补偿，V_S 称补偿电压。

如何获得数字准确而又连续可调的补偿电压呢？一般可通过精密分压而实现，如图 3-19(b)所示。由图可知

$$V_S = I_0 R_S \tag{3-20}$$

V_S 的精度取决于 R_S 和 I_0 的制造精度和测量准确度。

为了进一步提高测量精度。实际的电位差计还采用了比较法。将待测电动势 E_x 与标准电池的电动势 E_S 进行比较而获得测量结果，其原理如图 3-20 所示。

图 3-20 中，分别用 R_S 上的电压去补偿 E_S。用 R_x 上的电压去补偿 E_x。由于电源 E 与回路总电阻($R_P + R_{AB} + r$)不变(r 为电源内阻)，因而两次补偿时的电流 I 相同，则有：

$$\left.\begin{aligned} E_S &= I_0 R_S \\ E_x &= I_0 R_x \end{aligned}\right\} \tag{3-21}$$

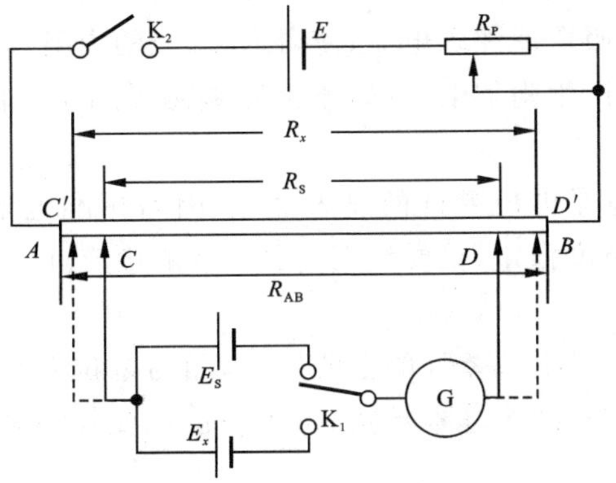

图 3-20　电位差计原理

两式相除，消去 I_0，则得到

$$E_x = (R_x/R_S)E_S \tag{3-22}$$

这便形成了 E_x 与 E_S 的比较。这里再次强调一下，E_x 与 E_S 之所以能够进行比较是通过两次补偿时流过 E_x 与 E_S 的电流相同而联系起来的，I_0 称为工作电流。

在图 3-20 中，E_x 和 E_S 分别用同一根电阻丝上的部分电阻的电压所补偿。只要在两次补偿时，流过电阻丝上的电流相同，电流值可不知。教学用的线式（或称十一线式）电位差计即依此思想制成。由于 AB 是一根粗细相同、电阻率均匀的电阻丝，故式(3-22)可改写成

$$E_x = (l_x/l_S)E_S \tag{3-23}$$

式中，l_x 和 l_S 分别是对应于电阻 R_x 和 R_S 的电阻丝长度。

综上所述，电位差计是用补偿法测电压和电动势的仪器，它实际上是用未知电位差与标准电动势作间接比较，因而是一种比较测量。电位差计的基本电路由三部分组成：①工作电流回路，包括电源工作电流回路电源 E、电位器（或滑线变阻器）R_P 和电阻丝 R_{AB}；②校准工作电流回路，包括标准电池 E_S、对应的电阻丝 Rs 和检流计 G；③ 测量回路，包括待测未知电动势 E_x、对应的电阻丝 R_x 和检流计 G。

电位差计作为测电压的仪器，具有下面的特点：

①灵敏度高。为了能分辨微小的变化量，人们一般都采用示零比较，这是因为人的眼睛对视线重合的判断能力比刻线不重合而需估读的能力要高出许多的缘故。电位差计采用了示零比较，因而具有很高灵敏度。

②"内阻"高。用伏特计测电压时，总要从被测电路分出一部分电流，从而改变了被测电路的工作状态，使伏特计测出的电压并非原来的电压值，这就是所谓

的“接入误差”,伏特计内阻越低,这种接入误差就越大。而电位差计达到平衡时,不从被测对象中吸取或注入电流,使得 E_S、E_x 的内阻,以及这些回路的导线电阻、接触电阻都不产生附加电压降,不会影响测量结果。因此,电位差计相当于“内阻”极高的电压表。

③准确度高。这是电位差计的显著优点,因为标准电池 E_S 及各电阻都可以做得相当准确和极度稳定,只要配用高灵敏度的检流计,电位差计测量的准确度就很高。

④操作繁复。这是电位差计的主要缺点,因为电位差计每次测量都必须经过校准工作电流和测量两个基本步骤,每次补偿都要仔细调节,操作费时,因而测量的速度较慢。

近年来使用方便的数字式电压表已较为普及,它的内阻高,其测量准确度已大大超过指针式电压表,但迄今为止仍不及最精密的电位差计。

实验仪器

本实验主要仪器为 DH325 新型十一线电位差计、DHBC－5 标准电势与待测电势和 AZ19 型直流检流计三部分。

1. 线式电位差计

这是一种教学用的电位差计,又称十一线电位差计,其原理在前面已经说明。使用时必须接入辅助回路,如图 3-21 所示,电阻丝 AB 长 11 m,绕在透明玻璃板的十个有机玻璃棒和一个分度盘上,面板上有 1、2、…、10 的编号插线孔,每两个编号插孔间电阻丝长为 1 m,阻值为 10 Ω。插头 C 可选插入孔 1、2、…、10 中任意一插线孔,刻度盘电阻丝 $B0$ 有毫米刻度,触头 D 可在它上面滑动。

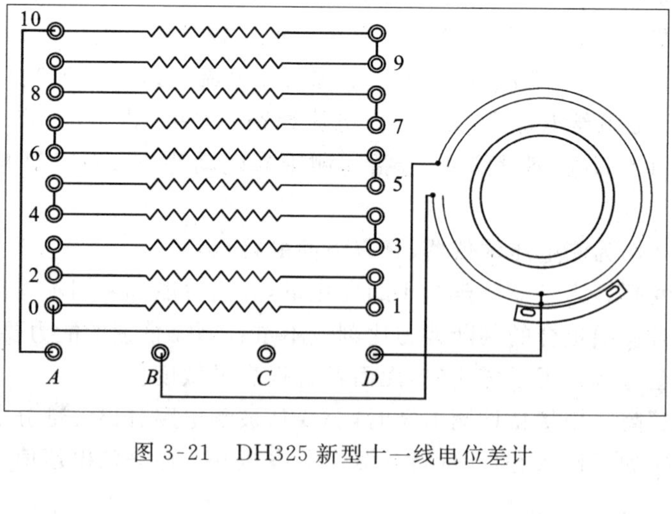

图 3-21　DH325 新型十一线电位差计

电路中标准电源 E_n 和检流计 G 都不能通过较大电流，但在测量时，可能因接头 CD 之间的电位差 V_{CD} 和 E_n（或 E_X）相差较大，而使标准电源和检流计中通过较大电流，因此在串接回路前要估算电路的参数或者串联个电阻箱（电阻值调到 10 kΩ），这样就降低了电位差计的灵敏度，即可能接头 CD 之间电位差 V_{CD} 和 E_n（或 E_x）还没有完全平衡，由于电阻箱的存在而使检流计无明显偏转。因此，在电位差计平衡后，还应拆除电阻箱以提高电位差计的灵敏度，这样可以起到保护标准电源和检流计的作用。

2. DHBC-5 标准电势与待测电势

DHBC-5 标准电势与待测电势是专为研究电位差计测量原理而设计的实验配套装置（图 3-22）。其主要技术参数为：

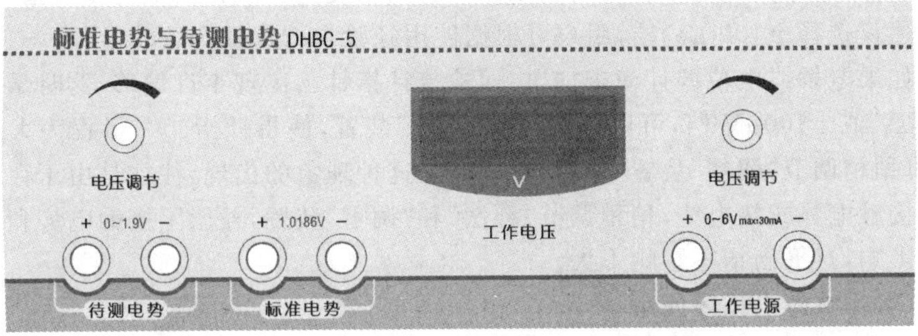

图 3-22 DHBC-5 标准电势与待测电势面板示意图

①环境适应性：工作温度 10～35 ℃；相对湿度 25%～85%。

②电位差计工作电压最大值：$V_{max}=6$ V；工作电流最大值：$I_{max}=30$ mA。

③十一米电阻，每米电阻值等于 10 Ω，总电阻为 110 Ω，精度 0.5%。

④刻度盘的长度调节范围：0～1 m，调节步长 1 mm（配合刻度盘游标）。

⑤标准电势：1.0186 V，精度为 0.01%；待测电势：0～1.9 V 连续可调。

3. AC19 型直流检流计

AC19 型直流检流计是由高增益、低漂移、低噪声放大器配以大表面的指针式表头而构成的新型直流检流计。可以用作高精度的直流电桥、精密电位差计的外接检流计，也可作低噪声低漂移直流放大器或直接作直流电压表使用。市电供电的检流计供实验室使用，干电池供电的可供实验室和室外现场使用。使用方法如下：

(1)使用前准备

干电池供电式的检流计，第一次使用前，要求打开后板上的电池盖，装入1～3节 6F22 型 9 V 电池，上好电池盖，调节前面板上的量程开关，从“关机”旋至“调零”档，干电池向检流计供电。市电供电型式的检流计，由电源线接入220 V/50 Hz电源上，打开后盖板上电源开关，面板上“电源指示”灯亮，检流计即可进入使用前的“调零”准备工作。

检流计加电后，检流计输入端短路，量程开关置“调零”档，调节“调零”装置，使表头指针指向“0”。开关置“补偿”档，调节“补偿”装置，使表头指针指向“0”，反复调节“调零”和“补偿”，表头指针都指向“0”位，说明调零工作已经完成，已经作好了检流计工作前的准备工作。

(2)作直流电桥或电位差计指零用

将直流电桥或电位差计的“检流计”端和本检流计输入端子用导线连接起来，检流计开关置“非线性”档，调节电桥或电位差计，达到粗平衡，然后选择合适的量程，用于电桥或电位差计的精细指零。高精度电桥或精密电位差计指零时，一般建议选择±100 μV档，用户可根据使用经验自行选择合适的量程。

如果电桥或电位差计尚未加电，而检流计指针已出现小许偏移，这时量程为±30μV或±100μV档，可以稍稍调节“补偿”装置，使指针指“0”，量程为大量程时，可稍稍调节“调零”装置，使指针指“0”。这种现象的出现，往往是由于存在一定的接触电势或热电势，稍稍调节“补偿”和“调零”装置，补偿了接触电势和热电势的影响，对平衡指零影响不大。

(3)作直流电压表使用

作直流电压表使用时，可根据量程档直接从表头指针位置读数。

(4)“接地”端

检流计面板上设有“接地”端子，该端子和指零仪屏蔽外壳相连。如果干扰严重时，可将该端子用导线连到电桥或电位差计的屏蔽端子上。有条件时，可一起接入大地。

实验步骤

(1)将仪器按照工作原理图3-23组装在一起。

(2)对标准。

合上 K_1，K_2 向上合到 E_n 处，调节可调工作电源 E，改变工作电流 I_0 或改变触点 D、C 位置，可使检流计 G 指零，此时 U_{DC} 与 E_n 达到完全补偿状态。则：

$$E_n U_{DC1} = I_0 \cdot r_0 \cdot L_{DC} = I_0 \cdot R_{DC} = I_0 \frac{\rho}{S} L_{DC} = V_0 \cdot L_S \qquad (3\text{-}24)$$

式中，r_0 为单位长度电阻丝的电阻值，Ω；L_S 为电阻丝 DC 段的长度 L_{CD}；V_0 为单位长度电阻丝上的电压降，称为工作电流标准化系数，V/m。在实际操作中，只要确定了 V_0，也就完成了“对标准”过程。将式(3-24)化简为一般测量式为

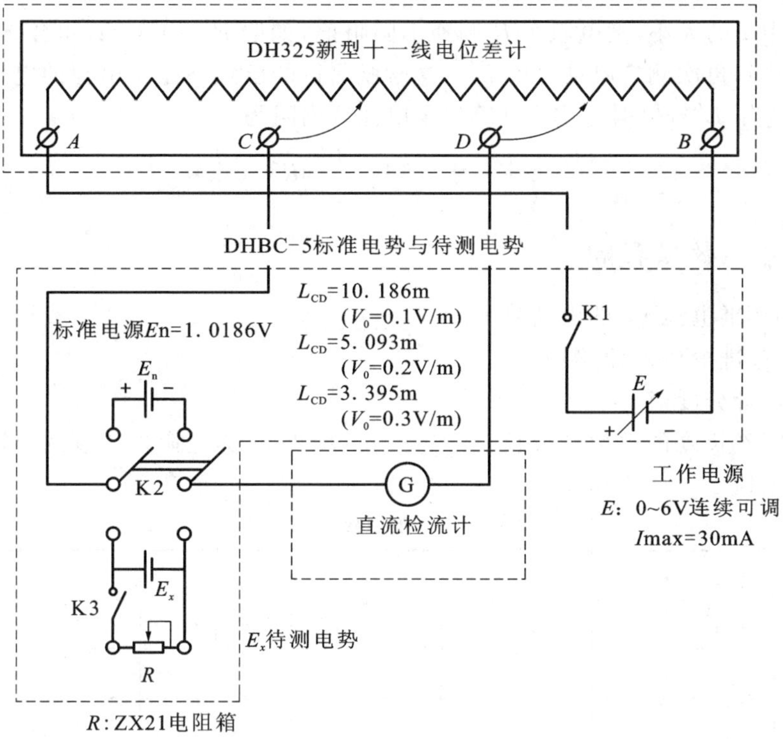

图 3-23　工作原理图

$$E_S = V_0 \cdot L_{CD} \tag{3-25}$$

式中,E_S 为 L_{CD}上的压降;L_{CD}为电阻丝 DC 段的长度。当 V_0 保持不变时(即工作回路中的电流保持不变),可以用电阻丝 CD 两端点间的长度 L_{CD}(力学量)反映待测电动势 E_x(电学量)的大小。为此,必须确定 V_0 的数值。为使读数方便起见,取 V_0 为 0.1,0.2,…,1.0 V/m 等数值。由于 $V_0=\frac{\rho}{S}I_0$,而且电阻丝阻值稳定,所以只有调节 $ABCD$ 中工作电流 I_0 的大小,才能得到所需的 V_0 值,这一过程通常称作"工作电流标准化"。

(3)测量干电池的电动势:先把检流计灵敏度调到低档,根据干电池的新旧程度,估计一下大致把 L_{CD}设置好,接着把双刀双掷开关 K_2 向下合(即接入待测电势干电池),接到待测电势上,通过调节 L_{CD}的长度,反复使检流计指零,最后可根据 L_{CD}的长度,得到待测电动势的值 E_x。

$$E_x = V_0 L_{CD} \tag{3-26}$$

(4)电路 $u = E - Ir$,为了测定电池电阻 r,必须使该电池有一定的放电电流，但电阻 r 随温度的改变较明显，故 I 要较小，将内阻 r 近似看作常数，故为控制回路中 I 的大小，把电阻箱 R 调到不同阻值，如取 $R'=100\ \Omega$，闭合 K_3（即接入电阻箱），再次测定电动势值 E'，（这时候测得的已经不是干电池的电动势，而是路端电压 E'），根据公式可计算出干电池的内阻为：

$$r=\frac{(E_x-E')}{I}=\left(\frac{E_x-E'}{E'}\right)R'=\frac{E_x}{E'}-R' \tag{3-27}$$

原始数据表格

（1）标准电池 E_S 的电动势 $E_S=$________ V。

（2）校准电位差计，测 l_S。

检流计分度值________。

电阻丝长度的整数部分长________ m，表 3-11 为电阻丝长度的小数部分，米尺分度值________ mm。

表 3-11　电阻丝长度 l_S

测量次数	1		2		3		4		5		平均值
	左 l_{Sl}	右 l_{Sr}	左 l_{Sl}	右 l_{Sr}	左 l_{Sl}	右 l_{Sr}	左 l_{Sl}	右 l_{Sr}	左 l_{Sl}	右 l_{Sr}	
读数(cm)											
平均(cm)											

（3）测一号干电池的精确电动势，测 l_x。

电阻丝长度的整数部分长______ m，表 3-12 为电阻丝长度的小数部分，米尺分度值______ mm。

表 3-12　电阻丝长度 l_x

测量次数	1		2		3		4		5		平均值
	左 l_{xl}	右 l_{xr}	左 l_{xl}	右 l_{xr}	左 l_{xl}	右 l_{xr}	左 l_{xl}	右 l_{xr}	左 l_{xl}	右 l_{xr}	
读数(cm)											
平均(cm)											

（4）测路端电压 E'，测 l'。

$R'=$________。

电阻丝长度的整数部分长______ m，表 3-13 为电阻丝长度的小数部分，米尺分度值______ mm。

表 3-13 电阻丝长度 l'

测量次数	1		2		3		4		5		平均值
	左 l_l	右 l_r	左 l_l	右 l_r	左 l_l	右 l_r	左 l_l	右 l_r	左 l_l	右 l_r	
读数(cm)											
平均(cm)											

数据处理

(1)直接测量量读数 l_S、l_x 的平均值及不确定度(单位:cm)。

由于电阻丝的长度较长,各丝的松紧程度不同,综合考虑并为简便计 $\Delta_{仪}\ l$ 可每米取 1 mm,不足 1 m 按 1 m 计算。每次测量都是测左右两值后取平均,这就消除了可能因检流计灵敏度不高造成的误差,故每次测量(实际是左右两次测量)都作为单次测量。

表 3-14 直接测量量平均值及不确定度

直接测量量	$\overline{x}$	$S_{\overline{x}}$	t 值(无单位)	$\Delta_A x$	$\Delta_{仪}\ x$	$\Delta_B x$	Δx
l_S(cm)							
l_x(cm)							

其中

$$\overline{x} = \frac{1}{n}\sum_{1}^{n} x_i$$

$$S_{\overline{x}} = \sqrt{\frac{\sum\limits_{1}^{n}(x_i - \overline{x})^2}{[n(n-1)]}}$$

$$\Delta_A x = tS_{\overline{x}}$$

$$\Delta x = \sqrt{(\Delta_A x)^2 + (\Delta_B x)^2}$$

标准电池电动势 E_S 看作常量。

(2)用式(3-23)计算一号干电池电动势的平均值 $\overline{E_x}$。

(3)计算 E_x 的不确定度 ΔE_x。

对式(3-23)两边取对数,有

$$\ln E_x = \ln l_x - \ln l_S + \ln E_S$$

再两边微分,得

$$\frac{dE_x}{E_x} = \frac{dl_x}{l_x} - \frac{dl_S}{l_S}$$

所以电阻 E_x 测量值的相对不确定度 $\Delta E_x/E_x$ 与不确定度 ΔE_x 分别为

$$\frac{\Delta E_x}{E_x}=\sqrt{\left(\frac{\Delta l_x}{l_x}\right)^2+\left(\frac{\Delta l_S}{l_S}\right)^2}$$

$$\Delta E_x=E_x\left(\frac{\Delta E_x}{E_x}\right)=E_x\sqrt{\left(\frac{\Delta l_x}{l_x}\right)^2+\left(\frac{\Delta l_S}{l_S}\right)^2}$$

(4)写出 E_x 测量值的结果表达式

$$E_x=\overline{E_x}\pm\Delta E_x$$

(5)用上述方法求出 E',带入公式(3-27)求电源内阻 r。

预习思考题

(1)按图 3-23 接线时,应注意些什么?

(2)确定插头 C 插孔位置的原则及方法如何?

(3)为什么读数要读左、右二数,再取平均?

实验后思考题

(1)使电位差计平衡的必要条件是什么?

(2)线式电位差计能否“扩大量程”,要扩大量程应采取什么措施?

[阅读材料]

用箱式电位差计测低电动势

用线式电位差计测电动势测得的值是伏特以上的数量级,它对测毫伏乃至微伏数量级的电压就无能为力了,而且,测电动势还要通过计算。能否有一种既能测低电势(毫伏乃至微伏),又能直接读出所得结果的电位差计呢?UJ31 型低电势直流箱式电位差计就能做到这点。下面就对它作简单介绍。

UJ31 型低电势直流箱式电位差计与线式电位差计的原理相同,也是由工作电流回路、标准电池电流回路和测量回路三部分组成。箱式电位差计与线式电位差计主要区别是:工作电流回路的电流以确定的值进行校准,以便将测定的 R_x的值直接以标出的电压值读出。如果工作回路的电流任何情况下都是定值,而且取 1 A 的 10 的整数次幂,比方 UJ31 型箱式电位差计电流取 0.01000 A,那么定出的 R_x的值就与测出的电位差在数值上相同,就可以直接在度盘上标出被测电压值而直接测读了。要保证工作电流回路中电流的值一定,也应用标准电池来进行校准,不过此时标准电池电动势的数值与 E_S所对应的产生补偿电压的电阻 R_S的数值相同,调节工作电流回路的其他电阻使其达到平衡。为了互不干扰,电路中将 R_S与 R_x分开,就成了如图 3-24 所示的箱式电位差计的原理图。

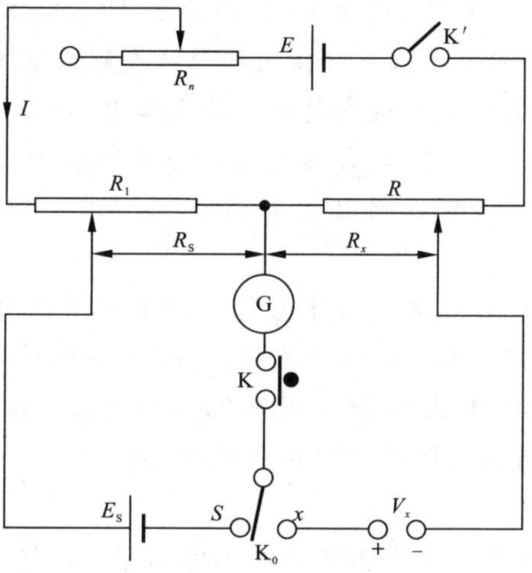

图 3-24　箱式电位差计原理

在 UJ31 型直流电位差计中，由于工作电流回路的电流取定值 1.0000×10^{-2} A，回路中每 1 Ω 电阻上的电压降为 1.00×10^{-2} V。在室温为 20 ℃时，对应标准电池电动势 $E_S=1.0186$ V，那么与其对应的 R_S就为 101.86 Ω。

图 3-25 是 UJ31 型电位差计面板示意图。

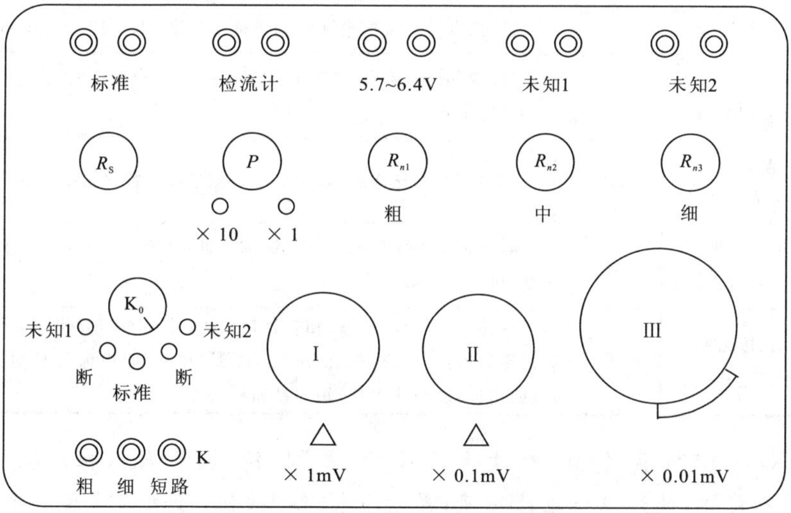

图 3-25　UJ31 型箱式电位差计面板

该电位差计是一种测量低电位差的仪器，分为量程 17 mV(最小分度 1 μV，

倍率开关 P 旋至×1)和量程 170 mV(最小分度 10 μV,倍率开关旋至×10)两挡。图 3-25 面板示意图上方的五对接线端钮从左到右依次接入标准电池、检流计、5.7～6.4 V 直流稳压电源和待测的两组未知电压(未知 1 和未知 2)。面板上各旋钮、开关及调节盘的名称、作用及操作注意事项见表 3-15。

下面以测某低电势(例如测温差电动势)为例,介绍 UJ31 型电位差计的使用。

(1)按图 3-25 布置好线路。断开电位差计上的所有开关,然后一个回路一个回路的接线。将标准电池、光斑检流计、外接电源和未知电动势分别接入标准、检流计、5.7～6.4 V 和未知 1(或未知 2)各接线柱。注意检流计一定要用光斑检流计,否则不能测出 mV 以下四位小数的值。

(2)校准电位差计。

①查室温,算出或从表中查出标准电池电动势 E_S,将 R_S 置于相应位置。

②将光斑检流计接上电源,找到光斑,调机械零点。

表 3-15　UJ31 型电位差计各操作键的使用及注意事项

图 3-25 中标记及名称		图 3-24 中的标记	作用、特点及操作注意事项
K_0 操作步骤选择开关		K_0	“校准”步骤中应旋至“标准”位置,“测量”步骤中应旋至“未知 1”或“未知 2”位置,不用时旋至“断”位置
校准	R_S 温度补偿盘	R_S	“校准”前根据室温求出标准电池电动势 E_S,再将 R_S 盘旋至对应位置,该盘已直接按电池电动势标定分度,$R_S=E_S/0.010000$
校准	R_{n1}、R_{n2}、R_{n3} 电流调节盘	R_n	“校准”时旋转三个粗、中、细调节盘,使电流计指零,这时 $I_0=10.000$ mA
测量	P 倍率选择开关	未画出	“测量”前预先选定,未知电压=测量盘读数×倍率(1 或 10 倍)
测量	Ⅰ、Ⅱ、Ⅲ 测量盘	R_x	测量未知电压用的粗、中、细调节盘,已按×1 时的电压值标定分度,可直接读数
粗、细、短路检流计按钮开关		K	操作时应先按“粗”按钮,这时检流计串有 10 kΩ 电阻,待其几乎指零后再按下“细”按钮调节。按下“短路”时电流计被短路,光标(或指针)能很快停住,短路按钮一般不用

③K_0 打在“标准”位置,断续按下 K 的“粗”按钮,调节 R_{n1}(粗)、R_{n2}(中)和 R_{n3}(细)三旋钮,使光斑检流计指零;再按下 K“细”按钮,仔细调节 R_{n2}(中)和 R_{n3}(细)两旋扭,再使检流计指零,至此,电位差计的校准工作已经完成。如果工作电流回路是干电池或其他稳定度不高的电源,应在测量过程中经常校准电位差计。一般测一个点校准一次,至少测两个点校准一次。

(3)测未知电动势。

将 K_0 打向未知1(设未知电动势是由未知1输入)。调 R_x 的Ⅰ、Ⅱ、Ⅲ各读数盘(此时切不可调 R_{n1}、R_{n2} 和 R_{n3}),先按K"粗",再按K"细"使检流指针为零;如果无法使其为零,可能未知电动势的正负极接错,可将输入未知电动势的导线正负极交换,再调直至检流计指针指零(注意,当读数盘Ⅲ的游标在100至0的空位间,有一小段没有刻度线,这是断开的位置,检流计也指零,切不可认为达到了"平衡")。此时便可直接从度盘上读取未知电动势的测量值。测量完毕后拆电路时,应先拆除电位差计上的标准电池及工作电流回路中的电源(最先从电极处断开导线),然后拆除各接线柱上的接线,并把各个电键、按钮和开关恢复到断开的位置。

3.4 示波器的使用

示波器是一种主要用于测量电信号电压与时间关系的电子仪器。配合各种传感器,把非电量转换成电量,它也可以用来测量诸如压力、振动、声、光、热等非电信号。示波器不仅能像电流表、电压表那样测量信号的大小,而且可以测量信号的周期、频率、相位等多种参数。由于电子射线的惯性小,示波器可以用来观察快速变化信号的瞬时过程。因此,示波器是科学实验和工程技术中应用十分广泛的一种信号测试仪器。

示波器具有多种类型,随着科学技术的发展,示波器的功能还在不断增加,各种新产品相继问世,但它们的基本原理大致相同。本实验以GOS-620型双踪示波器为例,通过了解它的基本原理与操作使用,为今后使用别的更复杂的示波器打下基础。

实验目的

(1)学习示波器的大致结构与工作原理;

(2)学习GOS-620型双踪示波器的操作使用方法;

(3)学习SFG-1013函数信号发生器的操作使用方法;

(4)用示波器中方波信号校准示波器偏转因数与时基因数;

(5)测量ZWT-Ⅱ整流滤波稳压波形仪的输出电压;

(6)观察电网交流电波形,用李萨茹图形测量其频率。

实验原理

1. 示波器的工作原理

示波器是一种用途广泛的电子测量仪器,用它能直接观察电信号的波形,也能测定电压信号的幅度、周期和频率等参数。用双踪示波器还可以测量两个信号之间的时间差或相位差。凡是能转化为电压信号的电学量和非电学量都可以用示波器来观测。

示波器的具体电路比较复杂，超出了本课程的范围，因此这里只以 GOS-620 型双踪示波器为例介绍示波器的基本结构与工作原理。

示波器主要由示波管、电压放大系统、扫描与触发系统以及电源等部分构成。GOS-620 型双踪示波器的电路组成及其结构方框图如图 3-26 所示。

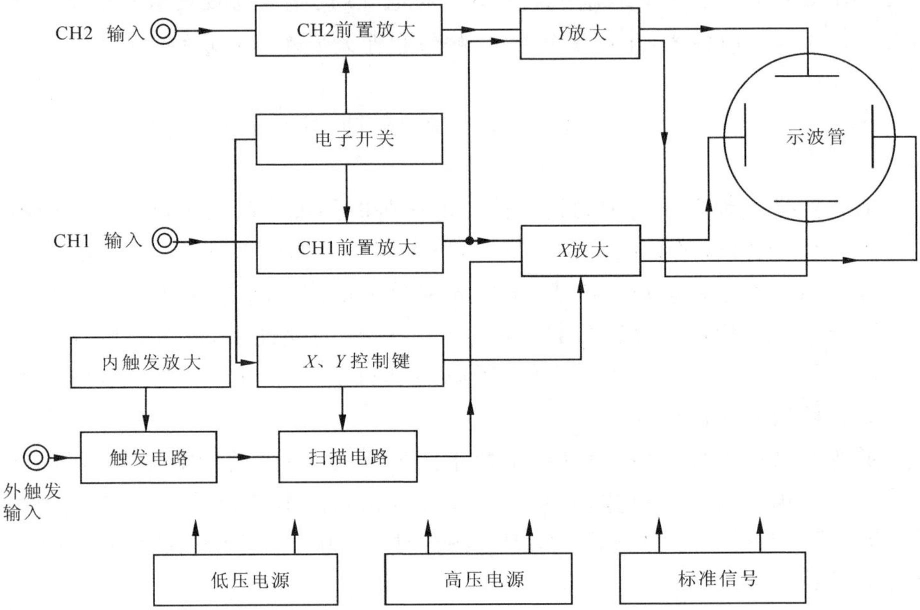

图 3-26 GOS-620 型双踪示波器结构框图

2. 示波管

示波管是用于显示被测信号波形的器件，其结构如图 3-27 所示，大致可分成三部分，前端为荧光屏，中间为偏转板，后端为电子枪。

(1)荧光屏

示波管前端的玻璃屏上涂有一层荧光粉，当电子束打到荧光屏上时可使荧光粉发光，从而显示电子束的运动轨迹，即被测信号的波形。当电子束停止轰击荧光屏时，荧光作用要经过一段时间之后才能停止，这段时间称为“余辉时间”。如果电子束长时间轰击荧光屏上固定一点，则这一点会被烧坏，形成暗斑。所以使用示波器时要避免电子束长时间轰击荧光屏上固定一点。荧光屏前有一块透明的、带刻度的坐标板，供测定光点的位置用，在性能较好的示波器中，将刻度直

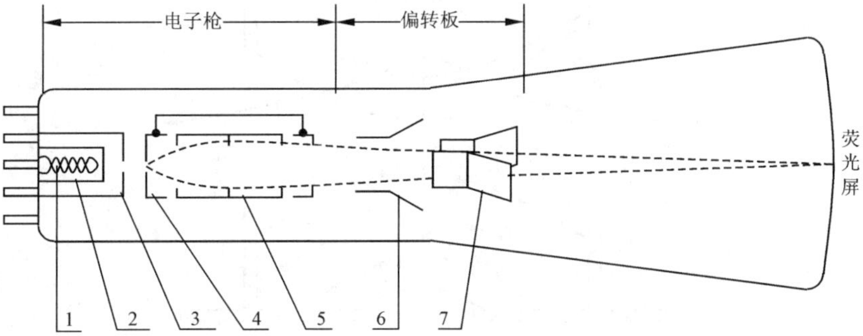

图 3-27 示波管结构示意图

1—灯丝；2—阴极；3—栅极；4—阳极；5—聚焦极；6—y 偏转极；7—x 偏转极

接刻在荧光屏玻璃的内表面上，使与荧光粉紧贴在一起以消除视差，光点的位置可测得更准。

(2) 电子枪

电子枪由灯丝 1、阴极 2、栅极 3、阳极 4 和聚焦极 5 等部分组成。它的作用是发射电子束，并通过一定的电场分布控制到达荧光屏上的电子数量以及电子束的形状和尺寸大小。灯丝 1 通电后加热阴极 2，阴极是一个表面涂有氧化物的金属圆筒，被加热后发射电子，栅极 3 是一个顶端有小孔的圆筒，套在阴极的外面。电子通过有栅极的小孔后形成一电子束。栅极的电位相对阴极为负，因此调节栅极相对阴极的电位，可以控制通过栅极的电子数目，从而控制到达荧光屏上的电子数目。打到荧光屏上的电子数目越多，则荧光屏上发出的光越强。因而改变栅极电位，可以调节荧光屏上光点的亮度，示波器面板上辉度调节旋钮就是起这一作用的。

阳极相对栅极有很高的电位，对通过栅极的电子起加速作用。这些被加速的电子在向荧光屏运动的过程中将向四周发散，因而在荧光屏上观察到的不是一个很小的光点，而是模糊的一片。如果在电子运动的途径上建立一如图 3-28 所示的静电场(图中带箭头的细实线为电力线，虚线为等位线，Sz 线为电子运动轨迹)，利用电场对电子的作用，可以使发散的电子束通过这一电场后重新会聚成一细小的电子束。这一电场对电子的作用就像会聚透镜对光的作用一样，所以称为“静电透镜”。电子枪中静电透镜的电场分布实际上是由阴极、栅极、阳极、聚焦极的几何形状和相对位置及电位决定的，各电极的几何形状与相对位置已事先仔细设计确定，实际使用时则通过调节聚焦极上的电位来改变电场分布。示波器面板上的聚焦旋钮就是起这一作用的。

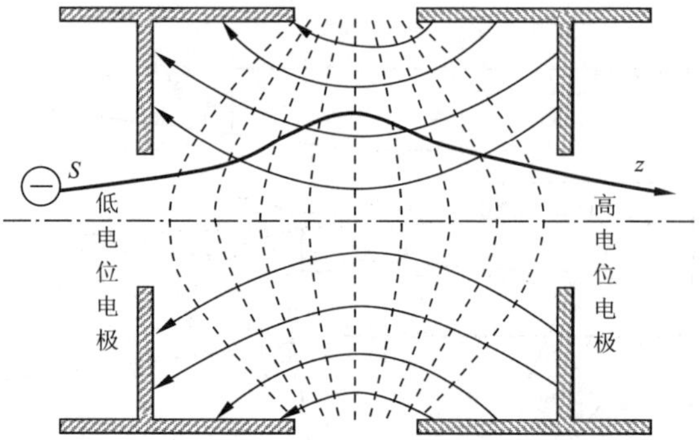

图 3-28　聚焦电极内电场分布示意图

(3)偏转板

示波管内有两组平行板，一组竖直放置(如图 3-27 中的 6)，板面水平；一组水平放置(如图 3-27 中的 7)，板面垂直。通常在竖直放置的平行板上加上被测信号电压，则电子通过这一平行板间的电场时，受电场作用运动方向发生改变，如图 3-29 所示。

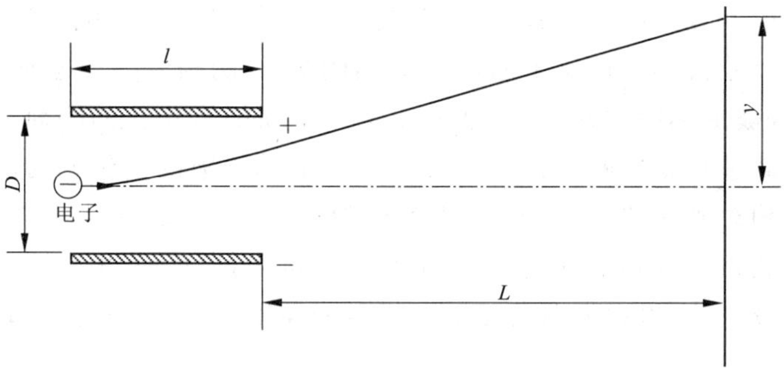

图 3-29　电子通过偏转板时的运动轨迹示意图

当电子(其电量为$-e$，质量为m)通过这一平行板间的电场时，受向上的电场力

$$F = eE = eU/D$$

式中，U 为加在平行板上的信号电压；D 为平行板间的距离。

依牛顿第二定律，电子得到的横向加速度为

$$a_y = F/m = eU/(Dm)$$

电子通过平行板间电场后的垂直方向的速度为

$$v_y = at_1 = \frac{eU}{Dm} \cdot \frac{l}{v_z} = \frac{eUl}{Dmv_z} \tag{3-28}$$

式中，l 为平行板的长度；t_1 为电子通过平行板间电场空间的时间；v_z 为电子进入

平行板间电场空间时的纵向速度，它与阳极 4 的加速电压 U_a 的关系为

$$\frac{1}{2}mv_z^2 = eU_a$$

$$v_z = \sqrt{\frac{2eU_a}{m}}$$

所以式(3-28)变为

$$v_y = \frac{eUl}{Dmv_z} = \frac{eUl}{Dm\sqrt{\frac{2eU_a}{m}}} = \frac{Ul}{D}\sqrt{\frac{e}{2mU_a}} \tag{3-29}$$

设电子穿出平行板间电场空间后到达荧光屏的时间为 t_2，它应是

$$t_2 = \frac{L}{v_z} = L\bigg/\sqrt{\frac{2eU_a}{m}} = L\sqrt{\frac{m}{2eU_a}}$$

于是，如把电子穿过平行板间电场垂直方向的位移忽略时，当电子束到达荧光屏时，在垂直方向上偏转的距离为

$$y = v_y t_2 = \frac{Ul}{D}\sqrt{\frac{e}{2mU_a}}L\sqrt{\frac{m}{2eU_a}} = \frac{lL}{2DU_a}U = kU \tag{3-30}$$

因为 l、D、L、U_a 为定值，所以电子束在荧光屏垂直方向上的位置随所加信号电压成线性变化。经过定标(即用一已知电压的信号加在垂直平行板上，测量相应在垂直方向的偏移 y)即可通过测量电子束在垂直方向的偏移距离 y 确定信号电压 U。显然 y 方向的偏转与偏转因子 k 成正比，k 的单位为 div/V(每伏偏转的分度数)。示波器衰减器给出的调节挡次是 V/div，即每分度对应的伏特数，即是 k 的倒数 $S=1/k$。所以有

$$y = U/S \tag{3-31}$$

如果让 x 偏转板加扫描电压，则荧光屏出现一条水平亮线，在 y 偏转板加待测电压，亮线在荧光屏上偏转的高度为 $y=U/S$，通过定标有 $y_0=U_0/S_0$，则

$$U = [(S/S_0)(y/y_0)]U_0 \tag{3-32}$$

在水平放置的偏转板上加上电压，则可使通过水平偏转板间电场电子束的运动沿水平方向发生偏转。

3. 电子放大系统

由式(3-30)可知，要使光点在荧光屏上移动一定的距离，必须在偏转板上加足够的电压。一般示波管偏转板的灵敏度不高，偏转 1 cm 得有几十伏的电压。被测信号的电压一般较低，只有几伏、几毫伏，甚至更低。因此为了使电子束能在荧光屏上获得明显的偏移，必须对被测信号进行电压放大，垂直(y 轴)和水平(x 轴)放大器就起这一作用。

4. 扫描与触发系统

把一个随时间变化的电压信号加在示波器垂直偏转板上，只能从荧光屏上观察到光点在垂直方向上的运动。如果信号变化较快，看到的只是一条垂直亮线，而看不到电压随时间变化的波形。如果在水平偏转板上加上一个电压与时间成正比的信号，使电子束在垂直方向运动的同时沿水平方向匀速移动，把垂直方向的运动在水平方向"展开"，就可在荧光屏上显示出电压随时间变化的波形。实际上加在水平偏转板上的信号是如图 3-30 所示的"锯齿波"，它的特点是在一周期内电压与时间成正比，到达最大值后又瞬间回到零。由于水平偏转板上锯齿波的作用，电子束在水平方向的运动是周期性地来回扫动，但回扫时间极短，所以把它称为"扫描"。当扫描信号(锯齿波)的周期与垂直方向信号的周期相同时，可以在荧光屏上显示出如图 3-31 所示的一个周期的波形。由于扫描波信号是周期性的，电子束沿水平方向来回扫描，使得加在垂直偏转板上的信号波形重复出现，由于扫描周期与垂直方向信号周期相同，每次扫描出现的波形完全重合，因而在荧光屏上观察到的波形是稳定的。如果扫描信号的周期是垂直方向信号周期的 2 倍或 3 倍，则荧光屏上显示 2 个或 3 个周期的垂直方向信号的波形。设荧光屏上显示波形的周期数为 N，则

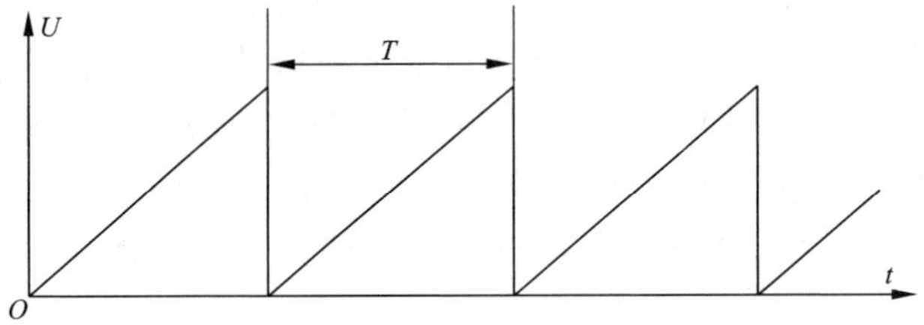

图 3-30　扫描信号波形图

$$N=\frac{T_x}{T_y}=\frac{1}{\nu_x}\bigg/\frac{1}{\nu_y}=\frac{\nu_y}{\nu_x}\quad (N=1,2,\cdots) \tag{3-33}$$

式中，T_x、ν_x 为扫描信号的周期与频率；T_y、ν_y 为垂直方向信号的周期与频率。

如果扫描(x 方向)信号周期不是垂直方向(y 方向)信号周期的整数倍，则每次扫描所得波形将不会完全重合，因而从荧光屏上看到的是不稳定的波形，这情形可用图 3-32 说明。若锯齿波电压的周期 T_x 比正弦波电压周期 T_y 稍短，例如，$T_x/T_y=7/8$。在第一扫描周期内，屏上显示正弦信号的第一曲线段 1，起点在 O 处；在第二扫描周期内，屏上显示正弦信号的第二曲线段 2，起点在 A 处，起点与第一曲线段的起点 O 不重合；在第三扫描周期内，屏上显示正弦信号的第三曲线段 3，起点在 B 处，起点与第二、第三曲线段的起点 O、A 都不重合；这样，屏上显示的波形每次都不重叠，好像波形在向右移动。反之，如果 T_x 比 T_y

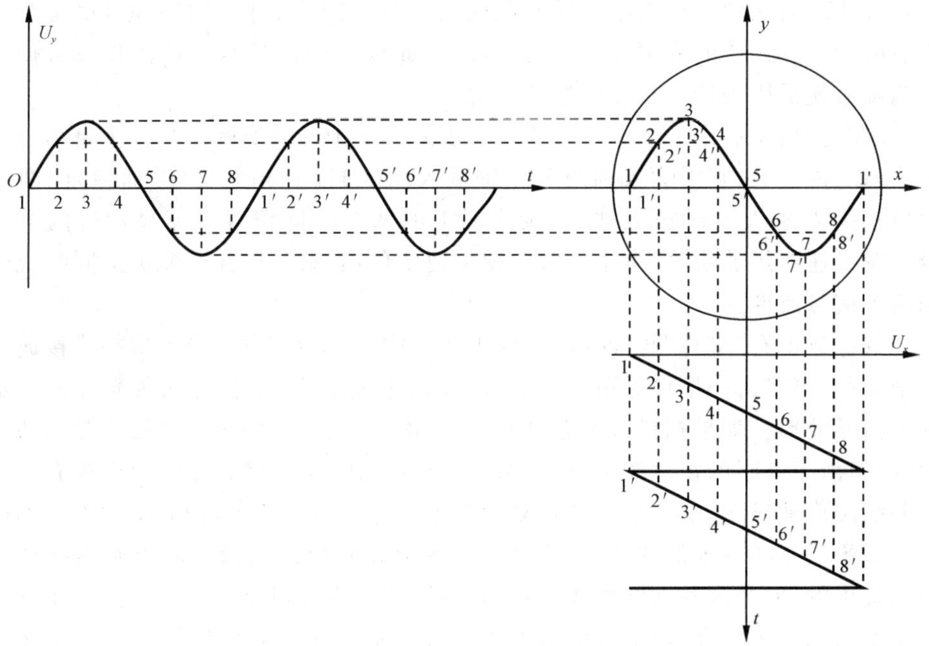

图 3-31　扫描原理图

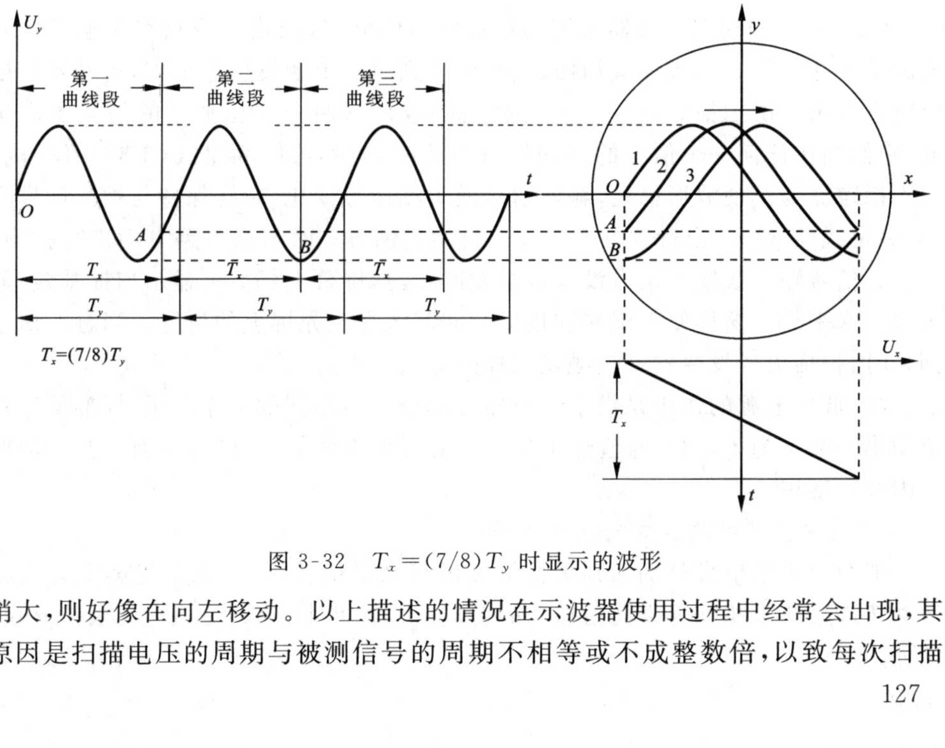

图 3-32　$T_x=(7/8)T_y$ 时显示的波形

稍大，则好像在向左移动。以上描述的情况在示波器使用过程中经常会出现，其原因是扫描电压的周期与被测信号的周期不相等或不成整数倍，以致每次扫描开始时波形曲线的起点均不一样所造成的。为了观察到稳定的波形，示波器的扫描信号（锯齿波）的频率是可调的，示波器面板上的扫描速率转换开关与扫描微调旋钮就是用来调节扫描信号频率的。

双踪扫描是利用一个电子开关来实现的。电子开关实际上是一个自动的快速单刀双掷开关，它把输入到两个 y 轴输入端（CH1 通道与 CH2 通道）的两个信号轮换着送入 y 轴放大器，在荧光屏上的两个不同位置轮流显示这两个信号。轮换速度足够快时，由于人眼的视觉暂留作用，就可以在荧光屏上同时观察到两个信号波形。

双踪显示有“交替”与“断续”两种工作方式。“交替”方式第一次扫描接通第一个信号，第二次扫描接通第二个信号，如此重复下去，交替地在荧光屏上显示两个信号波形。如果扫描频率超过每秒 25 次，那么尽管两个信号波形是交替显示的，但由于人眼的视觉滞留效应，图像不会闪烁。为了使每个信号至少有一个周期的波形被显示，输入信号的重复频率不能低于扫描频率，因此交替方式不适用于显示重复频率很低的信号，这时荧光屏上显示出的图像实际上是由断续的虚线画出的，但当这些虚线的线段足够密时，图像就好像是连续的。这就要求信号转换的速率足够高，而输入信号的重复频率远低于信号的转换速率。示波器的信号转换速率是有限的，一般在 100 kHz～1 MHz 范围内，因此“断续”方式适用于被测信号重复频率较低的情况。

GOS-620 型双踪示波器采用的是触发扫描电路，扫描系统只有在触发信号的激励下才工作。完成一次扫描之后，要等到第二个触发信号来到，再触发扫描电路进行第二次扫描。扫描信号与被测信号是由两个互相独立的信号源产生的，它们当中任何一个信号的周期稍有变化时，就不可能满足式(3-33)，使得波形不稳定。为了使波形稳定，触发信号随被测信号变化，始终保持与被测信号同步，满足式(3-33)。当触发方式选择在自动扫描方式时扫描电路自动进行扫描；在没有信号输入或输入信号没有被触发同步时，屏幕上仍然可显示扫描基线，即出现一水平线。这样便于观测和校准时间基线在荧光屏上的位置。当触发信号到来时，扫描信号发生器又按触发扫描的方式工作。

高、低压电源的作用是供给示波器各部分所需不同的工作电压，标准信号系统输出一频率为 1 kHz、峰值电压为 2 V 的标准方波信号，供时基因数及 y 轴偏转因数校准用。

5. *两垂直振动的合成——李萨茹图形*

把两个正弦信号分别加到垂直偏转板与水平偏转板上，则荧光屏上光点的运动轨迹是两个相互垂直简谐振动的合成。设这两个正弦（习惯写成余弦形式）信号为

$$\left.\begin{aligned} x &= A_1\cos(2\pi\nu_1 + \varphi_1) \\ y &= A_2\cos(2\pi\nu_2 + \varphi_2) \end{aligned}\right\}$$

式中，ν_i、$\varphi_i(i=1,2)$分别为振动的频率与初相。当 $\nu_1=\nu_2$时，有轨迹方程

$$\frac{x^2}{A_1^2}+\frac{y^2}{A_2^2}-\frac{2xy}{A_1A_2}\cos(\varphi_2-\varphi_1)=\sin^2(\varphi_2-\varphi_1) \tag{3-34}$$

一般情况下，两同频率相互垂直振动的合成的轨迹是一个椭圆。当 $\varphi_1=\varphi_2$ 或 $\varphi_1-\varphi_2=\pi$ 时，合成轨迹椭圆蜕化为一直线；当 $\varphi_1-\varphi_2=\pi/2$ 或 $3\pi/2$ 时，合成轨迹变为一正椭圆，其椭圆方程为

$$\frac{x^2}{A_1^2}+\frac{y^2}{A_2^2}=1$$

当 $\nu_1\neq\nu_2$时，情况一般比较复杂，但当 ν_1 与 ν_2 的比值为简单整数比时，其轨迹是一条稳定的闭合曲线。例如，垂直方向信号的频率 ν_y是水平方向信号频率 ν_x的两倍时，合成结果得到如图3-33所示的闭合曲线。表 3-16 是一组频率比为整数比时两信号合成的封闭曲线，这种曲线称为李萨茹图形。如果两个信号的频率比不是整数比，则图形不稳定。当接近整数比时，可以观察到图形缓慢变化。李萨茹图形的形状还与两信号的幅值以及相位有关。

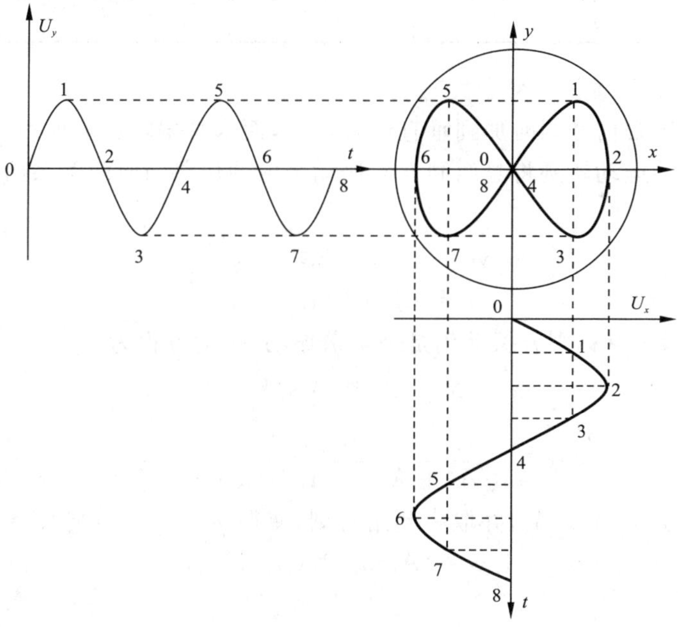

图 3-33　两正弦信号合成李萨茹图形示意图

由表 3-16 可见，如果作一个矩形方框把李萨茹图形包围其中并与之相切，则有闭合李萨茹图与矩形方框在垂直方向的切点数 N_y，与水平方向的切点数 N_x 之比与两信号的频率之比有如下关系：

$$\frac{\nu_y}{\nu_x} = \frac{N_x}{N_y} \tag{3-35}$$

利用这一关系可以测量正弦信号频率。如果其中一个信号的频率已知且连续可调，则把两个正弦信号分别输入示波器的 y 轴与 x 轴，调出稳定的李萨茹图，从李萨茹图上数出切点数 N_y 与 N_x，记下已知信号的频率，即可由式(3-35)算出待测正弦信号的频率。

表 3-16　ν_y/ν_x 为 1/1、1/2、1/3、2/3、3/2 时的李萨茹图形

李萨茹图形	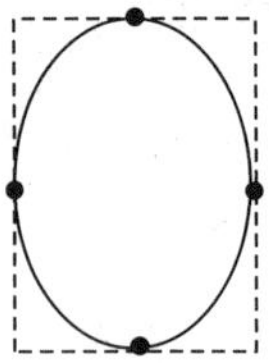	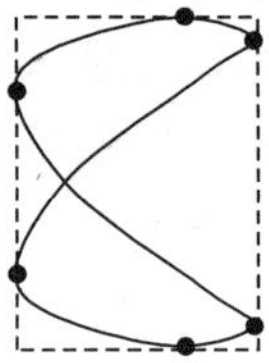	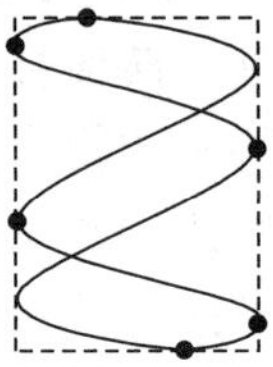	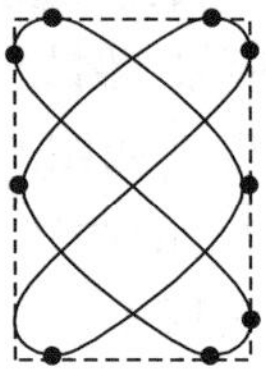	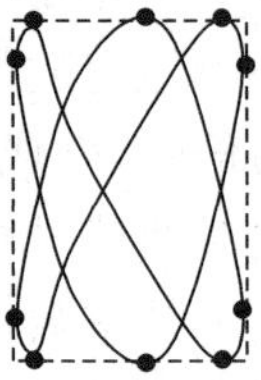
N_x	1	1	1	2	3
N_y	1	2	3	3	2

6. 同方向简谐振动的合成——拍

把两个正弦信号同时加到垂直偏转板上，而水平偏转板上加扫描信号，则荧光屏上光点的运动轨迹将是两同方向振动合成的位移与时间关系曲线。设这两正弦信号为

$$\left.\begin{aligned} y_1 &= A_1\cos(2\pi\nu_1 t + \varphi_1) \\ y_2 &= A_2\cos(2\pi\nu_2 t + \varphi_2) \end{aligned}\right\}$$

如果 $\nu_1 = \nu_2 = \nu$，则合振动仍是一个谐振动，振动方程为

$$y = y_1 + y_2 = A\cos(2\pi\nu + \varphi)$$

其振幅为

$$A = \sqrt{A_1^2 + A_2^2 + 2A_1A_2\cos(\varphi_2 - \varphi_1)}$$

如果 $\nu_1 \neq \nu_2$，$A_2 > A_1$，并取一起始时刻，使得 $\varphi_1 = \varphi_2 = 0$，则有

$$y = y_1 + y_2 = A_1\cos(2\pi\nu_1 t) + A_2\cos(2\pi\nu_2 t)$$

可变形为

$$y = A_1\cos(2\pi\nu_1 t) + A_1\cos(2\pi\nu_2 t) + (A_2 - A_1)\cos(2\pi\nu_2 t) \tag{3-36}$$

于是得

$$y = 2A_1\cos[\pi(\nu_2 - \nu_1)t]\cos[\pi(\nu_2 + \nu_1)t] + (A_2 - A_1)\cos(2\pi\nu_2 t)$$

这一合振动在荧光屏上表现为比较复杂的曲线。当满足条件$|\nu_2-\nu_1|\ll\nu_1$，即两正弦信号的频率相差不大，且$A_1=A_2=A$时，振动方程变为

$$y=2A\cos[\pi(\nu_2-\nu_1)t]\cos[\pi(\nu_2+\nu_1)t]$$

这说明物体作振幅为$2A\cos[\pi(\nu_2-\nu_1)t]$的振动，不过振幅随时间缓慢变化，这种现象称为“拍”。由式(3-36)可得拍频即振幅变化的频率ν_3为

$$\nu_3=|\Delta\nu|=|\nu_2-\nu_1| \tag{3-37}$$

图3-34描绘出两频率相差不大的同方向简谐振动合成为“拍”的情形。利用式(3-37)也可以测量正弦信号的频率。如果其中一个信号频率(如ν_1)已知且连续可调，则把它们分别输入y_1、y_2轴，再通过示波器上合成旋钮使其合成，调成稳定的“拍”波形，算出频率差$\Delta\nu_1$，再慢慢改变已知频率，再调出一个稳定的“拍”波形，再算出一个频率差$\Delta\nu_2$。如果ν_1减小，$\Delta\nu_2$比$\Delta\nu_1$小，说明ν_2小于ν_1；如果ν_1减小，而$\Delta\nu_2$反而变大，说明ν_2大于ν_1。这样，如果测得了“拍频”$\nu_3=|\Delta\nu|$，也知道ν_2比已知频率ν_1大还是小就可以测得ν_2的值。

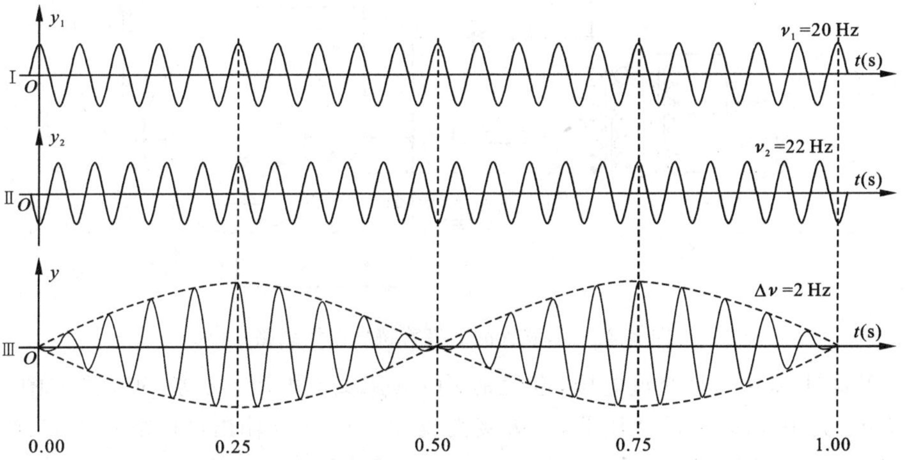

图3-34 “拍”的形成

7. 示波器测量二极管的伏安特性

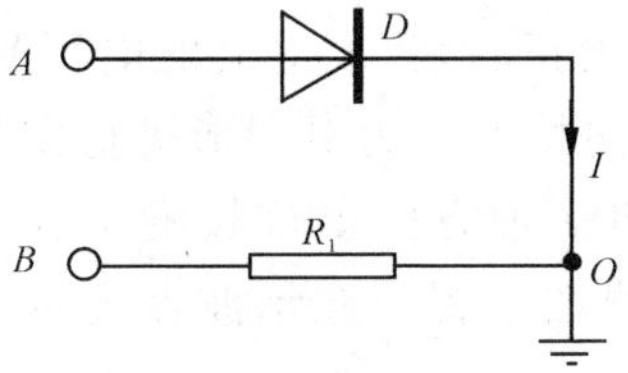

图3-35 取得二极管测试电压和电流示意图

用示波器测量二极管的伏安特性，基本思想和用伏特表与安培表逐点测量的方法相同，但在具体线路上有所变动。这是因为示波器只能测电压，要测量电流只能用间接方法，即测定采样电阻R_1上的电压V_{R_1}。由于R_1为定值，根据欧姆定律可间接测得电流$I=V_{R_1}/R_1$。具体电路如图3-35所示，图中

D 为待测二极管，R_1 为采样电阻。当 A 点电位高于 B 点电位时，二极管中有正向电流 I 流过，在二极管 D 两端建立电压 V_D。测量时，AO 点接示波器“x 轴输入”测电压，BO 点接“y 轴输入”测电流，如图 3-36 所示。示波器荧光屏上光点位置由 x 轴的 V_0 与 y 轴的 V_{R_1}（即 $V_R I$）决定。如果 AO 间电压（即二极管 D 两端电压 V_D）逐渐增大，开始电压很小，二极管没有导通，R_1 中没有电流流过，其两端没有电压，即示波器竖直偏转板上没有电压。则示波器屏上没有正向电压显示。当 AO 间电压超过一定数值后，二极管开始导通。二极管开始导通时 AO 间的电压（即二极管 D 两端电压）V_D（称为阈值电压 $V_{阈}$，也叫死区电压或导通电压），与二极管的材料有关。二极管导通后，正向电流开始急剧增大，有 R_1 两端电压，即示波器纵向电压急剧增大，当 AO 间的电压增加到足够大，V_D 超过 $V_{阈}$ 后便扫出正向特性曲线。若 AO 间加负向电压，并逐渐增大，就可得到反相特性曲线。

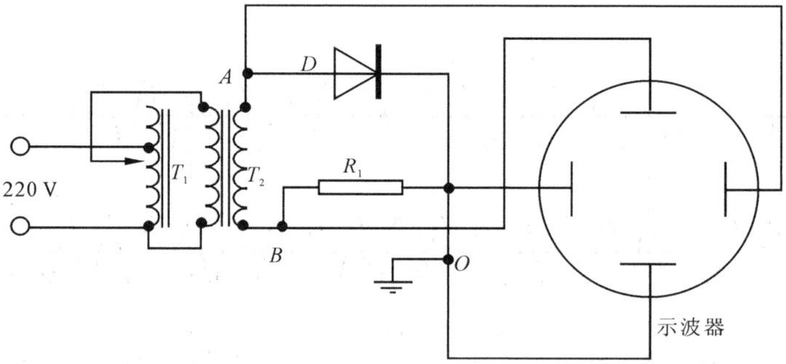

图 3-36　示波管测二极管特性曲线线路

实验时，AB 间是交流电压，也就是 AO 间用交流电压。实验的线路如图 3-36 所示，其中 T_1 是调压变压器，初级接交流 220 V，次级输出可以从 0 V 连续调到 250 V。T_2 是隔离变压器，因为交流电 220 V 有一端是 0 电位（接地），而 A、B 两端都不为 0 电位（接地），所以不能将调压变压器直接与 AB 连接。若示波器 x 轴加正向电压，光点向右偏移，y 轴加正向电压，光点向上偏转，实际测得二极管的 V-I 曲线将如图 3-37 所示。这是因为当 V_D 为正时，代表电流的电压 V_R 对地为负，所以第四象限为正向特性，第二象限为反向特性。为对图形进行定量研究，还需对 x 轴和 y 轴定标，即先测定 x 轴方向和 y 轴方向单位长度位移所代表的电压，进而求得 V、I。这是得到伏安特性曲线的前提。在示波器上可观察到其特性曲线如图 3-38 所示。

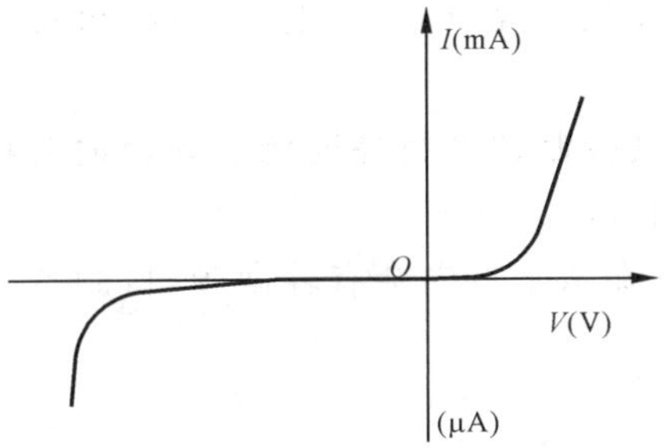

图 3-37　二极管特性曲线

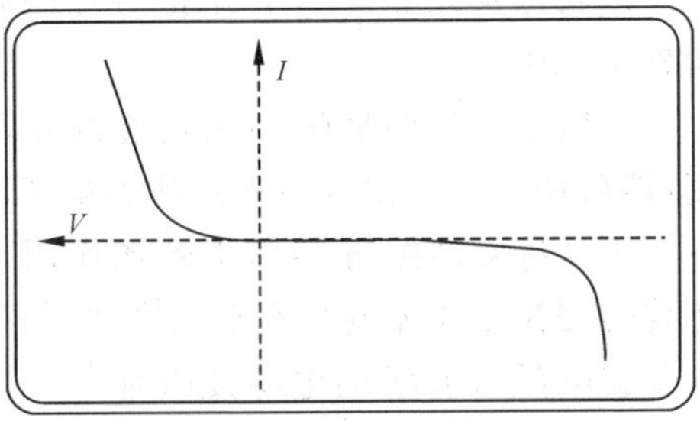

图 3-38　示波器显示的特性曲线

实验仪器

GOS-620 双踪示波器一台，SFG-1013 函数信号发生器一台，ZWT-Ⅱ整流滤波稳压波形仪一台，导线若干。

1. GOS-620 双踪示波器

GOS-620 双踪示波器面板如图 3-39 所示，面板上各控制键的作用说明如下。

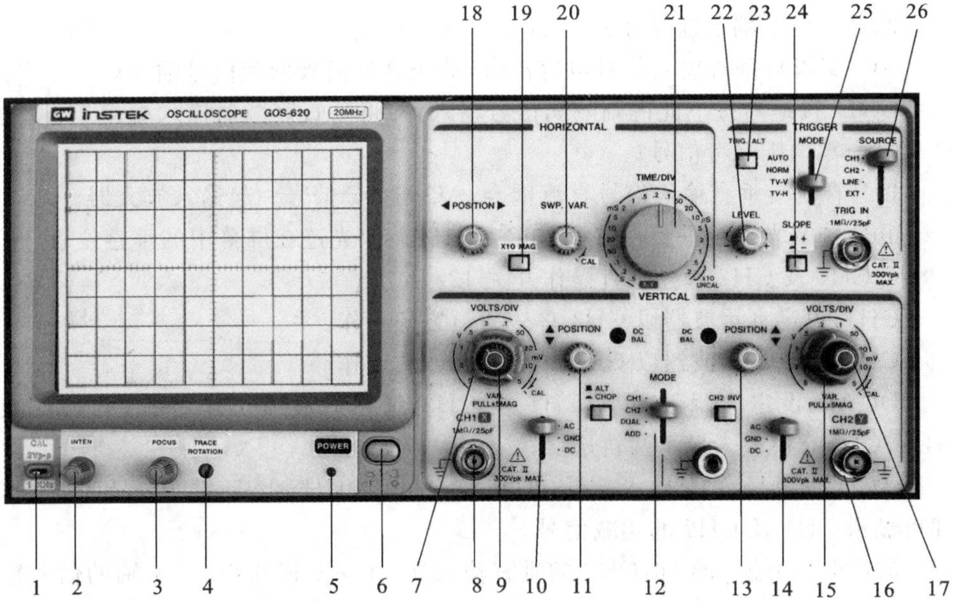

图 3-39　GOS-620 型双踪示波器面板图

①输出端子 1：可输出一个电压幅度为 $2V_{p-p}$、频率为 1 kHz 的方波，用以校正测试棒及检查垂直偏向的灵敏度。

②轨迹及光点亮度控制钮 2：控制轨迹及光点亮度，接通电源之前，可将旋钮旋至居中位置。

③轨迹聚焦调整钮 3：用轨迹及光点亮度控制钮 2 将亮度调节到合适的程度，然后调节本旋钮可使光迹达到最清晰的程度。

④光迹旋转按钮 4：由于磁场作用，光迹在水平方向会有轻微倾斜，调节光迹旋转按钮可使光迹与水平刻度线平行。

⑤电源指示灯 5：电源接通时指示灯亮。

⑥电源主开关 6：压下此钮可接通电源，电源指示灯发亮；再次按起时，电源切断，按钮凸起。

⑦垂直衰减选择钮 7、15：以此钮选择 CH1 及 CH2 的输入信号衰减幅度，范围为 5 mV/div 5 V/div，共 10 档。

⑧CH1(x)输入端 8：CH1 的垂直输入端；在 x-y 模式中，为 x 轴的信号输入端。

⑨灵敏度微调控制旋纽 9、17：至少可调到显示值的 2/5，在 CAL 位置时，灵敏度即为档位显示值；当此旋钮拉出时（×5 MAG 状态），垂直放大器灵敏度增加 5 倍。

⑩输入信号耦合选择开关 10、14：

AC(交流)：垂直输入信号电容耦合，截止直流或极低频信号输入；

GND(接地)：按下此键则隔离信号输入，并将垂直衰减器输入端接地，使之产生一个零电压参考信号；

DC(直流)：垂直输入信号直流耦合，AC 与 DC 信号一起输入放大器。

⑪轨迹及光点的垂直位置调整钮 11、13：调节光迹在屏幕中的垂直位置。

⑫CH1 及 CH2 选择垂直操作开关 12：

CH1：设定本示波器以 CH1 单一频道方式工作。

CH2：设定本示波器以 CH2 单一频道方式工作。

DUAL：设定本示波器以 CH1 及 CH2 双频道方式工作，此时并可切换 ALT/CHOP 模式来显示两轨迹。

ADD：用以显示 CH1 及 CH2 的相加信号，当 CH2 INV 键为压下状态时，即可显示 CH1 及 CH2 的相减信号。

⑬CH2(y)输入端 16：CH2 的垂直输入端，在 x-y 模式中，为 y 轴的信号输入端。

⑭轨迹及光点的水平位置调整钮 18：调节光迹在屏幕中的水平位置。

⑮水平放大键 19：按下此键可将扫描放大 10 倍。

⑯扫描时间可变控制钮 20：若按下 SWP. UNCAL 键，并旋转此控制钮，扫

描时间至少可延长为指示数值的 2.5 倍；该键若未压下时，则指示数值将被校准。

⑰扫描时间选择钮 21：扫描范围为 0.2～ 0.5 μs/div，共 20 个档位；旋至 x-y 可设定为 x-y 模式。

⑱触发准位调整钮 22：旋转此钮以同步波形，并设定该波形的起始点。将旋钮向"＋"方向旋转，触发准位会向上移；将旋钮向"－"方向旋转，则触发准位向下移。

⑲触发源交替设定键 23：当 CH1 及 CH2 选择垂直操作开关 12 在 DUAL 或 ADD 位置，且 SOURCE 选择器置于 CH1 或 CH2 位置时，按下此键，本仪器即会自动设定 CH1 与 CH2 的输入信号以交替方式轮流作为内部触发信号源。

⑳触发斜率选择键 24：凸起时为正斜率触发，当信号正向通过触发准位时进行触发；压下时为负斜率触发，当信号负向通过触发准位时进行触发。

㉑触发模式选择开关 25：

AUTO：当没有触发信号或触发信号的频率小于 25 Hz 时，扫描会自动产生；

NORM：当没有触发信号时，扫描将处于预备状态，屏幕上不会显示任何轨迹，本功能主要用于观察频率不超过 25 Hz 的信号；

TV-V：用于观测电视讯号的垂直画面讯号；

TV-H：用于观测电视讯号的水平画面讯号。

㉒内部触发源信号及外部 EXT TRIG. IN 输入信号选择器 26：

CH1：当 CH1 及 CH2 选择垂直操作开关 12 在 DUAL 或 ADD 位置时，以 CH1 输入端的信号作为内部触发源；

CH2：当 CH1 及 CH2 选择垂直操作开关 12 在 DUAL 或 ADD 位置时，以 CH2 输入端的信号作为内部触发源；

LINE：将 AC 电源线频率作为触发信号；

EXT：将 TRIG. IN 端子输入的信号作为外部触发信号源。

2. SFG-1013 函数信号发生器

SFG-1013 函数信号发生器可以产生频率为 0.1 Hz～3 MHz 的正弦波和方波，或 0.1 Hz～1 MHz 的三角波，输出电压为－5 V～5 V。其面板配置如图 3-40。

SFG-1013 函数信号发生器使用方法如下：

①按下 POWER 按钮，打开电源。

②按下 OUTPUT 输出键，LED 亮，打开信号输出。

③选择波形，重复按下 WAVE 键就会在显示器上显示相应的波形符号，直到显示所需的波形。

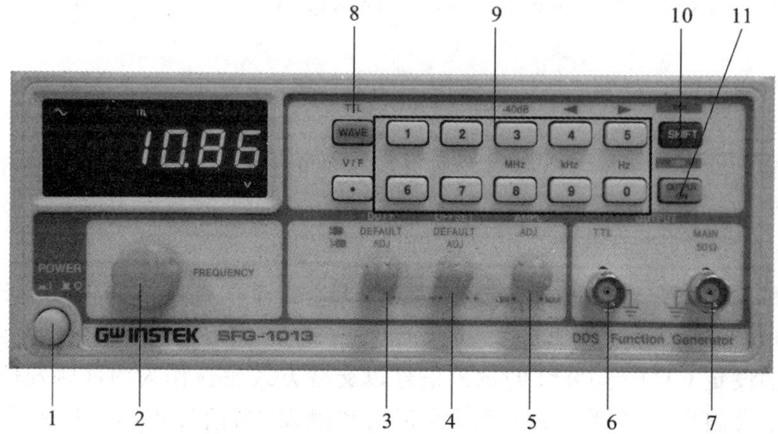

图 3-40　SFG-1013 函数信号发生器面板图

1—开关按钮；2—频率调节旋钮；3—占空比调整旋钮；4—DC 偏置调整旋钮；
5—幅度调整旋钮；6—TTL 输出；7—信号输出；8—波形切换/TTL 脉冲信号输出；
9—数字输入区域；10—上档键；11—输出控制键

④设置频率，使用数字键直接输入波形频率。只要直接按相应的数字键＋SHIFT＋频率单位键就可直接设置所需的频率。

⑤调整频率：如果仪器当前设置的频率与所需频率相差不大时，可通过频率调节旋钮调整到所需要的频率。按 SHIFT 键＋左（右）光标键，使光标左（右）移至需调整的位，旋转频率旋钮即可调整该位的数值。逆时针旋转频率旋钮减小频率，顺时针旋转频率旋钮增大频率。

⑥观察幅度：按下 SHIFT ＋V/F 键，会显示电压幅度（振幅），重复此操作，则返回至频率显示。

⑦调整输出信号幅度：顺时针旋转幅度调节旋钮，增大幅度；逆时针旋转此旋钮，减小幅度。

⑧－40 dB 衰减：按下 SHIFT 按钮，再按键盘区域 3（－40 dB），输出将会衰减 －40 dB，并且显示屏上的－40 dB 指示灯将会亮。

⑨设置偏置：能够对正弦波、方波、三角波增加或减少偏移量，从而改变波形的电压偏移量（偏置的设定不适用于 TTL 输出）。拉出偏移量旋钮打开偏移量的设置，顺时针旋转此按钮增大偏移量，逆时针旋转此按钮减小偏移量。

⑩调节占空比（方波）：拉出占空比旋钮，顺时针旋转增大占空比，逆时针旋转减小占空比，初始值设置为 50％。占空比设定不适用于正弦波与三角波。

3. ZWT-Ⅱ整流滤波稳压波形仪

ZWT-Ⅱ整流滤波稳压波形仪通过一个变压器将 220 V 的市电变成 12V 的

低压电。次级的中间抽头接地，两端分别接整流二级管，通过滤波和稳压管可获得稳定的输出电压。其电路如图 3-41 所示。开关 K_1 合上后，在铜裸线 1、5 之间可取 6V 的交流电压，在铜裸线 2、5 之间可取全波整流（此时开关 K_2 合上）或半波整流（此时开关 K_2 断开）后的直流电压，在铜裸线 3、5 之间可取通过滤波（此时开关 K_3 合上）的直流电压，在铜裸线 4、5 之间可取通过稳压（此时开关 K_4 合上）后的直流电压。

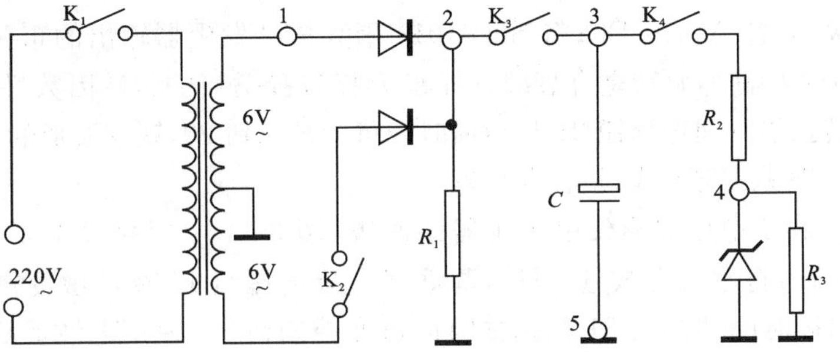

图 3-41　ZWT-Ⅱ整流滤波稳压波形仪线路图

实验步骤

1. 使用练习

(1)开机前准备工作

了解示波器面板上各功能键的作用，并把它们调节到如下位置：

轨迹及光点亮度控制钮 2 居中；

轨迹聚焦调整钮 3 居中；

输入信号耦合选择开关 10、14 选“DC”；

轨迹及光点的垂直位置调整钮 11、13 居中；

轨迹及光点的水平位置调整钮 18 居中；

水平放大键 19 弹出；

CH1 及 CH2 选择垂直操作开关 12 选“CH1”；

触发模式选择开关 25 自动；

内部触发源信号及外部 EXT TRIG. IN 输入信号选择器 26 选“CH1”；

触发准位调整钮 22 居中；

扫描时间选择钮 21 调到 0.5 ms/div；

触发源交替设定键 23、触发斜率选择键 24 均弹出。

(2)辉度与聚焦的调节

接通电源，电源指示灯亮，待示波管灯丝预热后，约 15 s 荧光屏上呈现一条水平的扫描线。如无扫描线，调节轨迹及光点的水平位置调整钮 18 和轨迹及光点的垂直位置调整钮 11、13，使扫描线处于荧光屏中部位置。调节轨迹及光点亮度控制钮 2，观察光斑亮度的变化，最后调至亮度适中。调节轨迹聚焦调整钮 3，观察光迹的粗细，并结合轨迹及光点亮度控制钮 2，使光迹最细。

(3)扫描观察

拨动 CH1 及 CH2 选择垂直操作开关 12，将垂直方式选 CH1，将输入信号耦合选择开关 10 置 AC，或 DC；将 SFG-1013 函数信号发生器输出的正弦波信号接入 CH1(x)输入端 8，旋转垂直衰减选择钮 7，以选择适当的偏转因数，使波形大小适中。旋转扫描时间选择钮 21 与扫描时间可变控制钮 20，观察波形的变化。

2. 用李萨茹图形测量市电的频率

将整流滤波稳压波形仪中变压器的次级(图 3-41 中铜裸线 1、5)接入 CH2(y)输入端 16，将垂直方式选 CH2，调垂直衰减选择钮 15 及灵敏度微调控制旋组 17，调扫描时间选择钮 21 及扫描时间可变控制钮 20，使市电波形稳定。

将垂直方式重新调回 CH1，将输入信号耦合选择开关 10 置于 AC，或 DC。示波器荧光屏上出现 CH1 先前的扫描波形线。

调 SFG-1013 函数信号发生器使其输出的正弦波信号约为 50 Hz。旋转垂直衰减选择钮 7 及灵敏度微调控制旋组 9 以选择适当的偏转因数，使波形大小适中。

将扫描时间选择钮 21 调到 x-y 模式，此时从 SFG-1013 函数信号发生器输入的正弦波成为 x 方向的偏转信号，从整流滤波稳压波形仪输入的市电波形成为 y 方向的偏转信号，荧光屏上应出现椭圆形的李萨茹图形。微调 SFG-1013 函数信号发生器的输出频率，使李萨茹图形稳定，读出信号发生器的输出频率值。

改变(逐渐增加)SFG-1013 函数信号发生器的输出频率，使李萨茹图形变化，相继在约 75 Hz 处与约 100 Hz 处出现稳定的李萨茹图形，相继读出信号发生器的输出频率值。

在原始数据表格中定性地画出相应的李萨茹图形，记录相应的 SFG-1013 函数信号发生器的输出频率值。

3. 用示波器测 ZWT-Ⅱ 整流滤波稳压波形仪的输出电压

(1)用示波器上标准方波信号校准 y 轴偏转因数(V/div)与扫描时基因数(Time/div)

将灵敏度微调控制旋组 9 顺时针旋到底(即关闭)，将扫描时间可变控制钮 20 顺时针旋转到底(即关闭)，将垂直衰减选择钮 7 旋至 0.5 V/div，将扫描时间选择钮 21 旋至 0.5 ms/div。

将有鱼嘴夹的导线接在 CH1(x)输入端 8 上，鱼嘴夹导线的正极夹在输出端子 1 上，将示波器内产生的标准方波信号输入。此标准方波信号的频率为 1 kHz，峰值为 2 V。此时示波器荧光屏的方波信号的高度为 4 格，水平方向一周期的宽度为 2 格。

(2)测整流滤波稳压波形仪的输出电压

将输入信号耦合选择开关 10 置于 GND(接地)，此时示波器荧光屏上出现 CH1 的扫描直线。

调轨迹及光点的垂直位置调整钮 11，使扫描线与屏幕最下方示波器黑线重叠。

将灵敏度微调控制旋纽 9 顺时针旋到底(即关闭)，垂直衰减选择钮 7 旋至 1 V/div。输入信号耦合选择开关 10 置 DC(直流)。

开整流滤波稳压波形仪电源，将整流滤波稳压波形仪的输出端接入 CH1 (x)输入端 8，此时示波器荧光屏上 CH1 的扫描直线向上移动。如扫描直线移出荧光屏，或移动的距离太小，可将垂直衰减选择钮 7 的档次改变使扫描线移动适当，但不可调灵敏度微调控制旋纽 9。记下移动的距离，算出电压值。

注意事项

(1)为延长示波管寿命和防止示波管损坏，不要使示波管上扫描线成为一亮点的时间过长和亮度过亮。

(2)不要频繁地、过急地扭转各旋钮。

(3)不要将开关和旋钮强行旋转、死拉硬拧，以免损坏各旋钮和示波器。

原始数据表格

1. 用李萨茹图形测民用交流电的频率

表 3-17　民用交流电的频率

$N_x : N_y$	1∶1	2∶3	1∶2
李萨茹图形			
信号发生器频率(Hz)			

2. 测 ZWT-Ⅱ整流滤波稳压波形仪的输出电压

标准方波信号峰峰值______ V。

表 3-18　ZWT-Ⅱ整流滤波稳压波形仪的输出电压

方波信号校准偏转因数(V/div)		测整流滤波盒的输出电压	
示波器衰减开关挡次 S_0		示波器衰减开关挡次 S	
荧光屏上方波高度(格) y_0		扫描直线向上移动的格数 y	

数据处理

(1)画出市电信号与从信号发生器输入的信号合成的李萨茹图形,算出市电频率值。

由式(3-34)得

$$\nu_y = (N_x/N_y)\nu_x$$

取平均得市电频率为

$$\nu = \overline{\nu_y} = \frac{1}{n}\sum_{i=1}^{n}\nu_{yi}$$

(2)算出用示波器测 ZWT-Ⅱ整流滤波稳压波形仪的输出电压

$$U = [(S/S_0)(y/y_0)]U_0 = [(S/S_0)(y/y_{\text{p-p}})]V_{\text{p-p}}$$

预习思考题

(1)示波器是好的,但荧光屏上不出现图像,试分析出现这种现象的原因。

(2)扫描速率转换开关上标出的是扫描时基因数,如何测定扫描波的频率?如果荧光屏上显示出一个完整波形,但图像向右缓慢移动,扫描波频率比被测信号频率高还是低?你能用实验确定吗?

(3)如何使李萨茹图形稳定?不稳定时对结果有何影响?

实验后思考题

(1)能否用示波器通过测拍频测市电的频率,为什么?

(2)在不引起仪器损坏的前提下,若被测信号幅度太大,在屏幕上看到什么图形?

(3)如果图形不稳定,总是向左或向右移动,该如何调节?

3.5　模拟法描绘静电场

静电场又称库仑场,是由电荷分布决定的。对于已知电荷及电介质分布的一定区域，原则上利用麦克斯韦方程组和边界条件可以求解出电场分布的解析解，然而绝大多数情况难以求出或无法求出，因此，要靠数值解法或用实验方法测出其电场分布。直接测量静电场的电位分布是很困难的，因为仪表(或其探测头)放入静电场中总要使被测电场发生一定的变化；大多数仪表因在静电场中无电流流过而不起作用。因此，在实验中往往采用电流的不良导体所形成的电流场来模拟静电场。模拟法在电子管、示波管、电子显微镜等多种电子束管中电极形状的研制方面有广泛的应用。

实验目的

(1)学习用模拟法描绘静电场，掌握其基本原理和使用条件；

(2)模拟柱形电场。

实验原理

模拟法的特点是“伪造”一个电场使它与原静电场一样，当用探针探测模拟场时，它不受干扰，因此可测出被模拟的静电场。我们以模拟法描绘二维静电场的电位分布为例，分析静电场与相应电流场的相似之处以及模拟场应满足的条件。

与空间坐标 z 轴无关的二维静电场，如长直同轴电缆内的电场，长直平行输电线间的电场，长直水平导线与大地(看做导体)间的电场，除靠近端部的区域外，都可看做在 xy 平面内与 z 轴无关的二维电场。对于这样的电场，我们取一个包围上面某一带电体的其底面平行 xy 平面，侧面垂直 xy 平面的柱形的闭合曲面。柱面的高度为 h，此闭合面必然截带电体高 h 的一段。依高斯定理有

$$\oint_S \boldsymbol{D} \cdot \mathrm{d}\boldsymbol{S} = Q_h$$

式中，$\boldsymbol{D}$ 为电位移矢量；Q_h 为带电体 h 长度上所带的电量。对于两底面的积分，由于底面上电位移矢量 $\boldsymbol{D}$ 与底面面元法线 n 垂直，有 $\boldsymbol{D} \cdot \mathrm{d}\boldsymbol{S}=0$。所以上式变为

$$\oint_S \boldsymbol{D} \cdot \mathrm{d}\boldsymbol{S} = \int_{上底面} \boldsymbol{D} \cdot \mathrm{d}\boldsymbol{S} + \int_{下底面} \boldsymbol{D} \cdot \mathrm{d}\boldsymbol{S} + \int_{侧面} \boldsymbol{D} \cdot \mathrm{d}\boldsymbol{S} = \int_{侧面} \boldsymbol{D} \cdot \mathrm{d}\boldsymbol{S}$$

而

$$Q_h = \lambda h$$

式中，λ 是带电体沿 z 轴方向分布的电荷线密度。有

$$\oint_S \boldsymbol{D} \cdot \mathrm{d}\boldsymbol{S} = \int_{侧面} \boldsymbol{D} \cdot \mathrm{d}\boldsymbol{S} = Q_h = \lambda h \tag{3-38}$$

在此讨论的各向同性介质中，电位移矢量 $\boldsymbol{D}$ 等于介电常数 ε 与电场强度 $\boldsymbol{E}$ 的乘积。设 $\boldsymbol{D}_n$ 与 $\boldsymbol{E}_n$ 分别表示 $\boldsymbol{D}$ 与 $\boldsymbol{E}$ 沿侧面面元 $\mathrm{d}\boldsymbol{S}$ 处的法向分量，因面元 $\mathrm{d}\boldsymbol{S}$

等于柱面的高 h 与底面周边线元 $\mathrm{d}l$ 的乘积，于是式(3-38)变为

$$\oint_S \boldsymbol{D} \cdot \mathrm{d}\boldsymbol{S} = \int_{侧面} \boldsymbol{D} \cdot \mathrm{d}\boldsymbol{S} = \int_{侧面} \boldsymbol{D}_n h\,\mathrm{d}l = \int_{侧面} \varepsilon \boldsymbol{E}_n h\,\mathrm{d}l = \boldsymbol{Q}_h = \lambda h \quad (3\text{-}39)$$

如果取电极与被模拟的二维静电场中带电体的形状及分布完全相同的电流场(此电流场可以是恒稳电流场或频率不高的交变电流场)，导电介质的电导率 σ 较低，其厚度为 h，介质平面垂直于电极轴线(即介质平面垂直于 z 轴)。如果取形状与上面高斯面相同的闭合曲面，通过该曲面的电流应为

$$I = \oint_S \boldsymbol{j} \cdot \mathrm{d}\boldsymbol{S} = \int_{侧面} \sigma \boldsymbol{E}'_n \mathrm{d}\boldsymbol{S} = \int_{侧面} \sigma \boldsymbol{E}'_n h\,\mathrm{d}l \quad (3\text{-}40)$$

式中，$\boldsymbol{E}'_n$ 是形成稳恒电流的稳恒电场的法向分量，σ 为导电介质的电导率。

对于长直同轴电缆状的带电系统，沿 z 轴方向单位长度上的电容 C_0 与带电体之间的电势差 V_A-V_B 以及单位长度上的电荷 λ 的关系如下

$$C_0 = \frac{\lambda}{V_{\mathrm{A}} - V_{\mathrm{B}}} = \frac{Q_h/h}{V_{\mathrm{A}} - V_{\mathrm{B}}} \quad (3\text{-}41)$$

对于电极沿 z 轴方向、电流沿径向的高为 h 的电流场，单位长度电极间的电导 G_0 与高为 h 介质的电导 G 之间的关系是

$$G_0 = G/h$$

而电导 G 是极间电阻 R 的倒数，即

$$G = 1/R$$

电阻 R 与极间电压 V'_{A}-V'_{B} 及极间电流 I 的关系是

$$R = \frac{V'_{\mathrm{A}} - V'_{\mathrm{B}}}{I}$$

于是有

$$G_0 = \frac{I/h}{V'_{\mathrm{A}} - V'_{\mathrm{B}}} \quad (3\text{-}42)$$

比较式(3-39)与式(3-40)及式(3-41)与式(3-42)，可以看出它们的形式完全对应。只要实验条件满足 σ、h 是常数，就完全可以由电流场模拟静电场。

电场是用空间各点的电场强度 E 和各点的电位 V 来描述的。为了形象地表示电场的分布情况，常采用等位面和电场线来描绘。

如图 3-42(a)所示，在真空中有一半径为 a 的长圆柱导体 A 和一个内半径为 b 的长圆筒导体 B，它们的中心轴线重合。A、B 的电位分别为 $V_{\mathrm{A}}=V_1$，$V_{\mathrm{B}}=V_2=0$(接地)，各带等量异号电荷。在 A、B 之间产生的静电场，其辐射状的电场线与同轴圆柱面的等位面如图 3-42(b)所示。

在距中心 r 处的电场强度为

$$E = \lambda/(2\pi\varepsilon r)$$

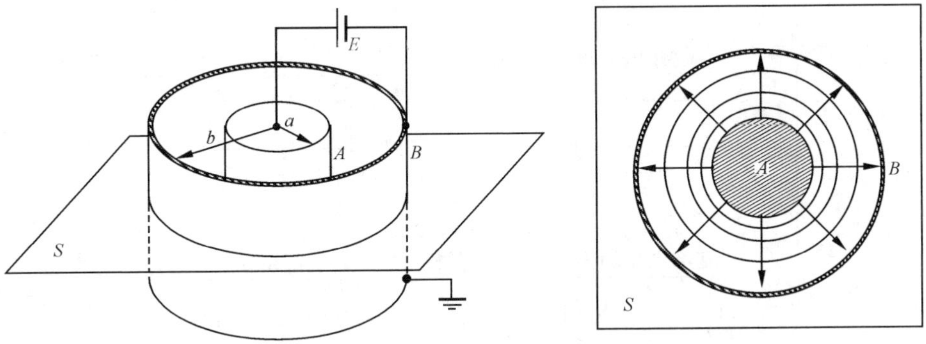

(a) (b)

图 3-42　同心圆柱带电体及其电场线等位面的分布

式中，λ 为带电线密度，依电场强度与电势的积分关系，距中心 r 处的电势 V 为

$$V = \int_r^b \boldsymbol{E} \cdot \mathrm{d}\boldsymbol{r} = \int_r^b \frac{\lambda \mathrm{d}r}{2\pi\varepsilon r} = \frac{\lambda}{2\pi\varepsilon} \ln \frac{b}{r} \tag{3-43}$$

两极间的电势差是

$$V_1 = V_A - V_B = \int_a^b \boldsymbol{E} \cdot \mathrm{d}\boldsymbol{r} = \int_a^b \frac{\lambda \mathrm{d}r}{2\pi\varepsilon r} = \frac{\lambda}{2\pi\varepsilon} \ln \frac{b}{a} \tag{3-44}$$

式(3-43)除以式(3-44)得

$$V/V_1 = \frac{\ln(b/r)}{\ln(b/a)}$$

于是有

$$V = V_1 \frac{\ln(b/r)}{\ln(b/a)} \tag{3-45}$$

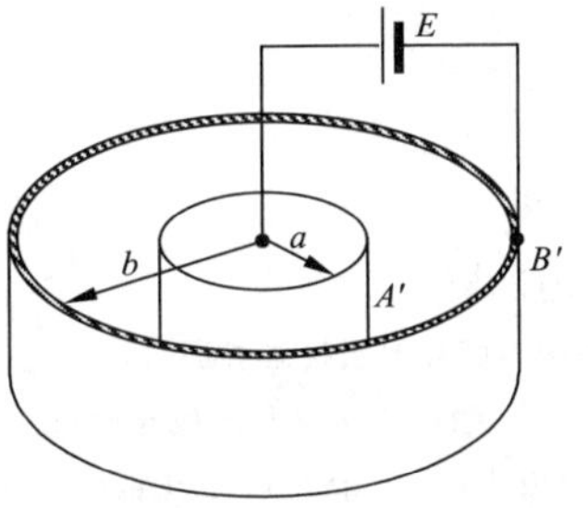

图 3-43　柱形电流场

实验中选取电流场电极的形状如图3-43所示，平面内的几何尺寸与被模拟的静电场相同，电极间的电压为 $V'_A - V'_B = V_1$。通过类似的计算，位于 r 处的电势 V_r 与式(3-45)完全相同。

如果用不同形状的电极，也可以模拟相应的不同形状的静电场。

实验仪器

DH-SEF-1 型模拟静电场描绘仪[由测试仪(图 3-44)和测试架(图 3-45)两部分组成]一套，数字万用表一个，导线若干，坐标纸一张，300 mm 钢直尺一把。

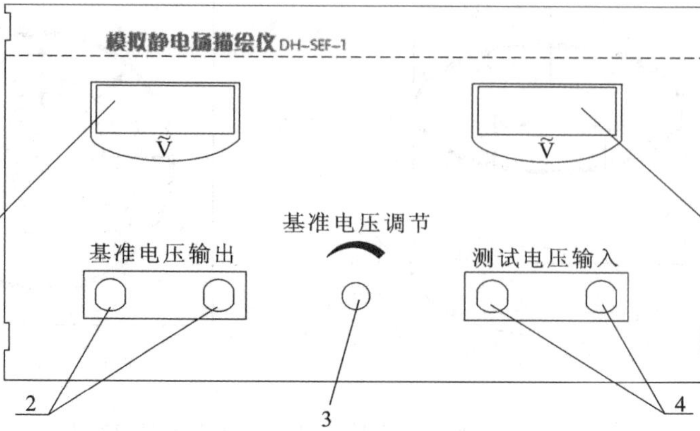

图 3-44 模拟静电场描绘仪-测试仪

1—基准电压显示;2—基准电压输出;3—基准电压调节;
4—测试电压输入;5—测试电压显示

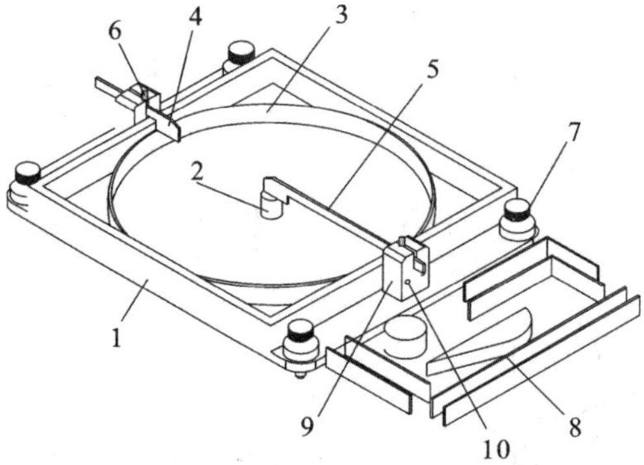

图 3-45 模拟静电场描绘仪-测试架

1—水槽;2—圆电极;3—圆环电极;4—导电横杆(图中与圆环电极接触导通);
5—导电横杆(图中与圆电极接触导通);6—固定螺钉(使导电横杆、电极座和电极导通);
7—水平调节螺钉;8—各种待测电极;9—金属横杆座(电极座);10—横杆座导电插孔

仪器测试架是一个大尺寸方形水槽 1,内注自来水,四角有水平调节螺钉。水槽中可以放置各种电极,图 3-45 中水槽内置放的是模拟长同轴圆柱体间静电场的一个圆电极 2 和一个圆环电极 3,水槽底部铺有带直角坐标和极坐标的坐标纸。两个电极放置于坐标纸上所需位置,其高度高于水面,分别由水槽上方导电横杆 4、5 的一端压住。横杆另一端置于水槽外金属横杆座的竖槽内,由固定螺钉 6 压住。两个横杆座分别与电源(基准电压)一极相连。拧松固定螺钉,松动横杆,便可自由变换电极或变动电极位置,改变实验内容。

测绘前需对水槽进行细致的水平调平，采取以下调平方法：先通过水平泡大致调整水槽中水层的厚度。然后，按照图 3-44 和图 3-45 长同轴电缆中静电场的描绘测试示意图在水槽的两条对角线上临近圆环电极处，对称地选 4 个点，测量其电压。若电压不等，通过多次调节，最后使这 4 个对称点上所测电压相同或非常接近，即可认为水槽已经调平，可以开展测试。测绘前的这种“电调平”，是实验获得高精度数据的前提。

水槽内电压测点位置依据坐标纸确定，但须对测量表笔直径的影响进行修正。测绘模拟长同轴圆柱体间静电场时采用极坐标非常方便。

仪器还配有圆柱形、长方形、三角形、L 形、机翼剖面形等各种形状的电极，可自由组合，模拟长平行导线、平板电容器、聚焦电极、尖劈和平板间的各种静电场，模拟圆柱、平板、机翼等物体周围的流场。

测绘长直同轴圆柱体间的静电场时，在极坐标上选择不同半径的若干个圆，在每个圆周上均匀地选若干个点测量电压。若同一个圆上各个点所测电压相同或非常接近，则证明了长同轴圆柱体间的静电场中的等势面是一个个同心的圆柱面，并可方便地进行数据处理。其他类型静电场的测绘方式类似。

实验步骤

电路连接如图 3-46 所示。本实验用仪器以 cm 作为长度单位，并在制造时使 $a=1$ cm，以简化测量公式；b 约为 15 cm，具体以实际测量为准。

实验步骤如下：

(1) 先测量小圆柱半径 a 和圆环半径 b；

(2) 把小圆柱电极放置在水槽坐标纸中心，圆环电极放置在水槽周沿并确保中心与圆柱电极一致，并用导电杆将它们压住，如图 3-45 所示；

(3) 在水槽中注入干净自来水，自来水的深度和小圆柱上刻线大致平齐；

(4) 调节装置水平；

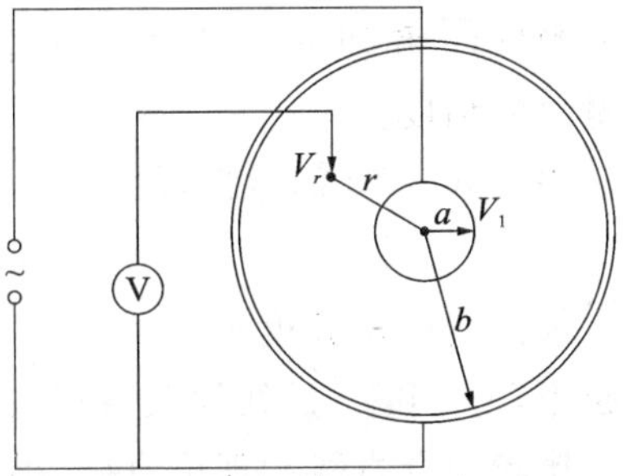

图 3-46　电路连接示意图

(5) 按照图 3-46 接线，给电极施加电压 V_1，幅度为 15～18 V。

(6) 在坐标纸上选取某个半径为 r 的同心圆，在该圆周上选取若干个测量点，用探针测出这些点的电压 V_r，此圆即为长同轴电缆截面中静电场的一个等位线，该等位线应具有的理论电压 V 可由公式(3-40)求出，从而可以得出本次测量的误差。

(7) 选取不同半径的同心圆，重复上述测量。

(8)依据电力线与等位线处处垂直的原理，描绘出静电场分布图。

原始数据表格

小圆柱半径 $a=$ ______ cm、圆环半径 $b=$ ______ cm。

数据处理

测出模拟长同轴圆柱体间静电场数据，填入表 3-19。

表 3-19　模拟长同轴圆柱体间静电场实测数据

r(m)	V_r (V)					$\overline{V_r}$ (V)	V(V)	ΔV_r (%)
$\overline{\Delta V_r}$								

表 3-19 中 r 为测试点距圆心距离，如图 3-46 所示；V_r 为距圆心距离 r 的各点所测电压值；V 为根据式(3-40)计算所得测试点的电势的理论值；ΔV_r 为电压的实测值$\overline{V_r}$ 和理论值 V 之间的相对误差；$\overline{\Delta V_r}$ 为 ΔV_r 的平均值，可以表征本次测量总的精度。

根据表 3-19 的数据，绘制 $\ln r-\overline{V_r}$ 关系曲线并作线性拟合，可得：

$$\ln r=-k\overline{V_r}+m$$

求其线性相关度 $R^2=$ ________ 。R^2 越接近于 1.000，一致性越好，不确定度越小，$\ln r$ 和$\overline{V_r}$ 的线性关系相关度更高。

比较拟合直线和理论直线，得：

$\ln b=-m$，则 $b=$ ______ cm；与实测 b 是否一致？

$\ln r=-\dfrac{\ln(b/a)}{V_1}V+\ln b$ 直线的理论斜率为：$-\dfrac{\ln(b/a)}{V_1}$。

求出测试的拟合直线斜率与理论直线斜率误差为：________ 。

预习思考题

(1)静电场与对应的电流场各物理量 Q、E、ε、C_0、V_A-V_B；I、E'、σ、G_0、V'_A-

V'_B等是如何对应的？

(2)二维模拟场应满足什么条件？测量中如何实现？

(3)本实验用什么作导电介质？加入的电压是什么电压？

实验后思考题

(1)通过实验你发现电位和电场强度的分布是由什么因素决定的？

(2)由实验结果说明实验值与理论值的误差是什么因素造成的？

(3)如何模拟球形电场？

3.6 用霍耳效应测磁场

磁场是一种物质形态，描述磁场的主要物理量是磁感应强度矢量。磁场的测量，即磁感应强度的测量是根据磁场与物质相互作用的规律，利用传感器把它转换成易于测量的物理量来进行的。例如，根据电磁感应原理，测量置于磁场中"探测线圈"输出的感应电动势；根据霍耳效应，测量置于磁场中的霍耳片的霍耳电压；根据磁致旋光效应，测量光通过置于磁场中介质后偏振面的旋转角等。然后再根据被测量与磁场的关系，定出磁场的方向和大小。本实验采用霍耳效应测磁场。

实验目的

(1)学习霍耳效应的原理，学会测量霍耳电压的方法；

(2)掌握用霍耳元件测量磁感应强度的基本方法；

(3)掌握减少或消除已定系统误差的方法。

实验原理

1. 霍耳效应

将载流导体置于图 3-47 所示的磁场中。导体长为 l、宽为 b、厚为 d，外磁场 $\boldsymbol{B}$ 沿 z 轴方向。若导体中的电流为 I，流向沿 x 方向，且垂直于 $\boldsymbol{B}$，则在垂直于 $\boldsymbol{B}$ 和 I，即沿 y 方向，产生一个横向电势差 V_H，这一现象称霍耳效应，其横向电势差 V_H 称霍耳电压。

设有一横向磁场 $\boldsymbol{B}$ 作用于导体中以速度 $\boldsymbol{v}$ 运动的载流子(其电荷为 q)上，速度 $\boldsymbol{v}$ 的方向平行于 x 轴。当载流子为正载流子时，速度 $\boldsymbol{v}$ 沿 x 轴正向；当载流子为负载流子时，速度 $\boldsymbol{v}$ 沿 x 轴负向，如图 3-47 所示。则磁场对运动载流子的作用力(洛伦兹力)为

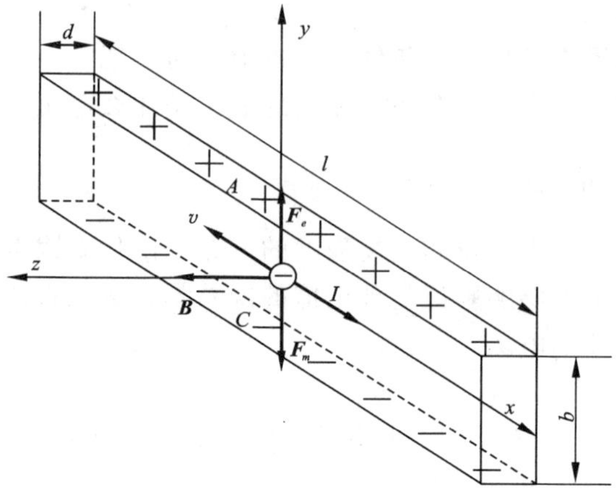

图 3-47 霍耳效应

$$F_m = q(\boldsymbol{v} \times \boldsymbol{B}) \tag{3-46}$$

当载流子为正载流子时，因速度 $\boldsymbol{v}$ 沿 x 轴正向，则 $\boldsymbol{v}\times\boldsymbol{B}$ 沿 y 轴负向，故洛伦兹力 $\boldsymbol{F}_m$ 也沿 y 轴负向；当载流子为负载流子时，因速度 $\boldsymbol{v}$ 沿 x 轴负向，则 $\boldsymbol{v}\times\boldsymbol{B}$ 沿 y 轴正向，但洛伦兹力 $\boldsymbol{F}_m$ 因载流子为负使得式(3-46)右边出现负号的缘故却仍然沿 y 轴负向，如图 3-47 所示。这就得出结论：在电流流向与磁场方向不变的情况下，不论正载流子，还是负载流子，受力的方向均相同。洛伦兹力 $\boldsymbol{F}_m$ 使载流子运动方向发生偏转，被推向导体下侧，使该侧产生电荷积累；而上侧，则产生相反电荷的积累，从而在导体的两侧沿 y 轴建立起电场 $\boldsymbol{E}_H$，两侧产生霍耳电压 $V_H=\boldsymbol{E}_H b$。当载流子为正载流子时，下侧积累正电荷，上侧积累负电荷，电场 $\boldsymbol{E}_H$ 方向沿 y 轴正向，霍耳电压 V_H 下侧高(为正)，上侧低(为负)；当载流子为负载流子时，下侧积累负电荷，上侧积累正电荷，电场 $\boldsymbol{E}_H$ 方向沿 y 轴负向，霍耳电压 V_H 上侧高(为正)，下侧低(为负)。这就说明，在电流流向与磁场方向已知的情况下，通过霍耳电压 V_H 的正负，可以判断载流子的类型，即可确定载流子是 N 型载流子(电子)，还是 P 型载流子(空穴)。

2.霍耳系数与霍耳灵敏度

载流子在霍耳电场中同样受到一个电场力

$$\boldsymbol{F}_e = q\boldsymbol{E}_H$$

方向与洛伦兹力 $\boldsymbol{F}_m$ 的方向相反。在动平衡时，合力为零，则

$$\boldsymbol{F}_m = -\boldsymbol{F}_e$$

即

$$qvB = qE_H = qV_H/b$$

所以有

$$V_{\mathrm{H}} = vBb \tag{3-47}$$

而通过导体电流的大小为

$$I = nqvbd$$

式中，n 为导体中载流子的浓度(即导体单位体积中的载流子数)，则

$$v = I/(nqbd) \tag{3-48}$$

将式(3-48)代入式(3-47)，则

$$V_{\mathrm{H}} = \frac{IbB}{nqbd} = \frac{IB}{nqd} = \frac{1}{nq}IB\ \frac{1}{d} \tag{3-49}$$

式中，$1/(nq)$称霍耳系数，记为

$$R_{\mathrm{H}} = 1/(nq) \tag{3-50}$$

于是霍耳电压为

$$V_{\mathrm{H}} = R_{\mathrm{H}}IB/d \tag{3-51}$$

由式(3-50)可知：霍耳系数与载流子(电子或空穴)的浓度成反比。由于金属中电子浓度远远大于半导体中载流子浓度，所以由式(3-51)可知金属中霍耳效应甚微。

考虑到某一材料的霍耳元件，在工作电流 I 和外加磁场 $\boldsymbol{B}$ 一定的情况下，它所产生的霍耳电压的大小，与其厚度成反比，所以往往采用减小 d 的办法，以提高测量霍尔电压的灵敏度。令

$$K_{\mathrm{H}} = R_{\mathrm{H}}/d$$

则

$$V_{\mathrm{H}} = K_{\mathrm{H}}IB \tag{3-52}$$

式中，K_{H}为霍耳元件的霍耳灵敏度，V/(A·T)。它表示通过霍耳元件的单位工作电流，在单位磁感应强度作用下所产生的霍耳电压。

用同种材料制成的霍耳元件有相同的霍耳系数，但纵使用相同的材料制成的霍耳元件，由于元件厚薄的微小差异，也会使得不同的霍耳元件有不同的霍耳灵敏度。

3. 在霍耳电压测量中的附加电势

(1)不等位电势

由于霍耳元件材料本身的不均匀，制造元件时几何对称性上的误差，霍耳电压输出端 A、C 两点不可能对称地焊在元件两侧，因此当工作电流流过元件时，即使不加磁场，在电极 A、C 间也会产生一个电位差，称不等位电位差 V_{O}，即 $V_{\mathrm{O}}=Ir$(r 是沿 x 轴方向 A、C 间的电阻)。V_{O}的正负只与电流 I 的方向有关，而与外加磁场 $\boldsymbol{B}$ 的方向无关。

(2)爱廷豪森电势

由于霍耳元件内载流子的速度服从统计分布，有快有慢，它们在磁场中受到的作用力不相等，速度大的绕大圆轨道运动，速度小的绕小圆轨道运动，导致霍尔元件内载流子沿 y 轴方向按速度大小分布开来，致使 A、C 两面上分别积聚速度大小不同的载流子，载流子的动能在积聚平面上转化为热能，使 A、C 两面的温升不同，因而造成 y 方向上 A、C 两面的温度差。加上霍耳元件上 A、C 两电极和元件的材料不同，结果在 A、C 间产生温差电势 V_E，这一现象称爱廷豪森效应。V_E称为爱廷豪森电势，$V_E \propto IB$。V_E的正负和大小与 I、$\boldsymbol{B}$ 的方向和大小有关。

(3)能斯脱电势

由于元件工作电流的两个引线焊点与元件的接触电阻不等，当工作电流通过时产生不同的焦耳热(其焦耳热与 I^2 成正比)，引起两电极间的温度差，这一温度差同样在 x 方向产生温差电势，继而产生温差电流 I'。温差电流 I'在外加磁场的作用下，在 A、C 两面产生附加电势 V_N，这一现象称能斯脱效应。V_N称能斯脱电势，$V_N = I'B$。V_N的正负与 $\boldsymbol{B}$ 的方向有关，因 I'只与接触电阻和 I^2 有关，故 V_N的正负与 I 的方向无关。

(4)里纪-勒杜克电势

温差电流 I'在外加磁场的作用下，如同爱廷豪森效应一样，在 A、C 两侧产生温差，此温差又将在 y 方向产生附加温差电势 V_R，这一现象称里纪-勒杜克效应。V_R称里纪-勒杜克电势，$V_R \propto I'T$。V_R的正负只与 $\boldsymbol{B}$ 的方向有关。

由上所述可得出附加电势与工作电流 I 和磁场 $\boldsymbol{B}$ 的关系：

V_O的正负只与 I 的方向有关。

V_E的正负与 I 和 $\boldsymbol{B}$ 的方向都有关。

V_N的正负只与 $\boldsymbol{B}$ 的方向有关。

V_R的正负只与 $\boldsymbol{B}$ 的方向有关。

由于以上四种附加电势的存在，测量霍耳电压时，将造成很大的系统误差，但利用上述关系，改变工作电流 I 和磁场 $\boldsymbol{B}$ 的方向，可以减少和消除这些附加电势的影响。

当 $\boldsymbol{B}$ 和 I 的大小为某一定值时，保持 $\boldsymbol{B}$ 和 I 的方向不变，第一次测得 A、C 两端的电压为

$$V_1 = V_H + V_O + V_E + V_N + V_R \quad (+B, +I) \tag{3-53}$$

保持 $\boldsymbol{B}$、I 的大小不变，改变 I 的方向，第二次测得 A、C 两端的电压为

$$V_2 = -V_H - V_O - V_E + V_N + V_R$$

或

$$-V_2 = V_H + V_O + V_E - V_N - V_R \quad (+B, -I) \tag{3-54}$$

保持 $\boldsymbol{B}$、I 的大小不变，改变 $\boldsymbol{B}$ 的方向，第三次测得 A、C 两端的电压为

$$V_3 = -V_H + V_O - V_E - V_N - V_R$$

即

$$-V_3 = V_H - V_O + V_E + V_N + V_R \quad (-B, +I) \tag{3-55}$$

保持 $\boldsymbol{B}$、I 的大小不变，改变 $\boldsymbol{B}$ 和 I 的方向，第四次测得 A、C 两端的电压为

$$V_4 = V_H - V_O + V_E - V_N - V_R \quad (-B, -I) \tag{3-56}$$

将式(3-53)、式(3-54)、式(3-55)、式(3-56)相加，得

$$V_1 - V_2 - V_3 + V_4 = 4(V_H + V_E)$$

于是有

$$V_H = (1/4)(V_1 - V_2 - V_3 + V_4) - V_E$$

这样处理，除了爱廷豪森电势外，其他电势都被消除。考虑到 V_E 一般比 V_H 小得多，可略去，则有

$$V_H = (1/4)(V_1 - V_2 - V_3 + V_4) \tag{3-57}$$

实际测量时 V_2 与 V_3 相对 V_1 与 V_4 是负的，故有

$$V_H = (|V_1| + |V_2| + |V_3| + |V_4|)/4 \tag{3-58}$$

4. 用霍耳效应测磁场

由式(3-52)可知

$$B = V_H/(K_H I) \tag{3-59}$$

测出了霍耳电压 V_H 和工作电流 I，知道了霍耳片的霍耳灵敏度 K_H，就可以算出所测磁场的磁感应强度。本实验就是以此来测磁场的。

实验仪器

HL-CF 型霍耳效应测试仪(含霍耳效应实验装置与霍耳效应测试仪)，导线若干。

HL-CF 型霍耳效应测试仪由霍耳效应实验装置(包含霍耳元件、霍耳元件移动装置、电磁铁及 3 个换向开关)与霍耳效应测试仪(包含霍耳元件工作电流电源、测量霍耳电压的毫伏表及电磁铁励磁电流电源)，其线路示意图如图 3-48 所示。

1. 霍耳效应实验装置

(1)霍耳元件 H

霍耳元件 H 是由硅单晶经过硅平面工艺制成的磁电转换元件，元件尺寸为 4 mm×4 mm×0.2 mm。霍耳元件 H 胶合在绝缘衬板上，它有 4 条引出导线，其中两条引出导线接工作电流电源，霍耳元件 H 提供工作电流，另两条引出导

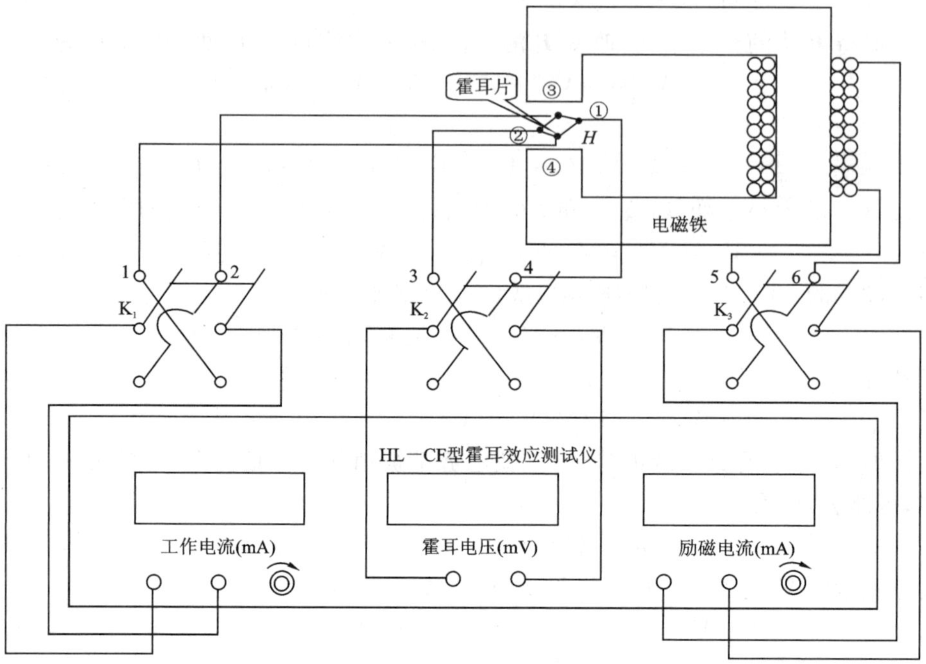

图 3-48 霍耳效应测试装置电路示意图

线将霍耳元件的霍耳电压引出进行测试。这 4 条引出导线焊接在绝缘板上，焊接点以①、②、③、④在图 3-48 中标出。焊接点③、④接工作电流，焊接点①、②接霍耳电压测试表。绝缘衬板上的 4 条引出导线从上往下排列的顺序依次是①、③、②、④。实验时按图 3-48 接到仪器换向开关上。

霍耳元件的灵敏度一般在 10.0 V/(A·T)左右。温度变化时，霍耳灵敏度也略有变化，这主要是由于不同温度下半导体中载流子浓度不同所造成的。

(2)霍耳元件移动装置

霍耳元件移动装置示意图如图 3-49 所示，它由水平移尺 M 和竖直移尺 N 组成。霍耳元件在水平移尺 M 和竖直移尺 N 的带动下，可以方便地在电磁铁的缝隙中改变位置。

(3)电磁铁

电磁铁采用冷轧电工钢带制成铁芯，线圈用高强度漆包线多层密绕，层间绝缘，导线的绕向即励磁电流的方向已标明在线圈上，可确定磁场方向。电磁铁的间隙为霍耳效应实验提供磁场。当接线柱 5 接励磁电流电源正极，接线柱 6 接励磁电流电源负极时，电磁铁线圈内的磁场垂直指向实验者，故插霍耳片的电磁铁缝隙处的磁场背离实验者向里，即图 3-49 所示的磁场区磁场的方向垂直纸面

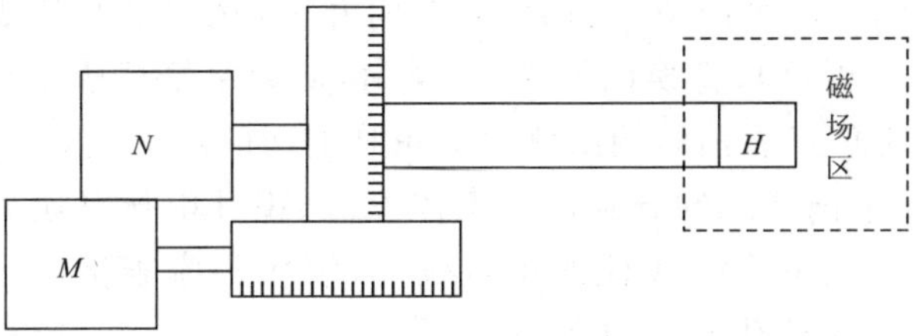

图 3-49　霍耳元件移动装置

向里。

(4)换向开关

霍耳效应实验装置有 3 个换向开关，可以很方便地改变工作电流 I、电磁铁缝隙内的磁场 $\boldsymbol{B}$ 和霍耳电场 $\boldsymbol{E}_H$ 的方向。

2. 霍耳效应测试仪

霍耳效应测试仪将电磁铁励磁电流电源及对应的数字电流表、霍耳元件工作电流电源及对应的数字电流表以及测量霍耳电压的毫伏表做成一个整体放在同一箱子内。

电磁铁励磁电流电源为电磁铁线圈提供励磁电流 I_B，励磁电流 I_B 通过调节旋钮可在 0～1000 mA 范围内连续可调，数字电流表显示励磁电流的大小。

霍耳元件工作电流电源为霍耳元件 H 提供工作电流 I，工作电流 I 通过调节旋钮可在0～10.00 mA范围内连续可调，数字电流表显示工作电流的大小。

直流数字毫伏表测量霍耳片的电压，测量范围为 0～19.99 mV。

实验步骤

(1)将所有开关置于断开的位置，将霍耳片置于电磁铁缝隙中心位置处，按图 3-48 接好线路。线路未经教师检查，不得做实验。

(2)调整各部分电路至备用状态。

①先合上 K_1，接通霍耳片工作电流。通过调节旋钮调工作电流 I，使霍耳片的工作电流 I 为 10.00 mA。再将开关反向合上，看工作电流有无变化，拨动活动开关，使其接触良好。调完后，断开 K_1。

②再合上 K_3，接通电磁铁励磁电流，通过调节旋钮调励磁电流 I_B，使电磁铁励磁电流I_B=500 mA。然后将开关反向合上，看励磁电流有无变化，也拨动活动开关，使其接触良好。调完后，也断开 K_3。

(3)确定霍耳元件载流子类型。

①先合 K_1、K_3 两个换向开关，检查电流指示是否维持原状。如果电流发生

了变化，则应调回到原来的值。再合 K_2 换向开关，从数字毫伏表上读取霍耳电压值(注意电压的正负)；将换向开关 K_2 反向，从数字毫伏表上读取霍耳电压值(也注意电压的正负)，看前后两次测得的霍耳电压的绝对值是否相等。

②记下处于平衡状态的分别接入工作电流、霍耳电压和励磁电流的 3 个换向开关 K_1、K_2、K_3 的 6 个接线柱的正负极性，填入相应表格中，再断开 K_1、K_2、K_3，以此判断霍耳元件载流子的类型。

(4)磁铁缝隙中的磁场 $\boldsymbol{B}$ 与电磁铁上线圈内电流 I_B 的关系。

①合 K_1，调工作电流 I，使 $I=10.00$ mA。

②合 K_3，调励磁电流，使 I_B 分别为 0 mA，100 mA，200 mA，300 mA，400 mA，500 mA，600 mA，700 mA，800 mA，900 mA，1000 mA。

③对应每一个励磁电流 I_B，分别测出 $(+B,+I)$、$(+B,-I)$、$(-B,-I)$、$(-B,+I)$ 所对应的霍耳电压 V_H 的值，填入相应的表格中。

④从实验室获取霍耳元件的霍耳灵敏度 K_H。

注意事项

(1)霍耳元件是易损元件，必须防止霍耳元件受到挤压、扭曲和碰撞等，以免损坏元件而无法使用。

(2)实验前应检查电磁铁和霍耳元件二维移动尺是否松动，应紧固后使用。

(3)记录数据时，为了不使电磁铁过热，一般应断开励磁电流的换向开关。

(4)励磁电流换向时，应将电流调到 100 mA 以下。

(5)在对励磁电流和工作电流换向后，应再次对励磁电流和工作电流进行调整，使其与换向前的值相同。

原始数据表格

1. 判断载流子类型

为方便填写数据，我们规定移尺 M 向右移动的方向为 x 轴正向，移尺 N 向上移动的方向为 y 轴正向，垂直纸面向外为 z 轴正向。

工作电流表量程__________ mA，分度值__________ mA，霍耳片电流 $I=$__________ mA；

励磁电流表量程__________ mA，分度值__________ mA，励磁电流 $I_B=$__________ mA；

霍耳电压表量程__________ mV，分度值__________ mV，霍耳电压=__________ mV。

表 3-20　载流子类型

<table>
<tr><td rowspan="2">接线柱类别</td><td colspan="2">工作电流 I
输入端</td><td colspan="2">霍耳电压 V_H
输出端</td><td colspan="2">励磁电流 I_B
输入端</td><td rowspan="5">在一幅图中表示 $\boldsymbol{v}$、$\boldsymbol{B}$、$\boldsymbol{F}_m$、$\boldsymbol{E}_H$ 的矢量关系图　$\boldsymbol{F}_m = q\boldsymbol{v}\times\boldsymbol{B}$　$\boldsymbol{E}_H = -\boldsymbol{v}\times\boldsymbol{B}$</td></tr>
<tr></tr>
<tr><td>接线柱编号</td><td>1</td><td>2</td><td>3</td><td>4</td><td>5</td><td>6</td></tr>
<tr><td>正负极性</td><td></td><td></td><td></td><td></td><td></td><td></td></tr>
<tr><td colspan="7">用 i、j、k 及"＋"、"－"表示 I、$\boldsymbol{E}_H$、$\boldsymbol{B}$ 的方向</td></tr>
<tr><td colspan="3">I 流向：</td><td colspan="2">$\boldsymbol{E}_H$ 方向：</td><td colspan="2">$\boldsymbol{B}$ 方向：</td><td></td></tr>
</table>

2. 测 B 与 I_B 的关系

霍耳元件灵敏度 $K_H =$ ______ V/(A·T)

表 3-21　B 与 I_B 的关系

<table>
<tr><td colspan="2">测量次数</td><td>1</td><td>2</td><td>3</td><td>4</td><td>5</td><td>6</td><td>7</td><td>8</td><td>9</td><td>10</td><td>11</td></tr>
<tr><td colspan="2">励磁电流 I_B(mA)</td><td>0</td><td>100</td><td>200</td><td>300</td><td>400</td><td>500</td><td>600</td><td>700</td><td>800</td><td>900</td><td>1000</td></tr>
<tr><td rowspan="5">霍耳电压 V_H (mV)</td><td>$V_1(+B,+I)$</td><td></td><td></td><td></td><td></td><td></td><td></td><td></td><td></td><td></td><td></td><td></td></tr>
<tr><td>$V_2(+B,-I)$</td><td></td><td></td><td></td><td></td><td></td><td></td><td></td><td></td><td></td><td></td><td></td></tr>
<tr><td>$V_3(-B,+I)$</td><td></td><td></td><td></td><td></td><td></td><td></td><td></td><td></td><td></td><td></td><td></td></tr>
<tr><td>$V_4(-B,-I)$</td><td></td><td></td><td></td><td></td><td></td><td></td><td></td><td></td><td></td><td></td><td></td></tr>
<tr><td>$V_H = (\lvert V_1\rvert + \lvert V_2\rvert + \lvert V_3\rvert + \lvert V_4\rvert)/4$</td><td></td><td></td><td></td><td></td><td></td><td></td><td></td><td></td><td></td><td></td><td></td></tr>
</table>

数据处理

1. 确定载流子类型

依据实验中 6 接线柱的正负极性，判断霍耳片中载流子是 N 型（电子导电），还是 P 型（空穴导电）。

2. 确定电磁铁缝隙中的磁场 $\boldsymbol{B}$ 最大值的位置

写出电磁铁缝隙中磁场 $\boldsymbol{B}$ 最大值的位置对应 M 移尺与 N 移尺的读数。

3. 确定 B 与 I_B 的关系

(1)算出 $B = V_H/(IK_H)$；

(2)列出 B-I_B 的最后数据表格；

(3)在直角坐标纸上作出 B-I_B 曲线，并分析该曲线的特点。

预习思考题

(1)如何判断霍耳元件的载流子是电子还是空穴？

(2)换向开关是怎样使电流换向的？电路中为什么要用3个换向开关K_1、K_2、K_3？是否可以不用换向开关K_2而直接测得霍耳电压？

(3)在测霍耳电压V_1、V_2、V_3、V_4时，为什么必须使工作电流和励磁电流保持恒定不变？

(4)如何判定霍耳电压V_1、V_2、V_3、V_4的正负值？

实验后思考题

(1)若霍耳片的法线方向和磁场方向不一致，对测量结果有何影响？为什么？

(2)怎样测定霍耳元件的灵敏度？怎样确定霍耳元件的霍耳系数？

(3)利用霍耳效应是否可以测量交变电流的磁场？

3.7 磁滞回线的研究

磁性材料应用广泛，从常用的永久磁铁、变压器铁芯到录音、录像、计算机存储用的磁带、磁盘等都采用磁性材料。磁滞回线和基本磁化曲线反映了磁性材料的主要特征。通过实验研究这些性质不仅能掌握用示波器观察磁滞回线以及基本磁化曲线的基本测绘方法，而且能从理论和实际应用上加深对材料磁特性的认识。

铁磁材料分为硬磁和软磁两大类，其根本区别在于矫顽磁力H_c的大小不同。硬磁材料的磁滞回线宽、剩磁和矫顽磁力大(120～20000 A/m，甚至更高)，因而磁化后，其磁感应强度可长久保持，适宜做永久磁铁。软磁材料的磁滞回线窄，矫顽磁力H_c一般小于120 A/m，但其磁导率和饱和磁感强度大，容易磁化和去磁，故广泛用于电机、电器和仪表制造等工业部门。磁化曲线和磁滞回线是铁磁材料的重要特性，也是设计电磁机构或仪表的重要依据之一。

本实验采用动态法测量磁滞回线。需要说明的是用动态法测量的磁滞回线与静态磁滞回线是不同的，动态测量时除了磁滞损耗还有涡流损耗，因此动态磁滞回线的面积要比静态磁滞回线的面积大一些。另外，涡流损耗还与交变磁场的频率有关，所以测量的电源频率不同，得到的B-H曲线是不同的，这可以在实验中清楚地从示波器上观察到。

实验目的

(1)掌握磁滞、磁滞回线和磁化曲线的概念，加深对铁磁材料的主要物理量：矫顽力、剩磁和磁导率的理解；

(2)学会用示波器测绘基本磁化曲线和磁滞回线；

(3)根据磁滞回线确定磁性材料的饱和磁感应强度 B_s、剩磁 B_r 和矫顽力 H_c 的数值；

(4)研究不同频率下动态磁滞回线的区别，并确定某一频率下的磁感应强度 B_s、剩磁 B_r 和矫顽力 H_c 数值；

(5)改变不同的磁性材料，比较磁滞回线形状的变化。

实验原理

1. 磁化曲线

如果在由电流产生的磁场中放入铁磁物质，则磁场将明显增强，此时铁磁物质中的磁感应强度比单纯由电流产生的磁感应强度要大很多。铁磁物质内部的磁场强度 H 与磁感应强度 B 有如下的关系：

$$B = \mu H \tag{3-60}$$

对于铁磁物质而言，磁导率 μ 并非常数，而是随 H 的变化而改变的物理量，即 $\mu = f(H)$，为非线性函数。所以如图 3-50 所示，B 与 H 也是非线性关系。

通常使用的是磁介质的相对磁导率 μ_r，其定义为磁导率 μ 与真空磁导率 μ_0 之比。

铁磁材料的磁化过程为：其未被磁化时的状态称为去磁状态，这时若在铁磁材料上加一个由小到大的磁化场，则铁磁材料内部的磁场强度 H 与磁感应强度 B 也随之变大(图 3-50)。但当 H 增加到一定值(H_s)后，B 基本不再随 H 的增加而增加，说明磁化已达饱和，从未磁化到饱和磁化的这段磁化曲线(图 3-50 中 OS 段)称为材料的起始磁化曲线。

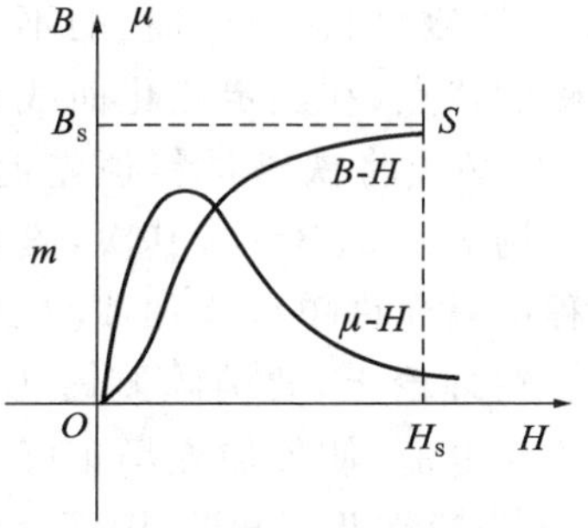

图 3-50　磁化曲线和 μ-H 曲线

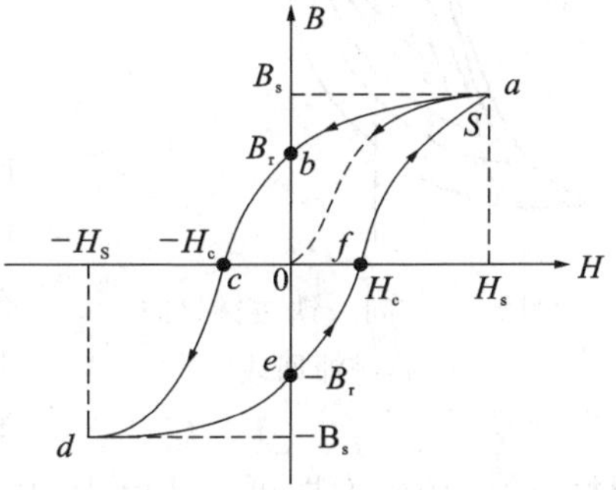

图 3-51　起始磁化曲线与磁滞回线

2. 磁滞回线

当铁磁材料的磁化达到饱和之后，如果将磁化场减少，则铁磁材料内部的 B

和 H 也随之减少，但其减少的过程并不沿着磁化时的 $0S$ 段退回。从图 3-51 可知当磁化场撤消，$H=0$ 时，磁感应强度仍然保持一定数值（$B=B_r$），称为剩磁（剩余磁感应强度）。

若要使被磁化的铁磁材料的磁感应强度 B 减少到 0，必须加上一个反向磁场并逐步增大。当铁磁材料内部反向磁场强度增加到 $H=H_c$ 时（图 3-51 上的 c 点），磁感应强度 B 才是 0，达到退磁。图 3-51 中的 bc 段曲线为退磁曲线，H_c 为矫顽磁力。如图 3-51 所示，当 H 按 $0\to H_s\to 0\to -H_c\to -H_s\to 0\to H_c\to H_s$ 的顺序变化时，B 相应沿 $0\to B_s\to B_r\to 0\to -B_s\to -B_r\to 0\to B_s$ 顺序变化。图中的 $0a$ 段曲线称起始磁化曲线，所形成的封闭曲线 $abcdefa$ 称为磁滞回线。由图 3-51 可知：

（1）当 $H=0$ 时，$B\neq 0$，这说明铁磁材料还残留一定值的磁感应强度 B_r，通常称 B_r 为铁磁物质的剩磁（剩余磁感应强度）。

（2）若要使铁磁物质完全退磁，即 $B=0$，必须加一个反方向磁场 H_c。这个反向磁场强度 H_c，称为该铁磁材料的矫顽磁力。

（3）B 的变化始终落后于 H 的变化，这种现象称为磁滞现象。

（4）H 上升与下降到同一数值时，铁磁材料内的 B 值并不相同，退磁化过程与铁磁材料过去的磁化经历有关。

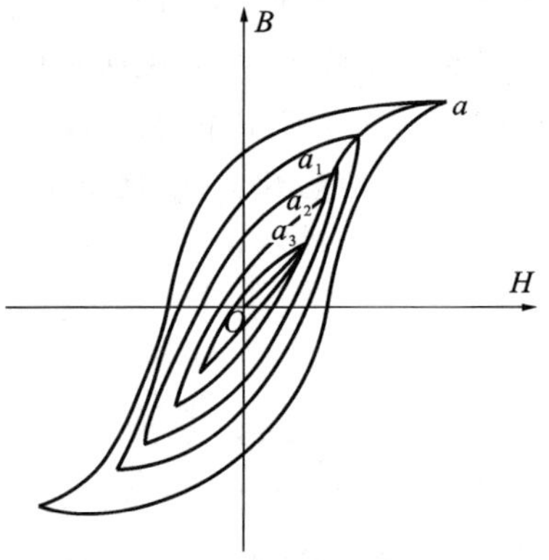

图 3-52　同一铁磁材料的一簇磁滞回线

（5）当从初始状态（$H=0$，$B=0$）开始周期性地改变磁场强度的幅值时，在磁场由弱到强地单调增加过程中，可以得到面积由大到小的一簇磁滞回线，如图 3-52 所示。其中，最大面积的磁滞回线称为极限磁滞回线。

（6）由于铁磁材料磁化过程的不可逆性及具有剩磁的特点，在测定磁化曲线和磁滞回线时，首先必须将铁磁材料预先退磁，以保证外加磁场 $H=0$，$B=0$；其次，磁化电流在实验过程中只允许单调增加或减少，不能时增时减。在理论上，要消除剩磁 B_r，只需通一反向磁化电流，使外加磁场正好等于铁磁材料的矫顽磁力即可。实际上，矫顽磁力的大小通常并不知道，因而无法确定退磁电流的大小。我们从磁滞回线得到启示，如果使铁磁材料磁化达到磁饱和，然后不断改变磁化电流的方向，与此同时逐渐减少磁化电流，直至为零，则该材料的磁化过程就是一连串逐渐缩小而最终趋于原点的环状曲线，如图 3-53 所示。当 H 减小到零时，B 亦同时降为零，达到完全退磁。

实验表明，经过多次反复磁化后，B-H 的量值关系形成一个稳定的闭合的"磁滞回线"。通常以这条曲线来表示该材料的磁化性质。这种反复磁化的过程称为"磁锻炼"。本实验使用交变电流，所以每个状态都是经过充分的"磁锻炼"，随时可以获得磁滞回线。

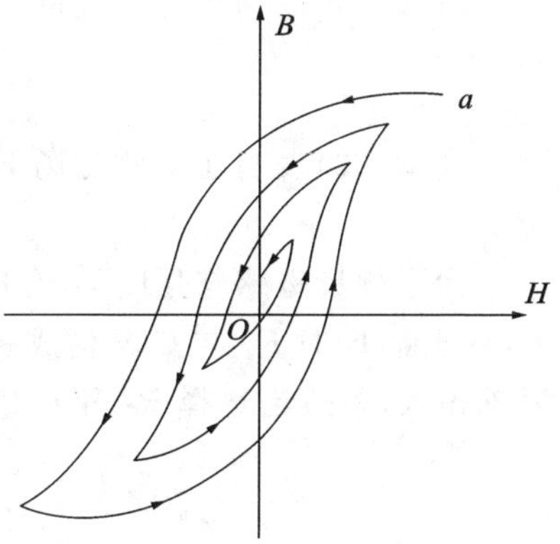

图 3-53　退磁示意图

我们把图 3-52 中原点 O 和各个磁滞回线的顶点 $a_1, a_2, \cdots, a_i$ 所连成的曲线，称为铁磁性材料的基本磁化曲线。不同的铁磁材料其基本磁化曲线是不相同的。为了使样品的磁特性可以重复出现，也就是指所测得的基本磁化曲线都是由原始状态（$H=0$，$B=0$）开始，在测量前必须进行退磁，以消除样品中的剩余磁性。

在测量基本磁化曲线时，每个磁化状态都要经过充分的"磁锻炼"。否则，得到的 B-H 曲线即为开始介绍的起始磁化曲线，两者不可混淆。

3. 示波器显示 B-H 曲线的原理线路

示波器测量 B-H 曲线的实验线路如图 3-54 所示。

本实验研究的铁磁物质是一个环状试样（图 3-55）。在试样上绕有励磁线圈 N_1 匝和测量线圈 N_2 匝。若在线圈 N_1 中通过磁化电流 i_1 时，此电流在试样内产生磁场，根据安培环路定律 $HL=N_1 i_1$，磁场强度 H 的大小为：

$$H = \frac{N_1 i_1}{L} \tag{3-61}$$

式中，L 为环状式样的平均磁路长度，即图 3-55 中的虚线。

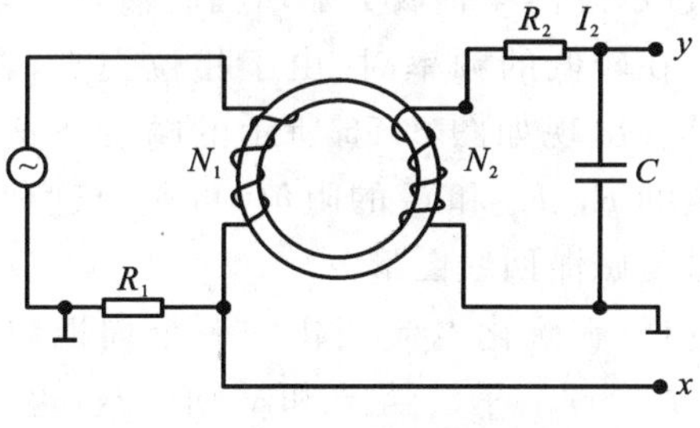

图 3-54　实验线路图

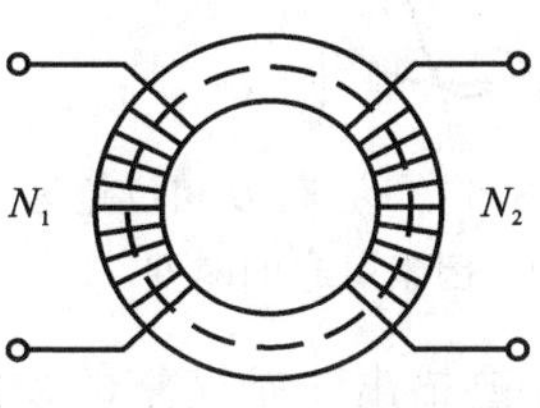

图 3-55　样品示意图

由图 3-54 可知示波器 x 轴偏转板输入电压为：

$$U_x = U_R = i_1 R_1 \tag{3-62}$$

由式(3-61)和式(3-62)得：

$$U_x = \frac{LR_1}{N_1}H \tag{3-63}$$

式(3-63)表明在交变磁场下，任一时刻电子束在 x 轴的偏转正比于磁场强度 H。

为了测量磁感应强度 B，在次级线圈 N_2 上串联一个电阻 R_2 与电容 C 构成一个回路，同时 R_2 与 C 又构成一个积分电路。取电容 C 两端电压 U_C 至示波器 Y 轴输入，若适当选择 R_2 和 C 使 $R_2 \gg 1/\omega C$，则：

$$I_2 = \frac{E_2}{\left[R_2^2 + \left(\frac{1}{\omega C}\right)^2\right]^{\frac{1}{2}}} \approx \frac{E_2}{R_2}$$

式中，ω 为电源的角频率；E_2 为次级线圈的感应电动势。

因交变的磁场 H 的样品中产生交变的磁感应强度 B，则：

$$E_2 = N_2 S \frac{\mathrm{d}B}{\mathrm{d}t}$$

式中，S 为环式样的截面积。设磁环厚度为 h，则：

$$U_y = U_C = \frac{1}{C}\int I_2 \mathrm{d}t = \frac{1}{CR_2}\int E_2 \mathrm{d}t = \frac{N_2 S}{CR_2}\int \mathrm{d}B = \frac{N_2 S}{CR_2}B \tag{3-64}$$

式(3-64)表明接在示波器 y 轴输入的 U_y 正比于 B。

R_2C 构成的电路在电子技术中称为积分电路，表示输出的电压 U_C 是感应电动势 E_2 对时间的积分。为了如实地绘出磁滞回线，要求：

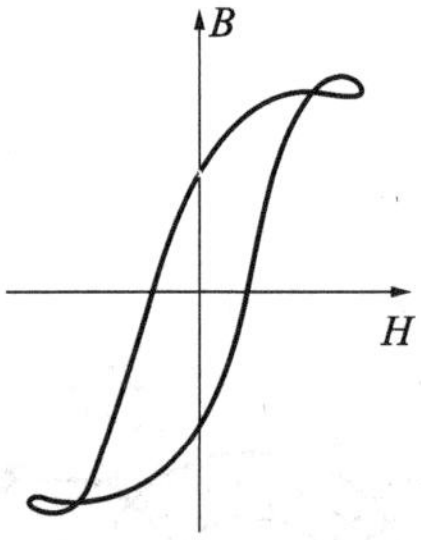

图 3-56　U_C 和 B 相位差等因素引起的畸变

(1)$R_2 \gg \frac{1}{\omega \cdot C}$；

(2)在满足上述条件下，U_C 振幅很小，不能直接绘出大小适合需要的磁滞回线。为此，需将 U_C 经过示波器 y 轴放大器增幅后输至 Y 轴偏转板上。在较低的频率时，由于相位失真，磁滞回线经常会出现如图 3-56 所示的畸变。这时，选择合适的 R_1、R_2 和 C 的阻值，可避免这种畸变，得到最佳磁滞回线图形。

这样，在磁化电流变化的一个周期内，电子束的径迹描出一条完整的磁滞回线。适当调节示波器 x 和 y 轴增益，再由小到大调节信号发生器的输出电压，即能在屏上观察到由小到大扩展的磁滞回线图形。逐次记录其正顶点的坐标，并在坐标纸上把它连成光滑的曲线，就得到样品的基本磁化曲线。

4. 示波器的定标

为了定量研究磁化曲线和磁滞回线，必须对示波器进行定标，即确定示波器的 x 轴每格代表的 H 值和 y 值每格代表的 B 值。

对于示波器，有：

$$U_x = S_x x, \quad U_y = S_y y$$

式中，S_x、S_y 为示波器衰减开关档次；x、y 为测量时记录的坐标值。

综合上述分析，本实验定量计算公式为：

$$H = \frac{N_1 S_x}{LR_1} x \tag{3-65}$$

$$B = \frac{R_2 C S_y}{N_2 S} y \tag{3-66}$$

5. 起始磁导率 μ_i

磁导率 μ（指相对磁导率，下同）定义为

$$\mu = \frac{B}{\mu_0 H} \tag{3-67}$$

通常铁磁材料的 μ 是温度 T、磁化场 H、频率 f 的函数。在基本磁化曲线上，$H \to 0$ 时的磁导率称为起始磁导率，即

$$\mu_i = \lim_{H \to 0} \frac{B}{\mu_0 H} \tag{3-68}$$

实验仪器

实验使用的仪器由双踪示波器、磁滞回线实验仪、测试样品、功率信号源、可调标准电阻、标准电容和接口电路等组成。测试样品有两种，一种是圆形罗兰环，材料是锰锌功率铁氧体，磁滞损耗较小；另一种是 EI 型硅钢片，磁滞损耗较大。信号源的频率在 20～200 Hz 间可调；可调标准电阻 R_1 的调节范围为 0.1～11 Ω；R_2 的调节范围为 1～110 kΩ；标准电容在 0.1～11 μF 内可选。

实验样品的参数如下：

样品 1：平均磁路长度 $L=0.130$ m，铁芯实验样品截面积 $S=1.24\times10^{-4}$ m^2，线圈匝数：$N_1=150$，$N_2=150$；$N_3=150$。

样品 2：平均磁路长度 $L=0.075$ m，铁芯实验样品截面积 $S=1.20\times10^{-4}$ m^2，线圈匝数：$N_1=150$，$N_2=150$；$N_3=150$。

实验步骤

（1）显示和观察样品 1 和样品 2 在 25 Hz、50 Hz、100 Hz、150 Hz 交流信号下的磁滞回线图形。

①按图 3-54 所示的原理线路接线。

②示波器光点调至显示屏中心，调节实验仪频率调节旋钮，频率显示窗显示 50.00 Hz。

③单调增加磁化电流，即缓慢顺时针调节幅度调节旋钮，使示波器显示的磁滞回线上 B 值增加缓慢，达到饱和。改变示波器上 x、y 输入增益段开关并锁定增益电位器（一般为顺时针到底），调节 R_1、R_2 的大小，使示波器显示出典型美观的磁滞回线图形。

④单调减小磁化电流，即缓慢逆时针调节幅度调节旋钮，直到示波器最后显示为一点，位于显示屏的中心，即 x 和 y 轴线的交点，如不在中间，可调节示波器的 x 和 y 位移旋钮。

⑤单调增加磁化电流，即缓慢顺时针调节幅度调节旋钮，使示波器显示的磁滞回线上 B 值增加缓慢，达到饱和，改变示波器上 x、y 输入增益波段开关和 R_1、R_2 的值，示波器显示典型美观的磁滞回线图形。磁化电流在水平方向上的读数为（－5.00，＋5.00）格。

⑥逆时针调节幅度调节旋钮到底，使信号输出最小，调节实验仪频率调节旋钮，频率显示窗分别显示 25.00Hz、100.0Hz、150.0Hz，重复上述③—⑤的操作，比较磁滞回线形状的变化。

(2)测磁化曲线和动态磁滞回线，用样品 1 进行实验。

①在实验仪上接好实验线路，逆时针调节幅度调节旋钮到底，使信号输出最小。将示波器光点调至显示屏中心，调节实验仪频率调节旋钮，频率显示窗显示 50.00Hz。

②退磁。

a. 单调增加磁化电流，即缓慢顺时针调节幅度调节旋钮，使示波器显示的磁滞回线上 B 值增加变得缓慢，达到饱和。改变示波器上 x、y 输入增益段开关和 R_1、R_2 的值，示波器显示典型美观的磁滞回线图形。磁化电流在水平方向上的读数为（－5.00，＋5.00）格，此后，保持示波器上 x、y 输入增益波段开关和 R_1、R_2 值固定不变并锁定增益电位器，以便进行 H、B 的标定。

b. 单调减小磁化电流，即缓慢逆时针调节幅度调节旋钮，直到示波器最后显示为一点，位于显示屏的中心，即 x 和 y 轴线的交点，如不在中间，可调节示波器的 x 和 y 位移旋钮。实验中可用示波器 x、y 输入的接地开关检查示波器的中心是否对准屏幕 x、y 坐标的交点。

③测量磁化曲线（即测量大小不同的各个磁滞回线的顶点的连线）。

单调增加磁化电流，即缓慢顺时针调节幅度调节旋钮，磁化电流在 x 方向读数为 0、0.20、0.40、0.60、0.80、1.00、2.00、3.00、4.00、5.00（单位为格），记录

磁滞回线顶点在 y 方向上读数，磁化电流在 x 方向上的读数为(－5.00，＋5.00)格时，示波器显示典型美观的磁滞回线图形。此后，保持示波器上 x、y 输入增益波段开关和 R_1、R_2 值固定不变并锁定增益电位器，以便进行 H、B 的标定，作出 B-H 的函数关系图。

④动态磁滞回线

在磁化电流 x 方向上的读数为(－5.00，＋5.00)格时，记录示波器显示的磁滞回线在 x 坐标为 5.0、4.0、3.0、2.0、1.0、0、－1.0、－2.0、－3.0、－4.0、－5.0(单位为格)时，相对应的 y 坐标；在 y 坐标为 4.0、3.0、2.0、1.0、0、－1.0、－2.0、－3.0、－4.0(单位为格)时，相对应的 x 坐标，作出磁化曲线。显然 y 最大值对应饱和磁感应强度 B_s；$x=0$，y 读数对应剩磁 B_r；$y=0$，x 读数对应矫顽磁力 H_e。

注意事项

(1)使用仪器前先将信号源输出辐度调节旋钮逆时针旋到底，使输出信号最小。

(2)为防止采样电阻发热，需要调节频率调节旋钮使频率不致过低。

(3)积分电阻不宜小于 10 kΩ，积分电容不宜小于 3 μF，否则可能使磁滞回线图形发生畸变。

原始数据表格

1.测磁化曲线

示波器衰减开关档次：$S_x=$________/格、$S_y=$________/格。

$R_1=$______Ω，$R_2=$______Ω，标准电容 $C=$______μF。

表 3-22　B-H 曲线数据

序号	1	2	3	4	5	6	7	8	9	10	11	12
x(格)	0	0.20	0.40	0.60	0.80	1.00	1.50	2.00	2.50	3.00	4.00	5.00
H(A/m)												
y(格)												
B(mT)												

2. 测磁滞回线

表 3-23　磁滞回线数据

x(格)	H(A/m)	y(格)	B(mT)	x(格)	H(A/m)	y(格)	B(mT)

数据处理

(1)由表 3-22 作出 B-H 图像。

(2)由表 3-23 作出磁滞回线图像。

(3)B 最大值对应饱和磁感应强度 $-B_s=$ ________ mT、$B_s=$ ________ mT。

$H=0$ 时,B 读数对应剩磁 $-B_r=-$ ________ mT、$B_r=$ ________ mT。

$B=0$ 时,H 读数对应矫顽力 $-H_e=$ ________ A/m、$H_e=$ ________ A/m。

预习思考题

(1)磁滞回线包含的面积有什么物理意义?

(2)硬磁材料和软磁材料各有什么特点?

实验后思考题

(1)说明实验中退磁的原理。

(2)通电频率不同对样品材料有什么影响?

4 光学实验

4.1 光学实验的一般知识

4.1.1 光学元件和仪器的保护

光学元件，如透镜、棱镜、反射镜、光栅等，大多数是用光学玻璃制成的，对其光学性能，如折射率、反射率、透射率等都有一定的要求，而它们的机械性能和化学性能都很差，若使用和维护不当，如摔坏、磨损、污损、发霉、腐蚀等均会降低其光学性能，甚至损坏报废。为了安全使用光学元件和仪器，必须遵守以下规则：

(1)必须在了解仪器的操作和使用方法后方可使用仪器。

(2)轻拿轻放，勿使仪器或光学元件受到冲击或振动，特别要防止摔落。不使用的光学元件应随时装入专用盒内，并放在桌子的内侧或其他指定位置。

(3)不准用手触摸光学元件的(光学)表面。须用手拿光学元件时，只能接触其磨砂面、边缘、上下底面等非光学表面。

(4)光学表面上如果有灰尘，应用专用的干燥脱脂软毛笔轻轻拭去，或用橡皮球吹掉，不得用手擦拭或用嘴吹气，以免出现污痕或溅上唾液。

(5)光学表面上若有轻微的污痕或指印，用清洁的镜头纸轻轻拭去，但不能加压擦拭，不准用手帕、纸片等擦拭。若表面有较严重的污痕和指印，应交给实验人员作特殊的清洁处理(例如，用丙酮或酒精清洗等)。所有镀膜面均不能触碰或擦拭。

(6)调整光学仪器时，要耐心细致，需一边观察一边调整，动作要轻、慢，严禁野蛮操作。

(7)仪器用毕应放回箱(盒)内或加罩，防止灰尘沾污。

4.1.2 消视差

要测准物体的大小，必须将量度标尺与被测物体紧靠在一起，处于同一平面，如果标度尺远离被测物体，读数将随眼睛的位置不同而有所改变，这就是视差，如图 4-1 所示。光学实验中经常要测量像的位置和大小，其待测像往往是看得见而摸不着的，怎样才能判断标尺(叉丝)和待测像是紧靠在一起(即处于同一平面)的呢？这就要利用“视差”现象。如果待测像和叉丝未调到同一平面，当上下左右晃动眼睛时，叉丝与像将有相对位移，出现“视差”。边调节像面位置或叉丝位置，边微微晃动眼睛观察，直到“视差”消失。此称之为“消视差”调节。“消视差”调节是光学实验中必不可少的操作步骤。

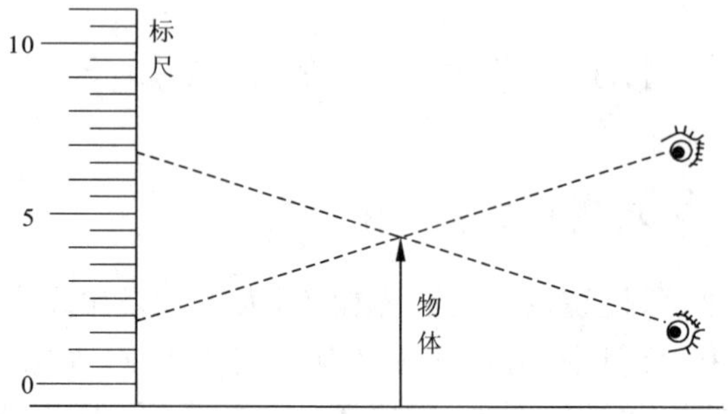

图 4-1　视差

4.1.3　同轴等高调节

光学实验中，经常要用一个或多个光学元件(透镜、测微目镜、双棱镜等)，为了获得好的像质或好的实验条件，必须使它们的光轴重合——同轴等高。同轴等高调节方法如下：

(1)粗调。将物和各光学元件靠拢在一起，调节它们的高低、左右位置，凭目测，使它们的中心大致在一条和导轨平行的直线上，元件平面与导轨垂直。这一步仅凭眼睛判断，称为粗调。

(2)细调。在粗调的基础上，再靠仪器或依成像规律来判断和调节，称为细调。不同的实验装置，其具体的调节方法也有所不同。下面介绍与单个凸透镜共轴的调节方法。

使物与凸透镜同轴，是指把物上的某一点(物点 B)调到透镜的主轴上。如图 4-2 所示，取物 AB 与屏间的距离 $L>4f$(f 为透镜的焦距)。将透镜沿光轴方向移到 O_1 和 O_2，分别在屏上成大像 A_1B_1 和小像 A_2B_2。物点 A 位于光轴上，物点 B 不在光轴上，两次所成像 B_1、B_2 也都不在光轴上(物点 B 在光轴上方，B_1、B_2 在光轴下方)，且不重合(B_1 在 B_2 下方)。小像的 B_2 点总比大像的 B_1 点更接近光轴。据此可知，欲将 B 调至光轴上，只需记住屏上大像上的 B_1 点及小像上 B_2 点的位置(可在屏上贴坐标纸用以记录位置)，调节透镜的高低左右，使 B_1 向 B_2 靠拢并稍超过(称“大像追小像”)，反复调节几次，逐步逼近，直到 B_1 和 B_2 重合，物点 B 便与透镜同轴了。

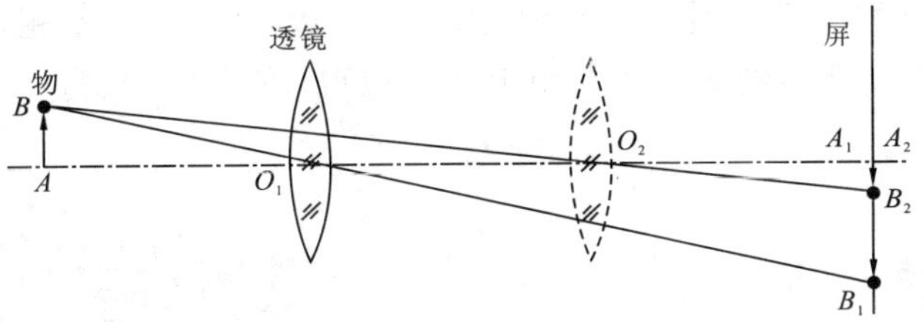

图 4-2　同轴等高调节

4.2　等厚干涉——牛顿环、劈尖

利用透明薄膜上下表面对入射光的依次反射，光将分解成具有一定光程差的几部分，它们在相遇时发生干涉。上下表面反射光在相遇处的光程差 δ 取决于入射光的入射角 i 与反射处薄膜的厚度 e。考虑到一般情况下透明薄膜两边的介质的折射率相同，于是上下表面反射光的光程差为

$$\delta = 2e\sqrt{n_2^2 - n_1^2\sin^2 i} + \lambda/2 \tag{4-1}$$

式中，n_1、n_2 分别为入射介质与透明薄膜的折射率；$\lambda/2$ 是某界面的反射光在该处如满足相位突变的条件时所产生的半波损失。

当以平行光入射时，两束反射光在相遇处的光程差取决于反射处薄膜的厚度 e。同一级干涉条纹所对应的薄膜厚度相同，故称为等厚干涉。

借助于等厚干涉，可以测量透镜的曲率半径、微小的角度、微小的长度和厚度，检查工件加工表面的光洁度和平整度等。

实验目的

(1)练习用等厚干涉法测量透镜的曲率半径及微小夹角；

(2)学习正确使用测量显微镜。

实验原理

1. 用牛顿环干涉原理测量透镜的曲率半径

将一曲率半径很大的平凸透镜的凸面放在一块平板玻璃上，在透镜的凸面与平板玻璃片之间形成空气薄膜，如图 4-3(a)所示，离接触点 O 等距离的膜层厚度相同。显然，等厚层点的轨迹是以 O 为圆心的一簇同心圆。

设凸透镜凸面的曲率半径为 R，离接触点 O 任一距离 r 处的空气层厚度为 e，则由图 4-3(a)的几何关系可知：

$$R^2 = (R - e)^2 + r^2$$

因为 R 一般具有数十厘米乃至数米的数量级，而 e 最大不超过毫米级，即 $R \gg e$。故可略去二级小量 e^2。于是由上式近似得 $2Re = r^2$，故有

$$e = r^2/(2R) \tag{4-2}$$

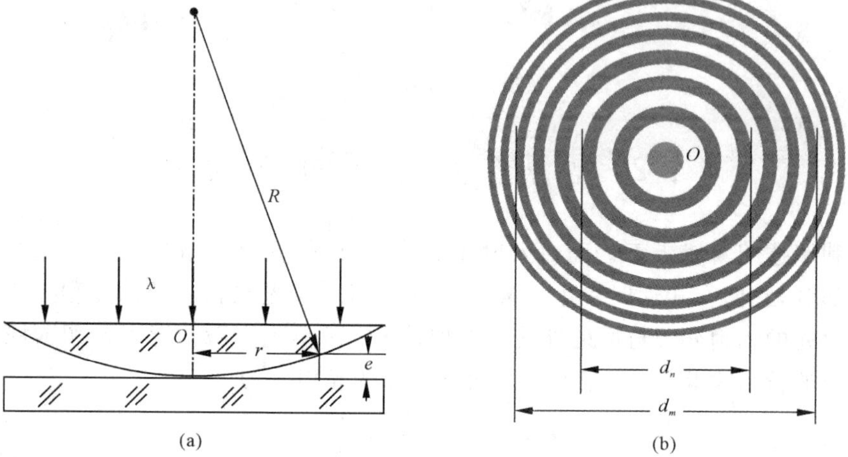

图 4-3　牛顿环干涉装置及干涉条纹示意

当波长为 λ 的平行光束垂直射向凸透镜与平面镜夹的空气膜时，由空气膜上表面和下表面反射的光所产生的光程差为

$$\delta = 2e + \lambda/2 \tag{4-3}$$

式中，$\lambda/2$ 是光在平板玻璃上反射时，发生半波损失而产生的附加光程差。当光程差 δ 为半波长的奇数倍时，发生相消干涉，形成暗条纹。由式(4-3)可知，第 m 级暗条纹应满足

$$\delta_m = 2e_m + \lambda/2 = (2m+1)\lambda/2 \quad (m = 0,1,2,\cdots) \tag{4-4}$$

当光程 δ 为半波长的偶数倍时，发生相长干涉，形成明条纹。由式(4-4)可知，第 m 级明条纹应满足

$$\delta_m = 2e_m + \lambda/2 = (2m)\lambda/2 = m\lambda \quad (m = 0,1,2,\cdots) \tag{4-5}$$

由于从透镜中心向外，空气层的厚度 e 逐渐增加，这样就交替地满足明条纹和暗条纹的条件，凡厚度相同的各点处在同一条干涉圆环上。所以可以看到一组明暗相间的同心圆环条纹——牛顿环，如图 4-3(b)所示。

因为暗环易于观测，实验中常以暗环为测试对象，将式(4-2)代入式(4-4)，将第 m 级条纹的半径写成 r_m，对应空气层厚度写成 e_m，于是

$$\delta_m = 2[r_m^2/(2R)] + \lambda/2 = r_m^2/R + \lambda/2 = (2m+1)\lambda/2 \quad (m = 0,1,2,\cdots)$$

有

$$r_m^2/R = m\lambda \quad (m = 0,1,2,\cdots) \tag{4-6}$$

可得第 m 级暗环半径为

$$r_m = \sqrt{mR\lambda} \quad (m = 0,1,2,\cdots) \tag{4-7}$$

可见 r_m 与 m 的平方根成正比。故由圆心往外，干涉级次愈大环纹愈密、愈细。

从式(4-7)可知，如果测得环纹的半径 r_m，知道了波长 λ，就可以算出凸透镜凸面的曲率半径 R。但由于玻璃的弹性形变以及接触处不干净的因素，平凸透镜与玻璃平板不可能是理想的点接触，所以牛顿环中央不是一点，而是一个很不规则的圆斑，以致难以准确地判定环纹的干涉级次 m。因此，我们往往用测量某两个暗环的半径 r_m 和 r_n 的平方差来计算 R。

由式(4-7)可得

$$R = \frac{r_m^2 - r_n^2}{(m-n)\lambda}$$

用环纹的直径 d 代替半径 r，于是上式可写作

$$R = \frac{d_m^2 - d_n^2}{4(m-n)\lambda} \tag{4-8}$$

式中，m、n 为正整数，且 $m>n$。

2. 用劈尖干涉原理测微小长度

将两块光学玻璃平板叠在一起，在一端插入一薄片(或细丝等)，则在两玻璃板之间形成一劈尖形空气膜。如图 4-4(a)所示。当用单色光垂直照射时，劈尖形空气膜上下表面的两束反射光发生干涉，其光程差为

$$\delta = 2e + \lambda/2$$

产生的干涉条纹是一簇与玻璃交接线平行的等间隔的明暗相间的干涉条纹，如图 4-4(b)所示。

显然产生暗条纹的条件为

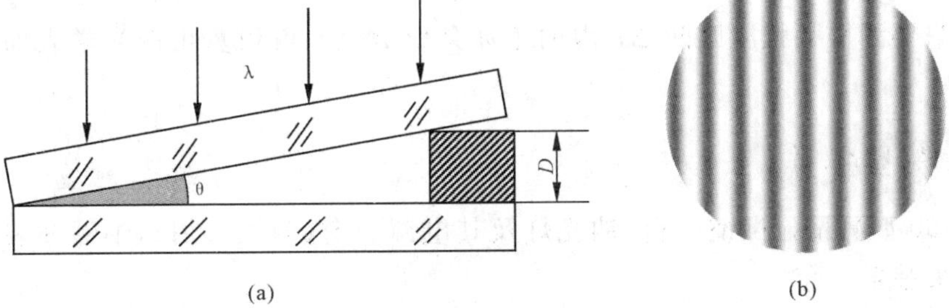

图 4-4　劈尖干涉装置及干涉条纹示意图

$$\delta_m = 2e_m + \lambda/2 = (2m+1)\lambda/2 \quad (m = 0,1,2,\cdots)$$

设从两玻璃交接线到所夹薄片(或细丝等)处的暗条纹数为 n,有

$$\delta_n = 2D + \lambda/2 = (2n+1)\lambda/2$$

则可知薄片(或细丝等)的厚度 D 为

$$D = n\lambda/2 \tag{4-9}$$

由式(4-9)可知,当波长已知时,数出薄片至劈尖棱边出现的干涉条纹数 n,即可算得相应的薄片厚度 D。对于光波的叠加,最亮的位置不易找到,故实验中是测量暗纹的读数。在测薄片(或细丝等)的厚度时,通常用测量显微镜,在显微镜中数干涉条纹数 n。一般 n 较大,为避免数数出现差错,可先测出某长度 Δx 内的干涉条纹数 Δn,得出单位长度内的干涉条纹数 $\Delta n/\Delta x$。若薄片与劈尖棱边的距离为 L,则薄片至劈尖棱边出现的干涉条纹数为 $n=L\Delta n/\Delta x$,代入式(4-9),得到薄片的厚度

$$D = n\lambda/2 = (L\Delta n/\Delta x)\lambda/2 = L\lambda\Delta n/(2\Delta x) \tag{4-10}$$

式(4-10)便是实验公式。可见,只要测得在 Δx 长度区间的条纹数 Δn 及劈尖棱边到薄片的距离 L,就可算得薄片的厚度 D。

这也是测微小夹角的原理。设两个光学表面间的夹角 θ,如图 4-4 中两光学玻璃内侧表面间的夹角为 θ,设某长度 Δx 内的干涉条纹数 Δn,对应 Δx 两端干涉条纹的级次分别为 k 和 $k+n$。这两干涉条纹数对应的光程差分别是

$$\delta_k = 2e_k + \lambda/2 = 2x_k\theta + \lambda/2 = (2k+1)\lambda/2$$

$$\delta_{k+n} = 2e_{k+n} + \lambda/2 = 2x_{k+n}\theta + \lambda/2 = [2(k+n)+1]\lambda/2$$

上两式是在角 θ 很小(一般是分或秒的数量级)的前提下,才有 $e_k = x_k\sin\theta = x_k\tan\theta = x_k\theta$ 这样的结果而得出的。下式减上式,有

$$2(x_{k+n} - x_k)\theta = 2\Delta x\theta = n\lambda$$

于是得两光学表面间的夹角 θ 为

$$\theta = \frac{n\lambda}{2\Delta x} \tag{4-11}$$

可见,只要测得某长度区间 Δx 内的干涉条纹数 Δn,就可算出两光学表面间的夹角 θ。

实验仪器

J-50 型测量显微镜一台,钠光灯及其电源一套(两人共用),牛顿环装置一套,劈尖装置一套。

1. J-50 型测量显微镜

(1)测量显微镜的结构

显微镜的光路如图 4-5 所示。物体 AB 靠近物镜 L_1 的焦点 F_1 的外侧，由 AB 发出的光线经物镜后形成放大的倒立实像 $A'B'$，$A'B'$ 位于目镜 L_2 焦点 F_2 的内侧且紧靠 L_2 的焦点 F_2。于是，再通过目镜形成一位于人眼明视距离处的放大虚像 $A''B''$。显微镜的视角放大率为物镜的线放大率与目镜的视角放大率的乘积。根据不同的测量要求，读数显微镜的量程、分度值和视角放大率等可以有不同规格。实验室所用的 J-50 型读数显微镜，其结构是在前述测微目镜的接头套筒上接一个装有线放大率为 1 的物镜镜筒。

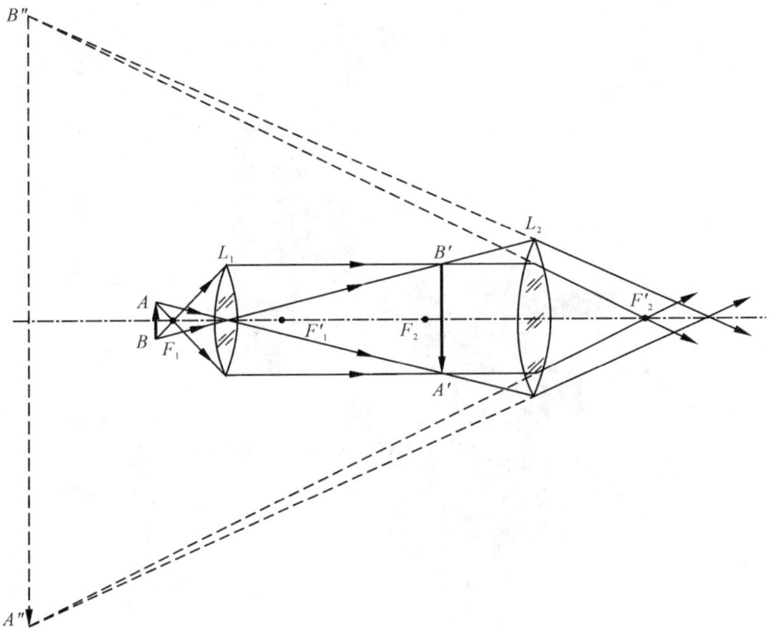

图 4-5　显微镜光路

显微镜通常起放大物体的作用。而测量显微镜（放大倍数略小）除放大物体外，还能测量物体的大小，它主要是用来精确测量那些微小的或不能用夹持仪器（游标卡尺、螺旋测微器等）测量的物体的大小，例如，毛细管的内径、金属杆的线膨胀量、狭缝宽度等。

J-50 型测量显微镜如图 4-6 所示。目镜 2 安插在棱镜座 3 的目镜套筒内，旋转目镜筒，观察者可对镜筒内的“十”字叉丝调焦，目镜止动螺钉 1 可以用来固定目镜的位置，棱镜座能够转动，以便改变观察方位，物镜 5 直接旋在镜筒 4 上，组合成显微镜主体。45°玻璃镜 6 套在物镜 5 上，目的是在做牛顿环和劈尖干涉实验时，将正面射来的单色光反射到牛顿环或劈尖装置上，产生干涉，干涉条纹又可以透过 45°玻璃镜 6 进入显微镜视场而进行测量。转动调焦手轮 15 可使显微镜上下升降进行调焦。支架 13 插在立柱 10 内，并可在立柱 10 内沿竖直轴转动；支架 13 还可借助旋转手柄 11 紧固在立柱 10 的适当位置上；松开紧固手轮 14（在图的背面），支架 13 可以前后移动，移动到适当位置后，再通过旋紧紧固手轮得以固定。旋转测微鼓轮 12 可使镜筒 5 沿 x 轴向左右移动。测微鼓轮周边上刻线将圆周分成 100 等份，每格相对应的移动量为 0.01 mm，其读数方法和螺旋测微计相似。

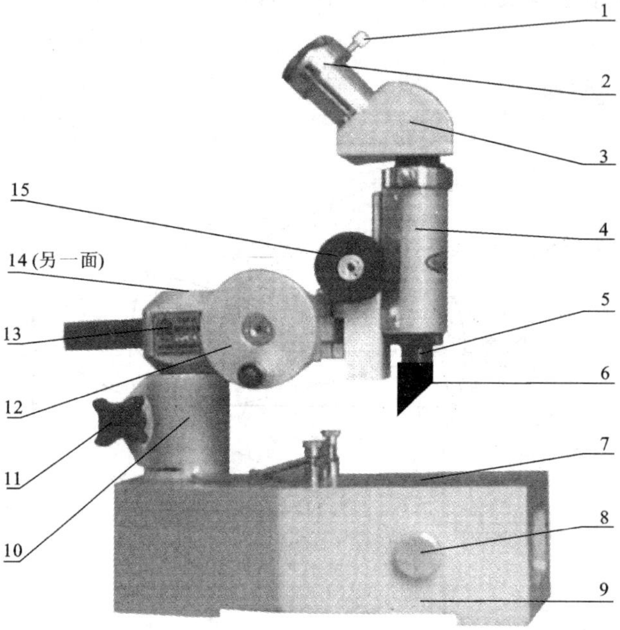

图 4-6　测量显微镜

1—目镜止动螺钉；2—目镜；3—棱镜座；4—镜筒；5—物镜；6—45°玻璃镜；7—工作台；8—反光镜转动手轮；9—底座；10—立柱；11—紧固手轮；12—测微鼓轮；13—支架；14—紧固手轮；15—调焦手轮

（2）测量显微镜的使用方法

测量前先调节目镜与分划板间的距离。因为每个人眼睛的焦距不同，眼睛与目镜组成的新“目镜”的焦距也不同，所以必须调节目镜与分划板间的距离，即对人眼调焦。调焦好坏的标准是能否看清分划板上的黑色“十”字叉丝线，“十”字叉丝线看得越细越清楚越好。然后再调节整个显微镜与被测物的距离，即物镜与被测物之间的距离，看清楚物体，并要求无视差，其标准是人眼在镜筒口上下、左右晃动时，被测物与黑色的“十”字叉丝线无位移。长度的测量仍须利用测微目镜上的读数装置，这是因为物镜的作用只是把待测物转换成 1∶1 的实像以叠合在目镜的分划板上而已。实验室常用的读数显微镜，分度值是 0.01 mm，量程为 50 mm。毫米标尺（主尺）位于镜筒之外并与其光轴垂直。转动读数鼓轮时，镜筒即铅直地沿标尺移动。因此，目镜镜筒内不附有读数装置，只是在紧挨焦面的内侧固定一块有“十”字准线的分划板。旋转读数鼓轮，可使目镜分划板上的准线依次对准被测物像的两端，两读数之差即为待测线度。

测量牛顿环与劈尖的干涉条纹时，将干涉装置牢靠地安置在测量工作台上后，利用调焦手轮将物镜自下而上移动（注意：将物镜由上而下进行调焦，会使物镜碰到待测物，造成损坏），直到视场清晰，使目镜中“十”字叉丝与被测原始基准（包括点、线、面）的像相重合，设此时 x 轴的示值为初读数 x_0；然后旋转测微鼓轮，移动视场，再使目镜中“十”字叉丝与被测距离的另一基准的像相重合，记下 x 轴的示值 x_i，$x_i - x_0$ 便是两点间的距离或线长。

2. 牛顿环装置

组成牛顿环装置的平面镜与凸透镜装在金属支架内，金属支架的三个螺丝可以调节平面镜与凸透镜的接触方位。三个螺丝调节合适时，平面镜与凸透镜的接触点在镜子的中央。为了不使个别学生调节不合适时三个螺丝拧得过紧而把牛顿环装置中的镜片压破，教师已将牛顿环装置调好，学生切不可再拧三个螺丝。

实验步骤

1. 用牛顿环测量透镜的曲率半径

(1)开钠光灯电源，预热 15 min。

(2)按图 4-7 所示安置仪器。

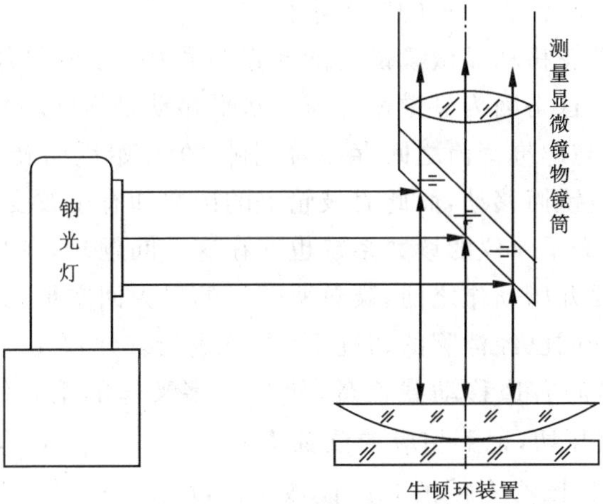

图 4-7　牛顿环干涉仪器布置图

(3)转动测微鼓轮,让读数指针指在标尺的中部,使显微镜筒向两边都有足够的移动空间。

(4)转动测量显微镜物镜筒,使其与水平成45°角的斜面的进光孔正对着钠光灯出光孔,以便位于物镜镜筒口的玻璃片将来自钠光灯的光反射到牛顿环装置上。

(5)旋转目镜,看清"十"字叉丝线;旋转目镜筒,使一准线与标尺垂直,另一准线与标尺平行。

(6)转动调焦手轮,先使物镜向下接近牛顿环镜片,同时人眼在外监视,不让45°玻璃镜筒触碰压碎玻璃片;再反向转动调焦手轮缓慢提起显微镜筒,人眼在显微镜内观察,对显微镜仔细调焦(见上面测量显微镜的使用方法),并调整光源与显微镜的相对位置以及牛顿环在载物台上的位置。除了能看清干涉条纹外还必须满足:显微镜的视场有足够的亮度;干涉图样与"十"字叉丝都能看清,不存在视差;并且当显微镜的载物台左右移动时,使牛顿环的中心尽量在"十"字叉丝的水平线上移动,垂直准线始终能与圆环相切。

(7)测量牛顿环直径,计算透镜的曲率半径。

转动测微鼓轮,在载物台上的牛顿环装置随之作水平方向移动。当垂直准线与圆心左边的第 m 级暗纹相切时,记下读数为 L_m,与圆心右边的同级暗纹相切时,记下读数为 L_m',则第 m 级环纹的直径为

$$d_m = | L'_m - L_m | \tag{4-12}$$

可选择测第 11～15 环的直径为 d_n,第 21～25 环的直径为 d_m,依次记下欲测的各级环纹在圆心两侧与"十"字叉丝的垂直线相切的读数,求出各级牛顿环的直径,然后代入式(4-8)计算透镜的曲率半径 R。

在旋转测微鼓轮移动显微镜镜筒的测量过程中,必须顺着一个方向旋转测微鼓轮,防止倒转,这是因为显微镜镜筒的水平移动是靠转动测微鼓轮带动丝杆实现的,由于丝杆与螺母套筒之间存在着间隙,在开始反向转动鼓轮时,可能没有立即带动显微镜镜筒移动,而此时鼓轮上的读数却有了改变,因而引起较大的测量误差(迈克尔逊干涉仪的读数系统也存在这个问题)。在开始反向转动鼓轮后显微镜镜筒刚要开始动作之前,鼓轮所转过的量为回空量,又叫螺距差。实验要在回空量确实证明已经消除的情况下,方可进行。建议由干涉环中心左侧 $m=30$ 的环纹开始,向右边移动载物台,使"十"字叉丝的垂直线依次与 $m=25$,24,…,12,11 环纹相切,记下相应的读数 L_{25},L_{24},…,L_{12},L_{11},越过中心后逐次递增干涉级,并测出圆心右侧的相应读数 L'_{11},L'_{12},…,L'_{24},L'_{25}。中心两侧对应环纹的读数之差便为该级环纹的直径。同级环纹的切点相对中心应对称。

2. 用劈尖干涉法测微小角度

(1)将劈尖置于显微镜载物台上。仿照步骤1中的(1)~(6),调节后能看清干涉条纹。

(2)调整劈尖装置,使干涉条纹与"十"字叉丝的垂直线平行。

(3)从某暗纹开始,记下此时读数显微镜的读数 x_1;然后每数一条,记下读数显微镜的读数,直到第五条,即记下5个读数显微镜的读数 x_1、x_2、x_3、x_4、x_5。此后数到21、22、23、24、25,记下对应读数显微镜的读数 x_{21}、x_{22}、x_{23}、x_{24}、x_{25}。算出20个条纹的宽度 $\Delta x_{20}=x_{20+i}-x_i$。

(4)用式(4-11)计算微小角度 θ。

注意事项

(1)寻找干涉条纹时,一定要先转动调焦手轮,在人眼的监视下使物镜向下接近牛顿环镜片,不让45°玻璃镜筒压碎玻璃片,然后再反向转动调焦手轮缓慢提起显微镜筒对显微镜仔细调焦。

(2)测量过程中不容许测微鼓轮倒转。

原始数据表格

(1)用牛顿环测凸透镜凸面的曲率半径。

已知钠黄光的波长为 $\lambda=589.3$ nm

测量显微镜量程________mm,分度值________mm。

表4-1 凸透镜凸面的曲率半径

暗纹级次		L_i(mm)	L'_i(mm)	$d_i=\|L'_i-L_i\|$(mm)	d_i^2(mm^2)	$\Delta d^2=d_m^2-d_n^2$(mm^2)
m	25					
	24					
	23					
	22					
	21					
n	15					$\overline{\Delta d^2}=$ $S_{\overline{\Delta d^2}}=$
	14					
	13					
	12					
	11					

(2)用劈尖干涉法测微小角度的表格自拟。

数据处理

1. 用牛顿环测凸透镜凸面的曲率半径(用逐差法处理数据)

(1)求 $\Delta d^2 = d_m^2 - d_n^2$ 的平均值 $\overline{\Delta d^2}$ 及不确定度 $\Delta(\Delta d^2)$

其中 B 分量按以下方式处理:

因 $\Delta d^2 = d_m^2 - d_n^2$,两边微分(微分号 d 用 δ 代替),有

$$\delta(\Delta d^2) = 2d_m \delta d_m - 2d_n \delta d_n$$

$$\Delta(\Delta d^2)_{仪} = [4d_m^2(\Delta d_{m仪})^2 + 4d_n^2(\Delta d_{n仪})^2]^{1/2}$$

而 $\Delta d_{m仪} = \Delta d_{n仪} = 0.005$ mm,将 d_m^2 用 $\overline{d_m^2}$ 代替,d_n^2 用 $\overline{d_n^2}$ 代替,求得 $\Delta(\Delta d^2)_{仪}$,从而得出

$$\Delta_B(\Delta d^2) = \Delta_{仪}(\Delta d^2)$$

本来由于条纹不细锐,造成了数 m、n 数时发生偏差,对于 m、n 的不确定度,一般取 $\Delta m = \Delta n > 0.1$。但在这儿不考虑,只认为 m、n 是准确的;钠光波长 λ 由实验室给出,也认为是准确的。

所得数据填入表 4-2。

表 4-2　Δd^2 的平均值 $\overline{\Delta d^2}$ 及不确定度 $\Delta(\Delta d^2)$　　单位:mm²

$\overline{\Delta d^2}$	$S_{\overline{\Delta d^2}}$	t 值(无单位)	$\Delta_A(\Delta d^2)$	$\Delta_{仪}(\Delta d^2)$	$\Delta_B(\Delta d^2)$	$\Delta(\Delta d^2)$

其中

$$\overline{\Delta d^2} = \frac{1}{n}\sum_{i=1}^{n}(\Delta d_i^2)$$

$$S_{\overline{\Delta d^2}} = \sqrt{\sum_{i=1}^{n}[(\Delta d_i^2) - \overline{\Delta d^2}]^2/[n(n-1)]}$$

$$\Delta_A(\Delta d^2) = tS_{\overline{\Delta d^2}}$$

$$\Delta(\Delta d^2) = \sqrt{[\Delta_A(\Delta d^2)]^2 + [\Delta_B(\Delta d^2)]^2}$$

(2)用公式

$$R = \frac{d_m^2 - d_n^2}{4(m-n)\lambda} = \Delta(d^2)/[4(m-n)\lambda]$$

$$\Delta R = \Delta(\Delta d^2)/[4(m-n)\lambda]$$

求出 $\overline{R}$,并求出其不确定度 ΔR。写出结果表达式 $R = \overline{R} \pm \Delta R$。

2. 测劈尖顶角 θ

仿上面的方法求劈尖顶角 θ 及其不确定度 $\Delta\theta$,并写出结果表达式 $\theta = \bar{\theta} \pm \Delta\theta$。

预习思考题

(1)写出正确使用测量显微镜的几点要求。

(2)实验中为什么不用式(4-7)测透镜的曲率半径?

(3)如果牛顿环没有变形,中心条纹是什么形状?是明纹还是暗纹?

(4)如果改变空气劈尖的角度,使其增大,条纹如何变化?棱边处条纹是明还是暗?

实验后思考题

(1)牛顿环和劈尖的实验为什么要用单色光?若用复色光照明会出现什么现象?

(2)使用钠光灯应该注意哪些问题?(可参看使用说明书。)

(3)使用测量显微镜测微小长度时,为什么只许显微镜镜筒向一个方向移动,即实验过程中,测微鼓轮不能倒转?

(4)为什么说显微镜测量的是实际的长度,而不是显微镜内放大了的线度?如果改变显微镜筒的放大倍率,是否会影响测量结果?

4.3 用分光计测棱镜的顶角和折射率

折射率是物质材料的一个重要光学参数,它不仅与材料的组成有关,而且还是波长的函数,所以测定折射率是十分重要的。

实验目的

(1)继续学习分光计的结构原理,调节和使用分光计的方法;

(2)测量棱镜的顶角;

(3)观察复色光的色散现象;

(4)用最小偏向角法测定棱镜的折射率。

实验原理

1. 测棱镜顶角

(1)自准法。将三棱镜置于已经调好的分光仪的载物台上,调载物台使棱镜的两侧面 AB 与 AC 平行于分光计主轴。让望远镜先后垂直对准顶角 A 的两个侧面 AB 与 AC。设望远镜转过的角度为 φ,如图 4-8 所示。由几何关系可得顶角 A 的值为

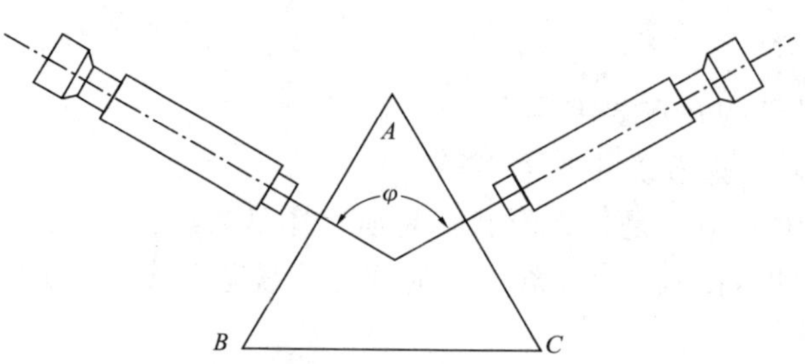

图 4-8　自准法测棱镜顶角

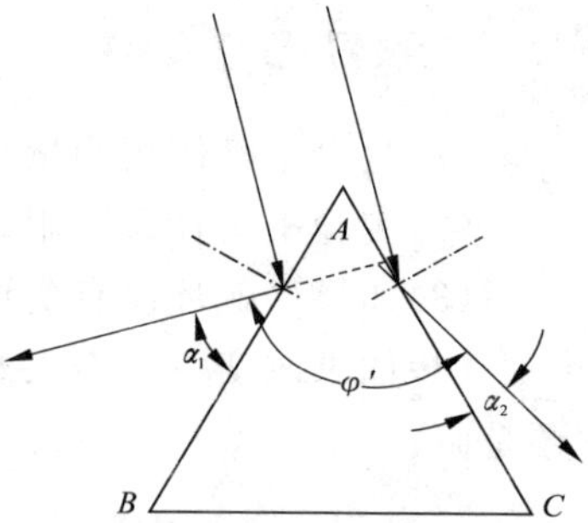

图 4-9　反射法测棱镜顶角

$$A=\pi-\varphi \tag{4-13}$$

(2)反射法。将三棱镜置于已经调好的分光仪载物台上，调载物台使棱镜的两侧面 AB 与 AC 平行于分光计主轴。让棱镜顶角对准平行光管，使部分平行光由 AB 面反射，另一部分平行光由 AC 面反射，转动望远镜测出此二反射光的夹角 φ'，如图 4-9 所示。由几何关系知

$$\varphi'=A+\alpha_1+\alpha_2$$

$$A=\alpha_1+\alpha_2$$

其中 α_1、α_2 为反射线与棱镜侧面的夹角，故有

$$A=\varphi'/2 \tag{4-14}$$

2. 测棱镜玻璃的折射率

我们用的方法是通过测最小偏向角来测棱镜玻璃的折射率 n。如图 4-10 所示，ON 与 $O'N'$ 分别为两折射面的法线，光线 PO 经待测棱镜两次折射后沿 $O'P'$ 方向射出，出射线 $O'P'$ 与入射线 PO 的夹角 δ 为偏向角。根据图中的几何关系可得 δ 与顶角 A 分别是

$$\delta=(i_1-i'_1)+(i'_2-i_2)$$

$$A=i'_1+i_2$$

有

$$\delta=(i_1+i'_2)-A \tag{4-15}$$

对于给定的棱镜，顶角是固定的，则 δ 随 i_1 和 i'_2 而变化，而 i'_2 依次与 i_2、i'_1 和 i_1 相关，因此，i'_2 归根结底是 i_1 的函数，偏向角 δ 也就仅随 i_1 而变化。可以证明当 $i'_2=i_1$ 时，δ 有一极小值 $\delta_{\min}$（称为最小偏向角）。证明如下：

为求 δ 的极值，令 $\mathrm{d}\delta/\mathrm{d}i_1=0$，则由式(4-15)得

$$0=\frac{\mathrm{d}\delta}{\mathrm{d}i_1}=1+\frac{\mathrm{d}i'_2}{\mathrm{d}i_1}$$

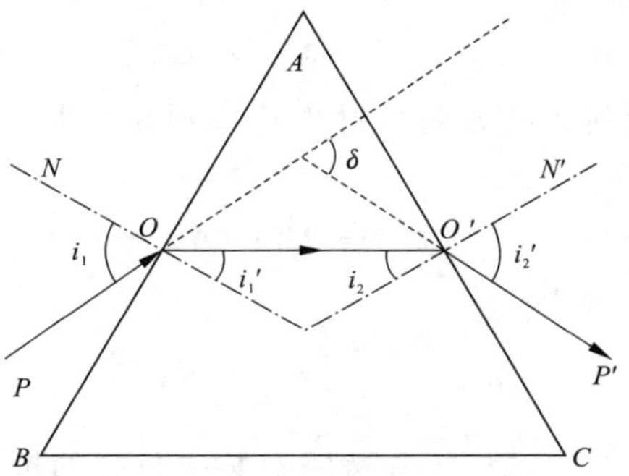

图 4-10　入射光在棱镜中的折射

$$\frac{\mathrm{d}i_2'}{\mathrm{d}i_1}=-1$$

再利用 $A=i_1'+i_2$ 和两折射面处的折射条件：

$$\sin i_1=n\sin i_1' \qquad n\sin i_2=\sin i_2' \tag{4-16}$$

对式 $A=i_1'+i_2$ 和式(4-16)两边微分，得

$$0=\mathrm{d}i_1'+\mathrm{d}i_2,\quad \cos i_1\mathrm{d}i_1=n\cos i_1'\mathrm{d}i_1',\quad n\cos i_2\mathrm{d}i_2=\cos i_2'\mathrm{d}i_2'$$

有

$$\mathrm{d}i_2/\mathrm{d}i_1'=-1,\quad \mathrm{d}i_1'/\mathrm{d}i_1=\cos i_1/(n\cos i_1'),\quad \mathrm{d}i_2'/\mathrm{d}i_2=n\cos i_2/\cos i_2'$$

因

$$\frac{\mathrm{d}i_2'}{\mathrm{d}i_1}=\frac{\mathrm{d}i_2'}{\mathrm{d}i_2}\cdot\frac{\mathrm{d}i_2}{\mathrm{d}i_1'}\cdot\frac{\mathrm{d}i_1'}{\mathrm{d}i_1}$$

有

$$-1=\frac{n\cos i_2}{\cos i_2'}\cdot(-1)\cdot\frac{\cos i_1}{n\cos i_1'}$$

于是得

$$1=\frac{\cos i_2}{\cos i_2'}\cdot\frac{\cos i_1}{\cos i_1'}=\frac{\cos i_2\sqrt{1-\sin^2 i_1}}{\cos i_1'\sqrt{1-\sin^2 i_2'}}$$

$$=\frac{\cos i_2\sqrt{1-n^2\sin^2 i_1'}}{\cos i_1'\sqrt{1-n^2\sin^2 i_2}}=\frac{\sqrt{\sec^2 i'_1-n^2\tan^2 i_1'}}{\sqrt{\sec^2 i_2-n^2\tan^2 i_2}}$$

$$=\frac{\sqrt{1+\tan^2 i_1'-n^2\tan^2 i_1'}}{\sqrt{1+\tan^2 i_2-n^2\tan^2 i_2}}=\frac{\sqrt{1+(1-n^2)\tan^2 i_1'}}{\sqrt{1+(1-n^2)\tan^2 i_2}}$$

得

$$\tan i_1'=\tan i_2$$

而在棱镜折射的情况下 i_1' 和 i_2 均小于 $\pi/2$，故 $i_1'=i_2$。则由式(4-16)，得到 $i_1=$

i'_2,可见 δ 取极值 $\delta_{\min}$ 时,有

$$i'_1 = i_2 \quad 或 \quad i_1 = i'_2$$

显然,这时入射光和出射光的方向相对于棱镜顶角是对称的。将以上结果代入式(4-15),得

$$\delta_{\min} = 2i_1 - A \tag{4-17}$$

或

$$i_1 = \frac{1}{2}(\delta_{\min} + A)$$

而 $A = i'_1 + i_2 = 2i'_1$,得 $i'_1 = A/2$。于是棱镜对某单色光的折射率 n 为

$$n = \frac{\sin i_1}{\sin i'_1} = \frac{\sin \dfrac{\delta_{\min} + A}{2}}{\sin \dfrac{A}{2}} \tag{4-18}$$

可见,只要测出棱镜的顶角 A 和最小偏向角 $\delta_{\min}$ 后,就能按照式(4-18)算出棱镜的折射率 n 。

透明材料的折射率是光波波长的函数。同一材料的棱镜对不同波长的光具有不同的折射率,所以当复色光经棱镜折射后,不同波长的光将因偏向角不同而分开,故棱镜常作为摄谱仪或类似仪器的分光元件。

实验要求测定棱镜对汞灯的绿光($\lambda_1 = 546.1$ nm)和黄光($\lambda_2 = 577.0$ nm)两种波长光的折射率。

实验仪器

JJY 型分光计一台,平行平镜一个,三棱镜一个,汞灯及电源一套。

(请实验者务必仔细耐心地学习仪器的使用,否则实验将无法进行。)

1. 分光计的结构

分光计是用来精确测量入射光与出射光之间偏转角度的一种仪器,用它可以测量折射率、色散率、光波波长等。分光计的基本部件和调节原理与其他复杂的光学仪器(例如摄谱仪、单色仪等)有许多相似之处,学习和使用分光计可为今后使用精密的光学仪器打下良好的基础。分光计装置精密,结构复杂,调节要求高,对初学者有一定的难度。但只要注意了基本结构和测量光路,严格按调节步骤耐心进行调节,定能较好地达到要求。

分光计主要由平行光管、自准直望远镜(与游标盘相连)和载物平台(与主分度盘相连)三部分组成,其中除平行光管被固定外,其他两部分均可绕仪器竖直中心轴转动。

不同型号的分光计在结构上虽有所不同,但其主要组成部分却相似。JJY

型分光计如图 4-11 所示。

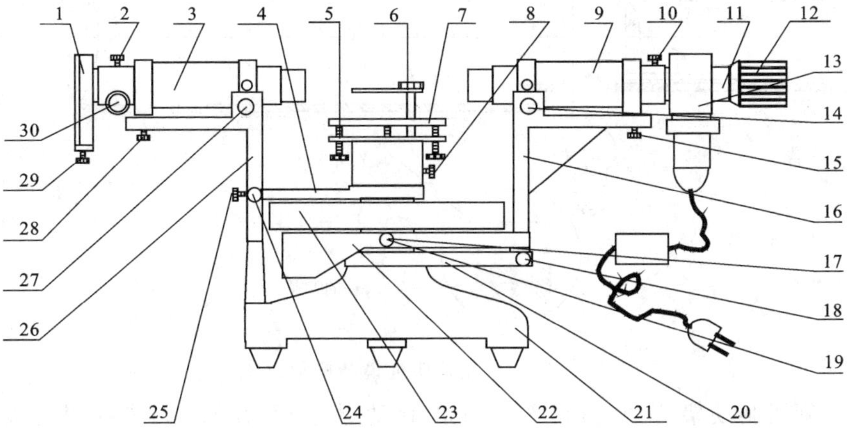

图 4-11　分光计

1—狭缝装置；2—(侧面)狭缝装置锁紧螺钉；3—平行光管；4—制动架 B；5—载物台调平螺钉；6—载物台上夹物装置；7—载物台；8—载物台锁紧螺钉；9—望远镜；10—(侧面)目镜锁紧螺钉；11—阿贝式自准直目镜；12—目镜调焦手轮；13—"十"字丝照明装置；14—望远镜方位调节螺钉；15—望远镜水平调节螺钉；16—支撑臂；17—转座与度盘止动螺钉(背面)；18—望远镜微调螺钉；19—望远镜止动螺钉；20—制动架 A；21—底座；22—转座；23—度盘与游标盘；24—游标盘微调螺钉；25—游标盘止动螺钉；26—立柱；27—平行光管方位调节螺钉；28—平行光管光轴水平调节螺钉；29—狭缝宽度调节螺钉；30—调焦手轮

(1)分光计采用的是自准望远镜，望远镜中常用的自准目镜有高斯目镜和阿贝目镜两种。本实验用的 JJY 型分光计使用的是阿贝目镜。望远镜中的物镜、叉丝分划板和目镜分别装在 3 个套筒中，彼此可以相对滑动以便调节，如图 4-12所示。中间一个套筒装分划板，其上刻有双"十"字"╪"形叉丝，分划板下方与小棱镜的一个直角面紧贴，在这个直角面上刻有一个绿"十"字形透光孔，套筒上正对棱镜的另一直角面处开有小孔并装一小灯。小灯的光进入小孔后经小棱镜照亮"十"形孔。如果孔平面正好处在物镜的焦面上，从孔发出的光经物镜后成一平行光束。如果前方有一平面镜将这束光反射回来，再经物镜成像于焦平面上，那么从目镜中可以同时看到双"十"字"╪"形叉丝与绿"十"字形孔的反射像，并且不应有视差。这就是自准法调节望远镜适合观察平行光的原理。如果望远镜的光轴与平面镜的法线平行，在目镜里看到的"十"形孔像应与双"十"字"╪"形叉丝的上交点重合。(为什么?)

如图 4-11 所示，阿贝式自准直望远镜 9 安装在支撑臂 16 上，支撑臂与转座 22 固定在一起，并套在 23 中的度盘上，当松开止动螺钉 19 时，转座与度盘可作相对转动；当旋紧止动螺钉 19 时，转座与度盘一起旋转，亦即望远镜与度盘一起

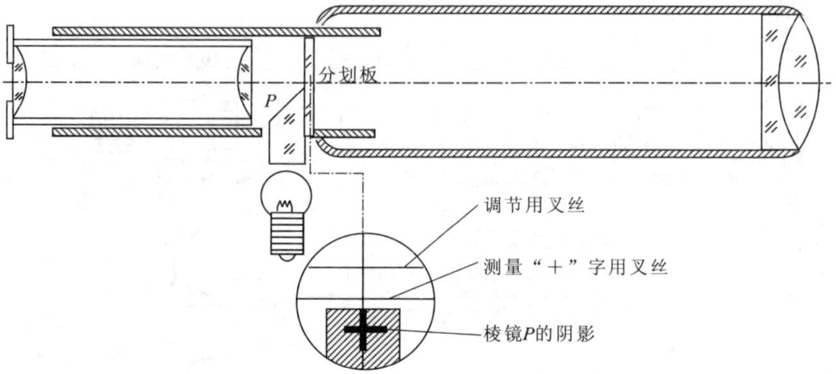

图 4-12　分光计望远镜结构示意图

旋转。旋紧制动架 A 20 与底座 21 上的止动螺钉 17(在图4-11中与望远镜止动螺钉 19 正对着的另一侧)时，借助制动架 A 末端上的调节螺钉 18 可以对望远镜进行微调(旋转)。望远镜系统光轴的水平(倾斜度)和方位可通过调节螺钉 15、14 进行调节。

(2)平行光管(又称准直管)安装在与底座固定在一起的立柱 26 上，用来获得平行光束，它的一端装有消色差的复合准直物镜，另一端是套筒，套筒末端有一狭缝装置 1，狭缝的宽度可由螺丝 29 调节，调节范围为 0.02～2 mm。旋转调焦手轮 30 可前后移动套筒以改变狭缝和准直物镜之间的距离，当狭缝位于物镜的焦平面时，从狭缝入射的光束经准直物镜后成为平行光束。平行光管下方的螺钉 28 可用来调整平行光管的倾斜度，调节螺钉 27 用来对其光轴的方位进行微调。

(3)载物台 7 套在 23 的游标盘上并可绕中心轴旋转。旋转载物台锁紧螺钉 8 和制动架B 4与游标盘的止动螺钉 25 时，借助立柱上的调节螺钉 24 可以对载物台进行微调(旋转)。放松载物台锁紧螺钉 8 时，可根据需要升高或降低载物台，调到所需位置后，再把锁紧螺钉 8 旋紧。载物台有三个调平螺钉 5，用来调节载物台面与旋转中心线的垂直。

(4)读数机构包括 22 中的度盘和游标盘，两者都套在中心轴上，中心轴固定于底座 21 的中央，度盘和游标盘可绕中心轴旋转，度盘下端有一推力轴承支撑，使之旋转轻便灵活。度盘上刻有 720 等份的刻线，每一格的分度为 30′，小于半度或过半度的数值则从游标上读出，游标上刻有 30 小格，其弧长与圆刻度盘上 29 个分格刻度相当，如图 4-13 所示。因此游标每一小格对应角度为 1′。游标的角度读数方法与游标卡尺的读数相似。整数度读度盘上的位于游标 0 刻度线(0′)前边且紧靠游标 0 刻度线的读数，度以下的分(′)读副尺(即游标)上的某刻度线与主尺某刻度线重合的那一刻度线的读数。图 4-14 标出了度(°)以下小于 30′(<30′)的角度的读法,从图中可以看出,此角的读数是 10°16′;图 4-15 标出了度(°)以下大于 30′(>30′)的角度的读法,从图中可以看出,此角的读数是 76°47′。

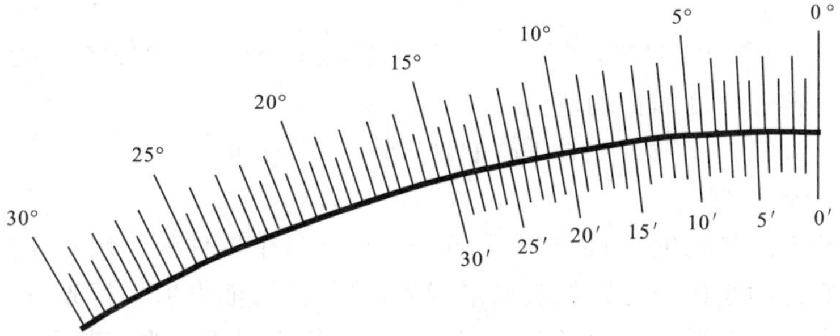

图 4-13　角度游标尺的分度

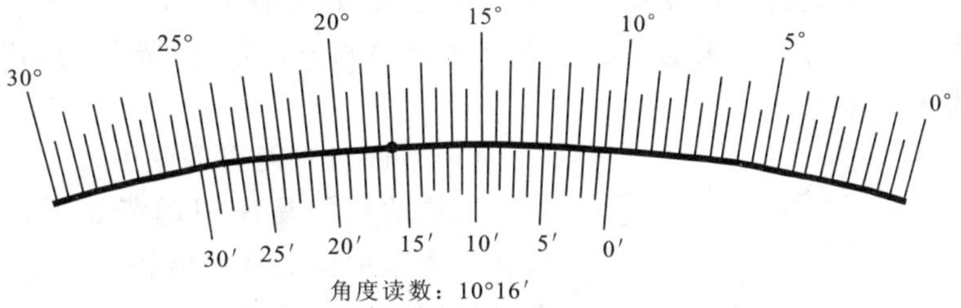

图 4-14　角度的分数小于 30′的读法

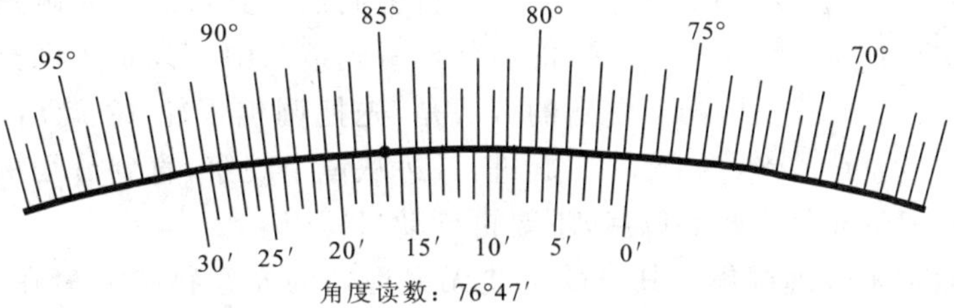

图 4-15　角度的分数大于 30′的读法

为了消除刻度圆盘中心轴线与分光计中心轴线之间由于制造带来的偏心差,在刻度盘同一直径的两端(相隔 180°)各装有一个游标。测量时,两个游标都应读数,然后算出每个游标两次读数的差,再取平均值。这个平均值即为望远镜(或载物台)所旋转过的角度,并消除了偏心差。

读数举例:

望远镜初始位置读数:

游标 a：335°5′；　　　　　　　　游标 b：155°02′。

望远镜转过 θ 角后位置读数：

游标 a：95°7′；　　　　　　　　游标 b：275°6′。

差数：

游标 a：360°＋95°7′－335°5′＝120°2′；游标 b：275°6′－155°2′＝120°4′。

望远镜转过角度的平均值为

$$\theta = (120°2' + 120°4')/2 = 120°3'$$

2. 分光计的调节

为了准确测量角度，测量前应了解分光计上每个零件的作用及其调节功能。调节的主要目的是使望远镜能观察平行光，平行光管能发射平行光，望远镜和平行光管的光轴与仪器转动中心轴垂直。平行光管出射平行光与其光轴垂直分光计主轴是以望远镜对无穷远调焦和其光轴垂直分光计中心轴为基准来完成的。调节中最难的是望远镜光轴垂直分光计中心轴，如果搞不清调节原理与方法，即使用完 3 个学时的实验课也无法完成分光计的调节，所以分光计的调节应引起实验者的充分注意。

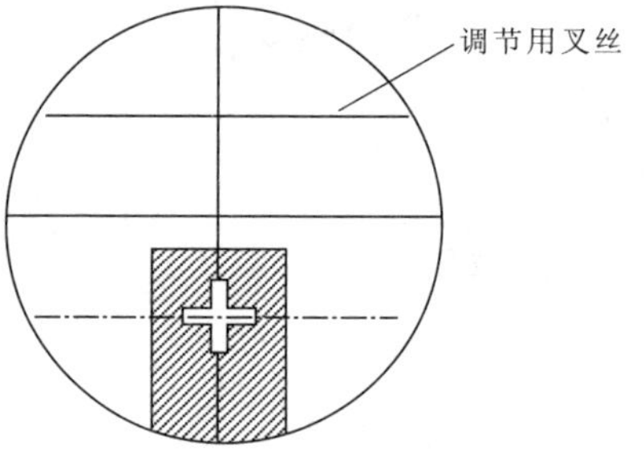

图 4-16　分划板

(1)望远镜对无穷远调焦。

调焦的目的是使望远镜能观察平行光，这就要求望远镜的物镜能将无穷远的光会聚在测量用的分划板上，分划板位于人眼同望远镜目镜所组成的新“目镜”的焦面上。

①目镜调焦。其目的是使眼睛通过目镜能清楚地看到镜筒中分划板上的刻线。调节的方法是，先把调焦手轮 12 旋出，然后一边旋进，一边从镜中观察，直到分划板上的刻线清晰，如图 4-16 所示。调好以后，不要再旋动目镜。

②物镜对无穷远调焦。其目的是使无穷远处的光经物镜后聚在分划板上，即使分划板在物镜的焦面上。其方法是采用自准法，让位于分划板处的光经物镜发射出去，经其法线与望远镜光轴重合的反射镜返回，当调节物镜与分划板的距离为物镜焦距时，反射回来的光便又会聚在分划板上。其具体步骤是：

a. 接通“十”字丝照明装置 13 的电源，即把与小灯(6.3 V)连接的变压器的电源插头插到插座上，将分划板照亮。

b. 把调望远镜光轴位置的调节螺钉 14、15 调到适中的位置。

c. 将平行平镜(有时往往用做实验的光栅代替)放在载物台上，为了调节的方便，使平行平镜的反射面与载物台的两个调平螺钉(图 4-17 中的 B_1 和 B_2)中心连线相垂直。平镜反射面对着望远镜物镜且与望远镜的光轴大致垂直。

d. 通过调节载物台的调平螺钉和转动载物台,使在平行平镜内的望远镜反射像和望远镜在一直线上。

e. 从目镜中观察,此时可以看到一亮斑,前后移动目镜套筒,即调节物镜与目镜套筒内分划板之间的距离,对望远镜进行调焦,使视场内出现清晰的绿色"十"字像(由平镜反射回的"十"字叉丝的像)。然后利用载物台上的调平螺钉 5 和载物台的旋转机构,把亮的绿色"十"字线调节到与分划板上方的调节叉丝("丰"的上"十"字线)重合。往复移动目镜使绿色的"十"字像和调节叉丝无视差。

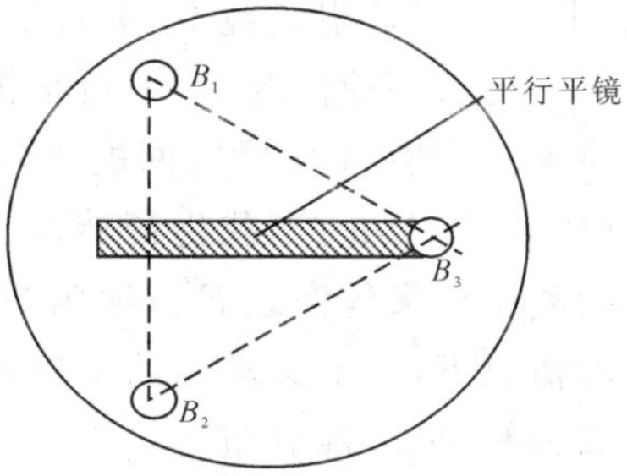

图 4-17　平行平镜放置法

(2)调望远镜的光轴与分光计的中心轴垂直。

平行光管和望远镜的光轴分别代表入射光和出射光的方向。为了测准角度,必须使它们的光轴与刻度盘平行,而刻度盘在制造时已垂直于分光计的中心轴,因此当望远镜的光轴与分光计中心轴垂直时,就达到了与刻度盘平行的要求。

假定望远镜的光轴与分光计的中心轴已经垂直,并且放在载物台上的平行平镜的两个反射表面与中心轴线平行(简写为望远镜已经"垂直"并且平行平镜已经"平行"),那么,分划板上的"十"字叉丝经平镜两个表面反射而得到的两个叉丝像就会与调节叉丝重合,如图 4-18 所示。如果望远镜光轴不"垂直"或者载物台上的平行平镜不"平行"就会发生经平镜反射回来的两个叉丝像至少有一个与调节叉丝不重合。因此,可以根据叉丝像在分划板上的位置来检验望远镜的"垂直"度与载物台上平行平镜的"平行"度。

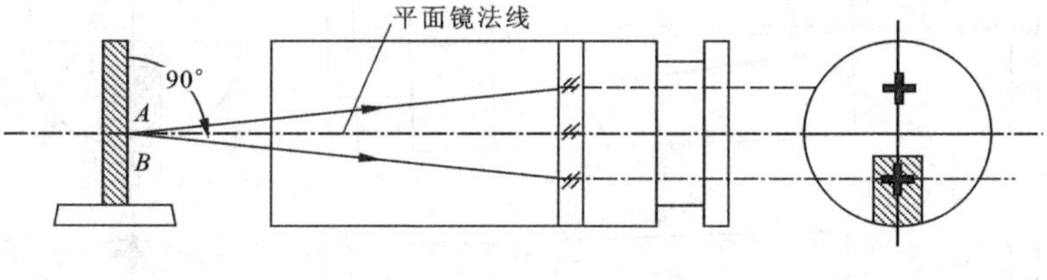

图 4-18　望远镜"垂直",平行平镜"平行"时的"十"字叉丝像

通过转动望远镜或载物台极易使叉丝像的垂直线与调节叉丝的垂直线重合,需要调节的是使叉丝的水平线与调节叉丝的水平线相重合。

有两种情况会使叉丝的反射像与叉丝不重合:一是载物台上的平行平镜不

“平行”;二是望远镜不“垂直”。

在第一种情况下,平行平镜倾斜,使叉丝的反射像偏离调节叉丝,如图 4-19 所示。平镜 A 面反射回的叉丝像位于调节叉丝的上方、距离调节叉丝横线 S'_1(取为“+”)处;当载物台转过 180°以后,由 B 面反射的叉丝像在调节叉丝下方、距离调节叉丝横线 S''_1(取为“−”)处,且 $S'_1=-S''_1$。可见在平行平镜不“垂直”的情况下,水平叉丝的两个反射像分别在调节叉丝水平线的上方和下方,而且距离相等,呈对称分布。

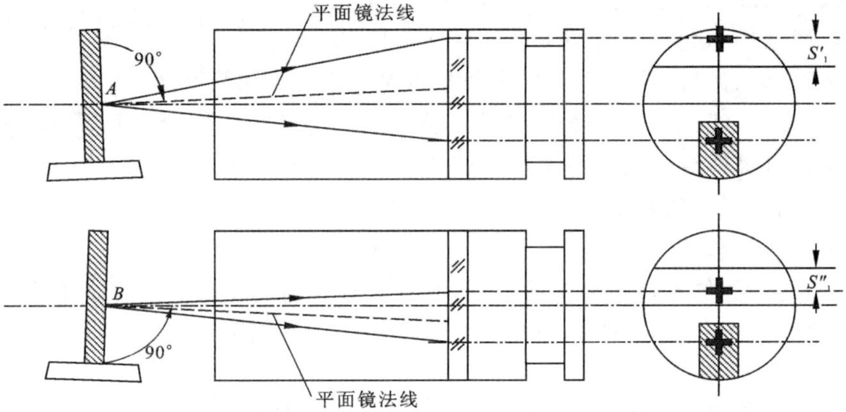

图 4-19 望远镜“垂直”,平行平镜不“平行”时的“十”字叉丝像

第二种情况:若平行平镜已与中心轴平行,叉丝像的偏离仅由望远镜的倾斜所产生,由图 4-20 可见,从 A、B 两个表面反射的水平叉丝像分布在调节叉丝的同一方,且 $S'_2=S''_2$。

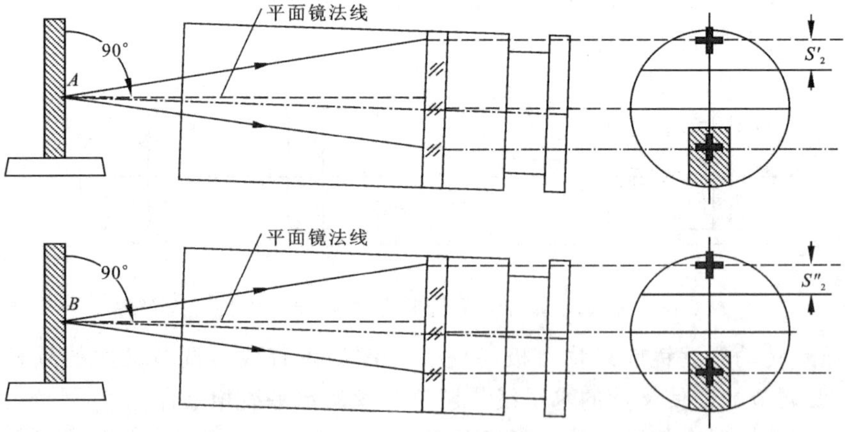

图 4-20 望远镜不“垂直”,平行平镜“平行”时的“十”字叉丝像

普遍的情况是望远镜和平行平镜同时都有倾斜，这时叉丝的两个反射像则在调节叉丝的两方(也可能在同一方)，呈不对称分布，如图4-21所示。

根据上述分析，可得如下结论：两反射像对称于调节叉丝分布的因素是由平行平镜决定的，不对称因素是由望远镜决定的。由此，针对普遍情况，望远镜的“垂直”与平行平镜的“平行”的调节步骤如下：

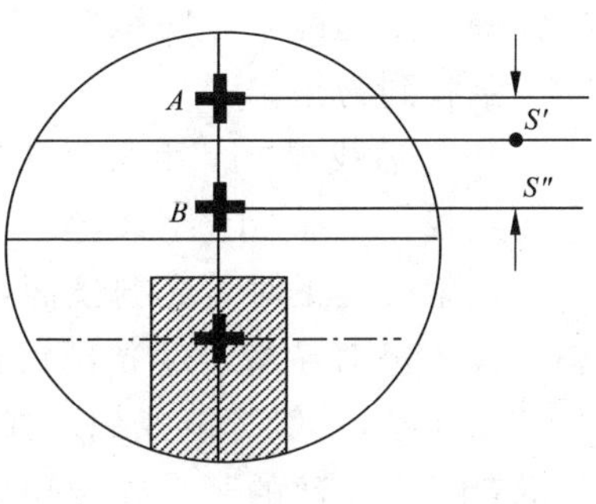

图 4-21　“十”字像不对称分布

①在望远镜视场里找两个绿“十”字叉丝像。

设法在望远镜视场里找到分划板上经平行平镜两个反射面反射回来的绿“十”字叉丝像，即粗调望远镜“垂直”，这是调节望远镜“垂直”的关键。因为在多数情况下，望远镜与平行平镜都严重倾斜，而望远镜的视场又小，使得根本就无法在望远镜视场中找到平行平镜两个反射面反射回来的绿“十”字叉丝像，这就失去了调“垂直”与调“平行”的基准。所以这一步调节必须引起高度重视。

下面介绍几种能找到绿“十”字像的方法。

a. 目测法。

在望远镜的侧面，反复转动载物台 180°，使平行平镜正对望远镜，人眼只看平行平镜侧面的棱与望远镜，并粗估其相互垂直。因平行平镜如图 4-17 放置，调节 B_1、B_2 处载物台调节螺钉 5 就可以以一个方向改变平行平镜的“平行”度；结合调节望远镜水平调节螺钉 15 直至用人眼仔细看望远镜与平行平镜两面都垂直。

当反复转动载物台 180°都认为望远镜与平行平镜两面都垂直以后，再在望远镜视场中通过慢慢转动载物台仔细寻找绿“十”字叉丝像。如此反复进行，直到两面的绿“十”字叉丝像找到为止。

b. 从镜筒外到镜筒内找绿“十”字叉丝法。

让望远镜对着反射镜，人眼于镜筒外在反射镜内上下左右大范围内寻找绿“十”字叉丝(一般都能找到)，记住大致的位置。将载物台转动 180°，再于“筒外”反射镜内寻找绿“十”字叉丝。比较这两个绿“十”字叉丝的高度差，调载物台上 B_1、B_2 处的调节螺钉 5(注意调节时人眼应盯住绿“十”字)，将这一个绿“十”字向另一个绿“十”字的方向移动 1/2 距离(平面镜反转过来后，另一绿“十”字必然向这一绿“十”字的方向移动 1/2 距离)，这称为半调节法。反复调节直到认为此两“十”字在同一高度。再调望远镜的调平螺钉 15，使能从望远镜镜筒外面水平处平行于轴线的方向看去看到绿“十”字在镜筒的中心高度上。

结合上面对载物台的调节直到认为两绿“十”字丝在镜筒的中心高度处，然后慢慢在望远镜中寻找绿“十”字。如找不到，再重复如上的调节，直到两个绿“十”字找到为止。

c. 先后找绿“十”字叉丝法。

先找一个绿“十”字叉丝。

让望远镜正对着光栅镜面，结合调望远镜的俯仰和微微转动载物台，人眼于望远镜内仔细寻找通过光栅镜面反射回来的绿“十”字叉丝像。因只找一个绿“十”字叉丝，一般都能找到。找到绿“十”字叉丝后，微微转动载物台或望远镜，将绿“十”字叉丝的竖直线与望远镜中分划板上调节叉丝(“$\mp$”线)的竖直线重合。锁紧载物台的锁紧螺钉 8，将载物台与游标盘固结在一起。同时，准确记住游标对度盘的读数。

再找另一个绿“十”字叉丝。

借助游标对度盘的读数，将载物台准确转动 180°，此时从光栅另一个镜面反射回来的绿“十”字叉丝像一定在望远镜中分划板上调节叉丝(“$\mp$”线)的竖直线上(当然可能稍稍有所偏离)。调望远镜的俯仰，就可以找到该绿“十”字叉丝。然后再用前面讲过的“半调节法”，就可以将两个绿“十”字叉丝调节到镜筒内的中心高度上。

可能还有其他更好的方法，请实验者自己去摸索。

②消除望远镜的不“垂直”度。

观察由平镜 A 面反射的叉丝像，并准确估计像的水平叉丝偏离调节叉丝距离 S' 的大小，转动载物台 180°，观察由 B 面反射的叉丝像，并估计 S'' 的大小，见图 4-22(a)。然后调节望远镜的倾斜度，将从 B 面反射的叉丝像移至新的位置，使它与调节叉丝的间距 $S'_0=(S'-S'')/2$。则从 A 面反射的叉丝像与调节叉丝间距也改变为 $S''_0=(S'-S'')/2$。这时，两个表面的反射像分别位于调节叉丝的上方和下方，且距离相等，见图 4-22(b)，呈对称分布，此即消除了望远镜的倾斜，光轴就与中心轴垂直了。

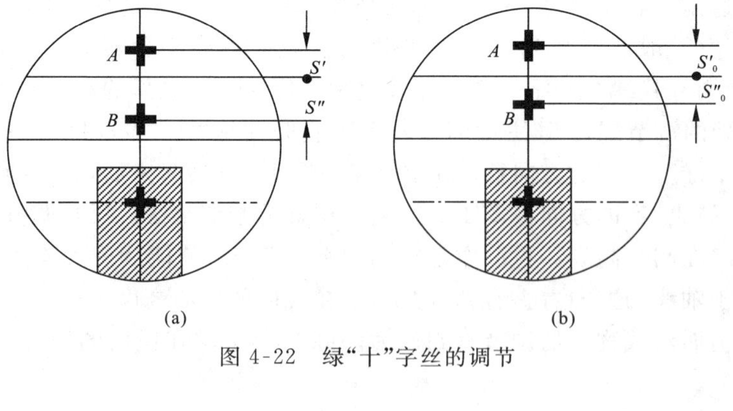

图 4-22　绿“十”字丝的调节

③消除平行平镜的不“平行”度。

调节载物台的水平度，使 $S''_0=0$，则 $S'_0=0$，即消除了由平行平镜倾斜引起的偏离。至此，望远镜光轴垂直中心轴，平行平镜平行中心轴的调节工作已告完成。

(3)将分划板“十”字叉丝调至水平和铅直位置。

当载物台连同平行平镜相对于望远镜旋转时，观察“十”字叉丝的像(绿色)是否水平地移动，如果分划板的水平刻线与叉丝像的移动方向不平行，就须转动目镜，使绿色的叉丝像的移动方向与分划板刻线平行(注意不要破坏望远镜的调焦)，然后将目镜锁紧螺钉 10 拧紧。

(4)平行光管的调焦。

平行光管调焦目的是把狭缝调整到平行光会聚到物镜的焦平面上，也就是平行光管对无穷远调焦。其步骤如下：

①关掉目镜上调节小灯的电源，打开狭缝 1，用漫射光照明狭缝，调节照亮狭缝光源的位置，使得在平行光管物镜的整个孔径上照明均匀。

②把平行光管的方向微调螺钉 27 调到适中的位置，将望远镜正对平行光管。在从望远镜目镜中观察的同时，调节望远镜方位微调螺钉 14(千万不要调动望远镜水平微调螺钉 15)和平行光管倾斜度调节螺钉 28，使狭缝位于视场中部。

③转动调焦手轮 30 以前后移动狭缝套筒，使狭缝清晰地成像在望远镜分划板平面上。

(5)调整平行光管的光轴垂直于旋转主轴(中心轴)。

调整平行光管光轴的倾斜度调节螺钉 28，升高或降低狭缝像的位置，使狭缝像对称于目镜视场的中心，即白光条纹被望远镜视场中黑“十”叉丝下面的长横线均分。

(6)将平行光管狭缝调成垂直。

旋转狭缝套筒，使狭缝与目镜分划板的垂直刻线平行(注意不要破坏平行光管的调焦)，然后将狭缝套筒的锁紧螺钉旋紧。

实验步骤

1. 调节分光计

调节分光计的要求是：望远镜能够接受平行光(即对无穷远调焦)；望远镜光轴垂直分光计中心轴；平行光管出射平行光；平行光管光轴垂直分光计中心轴。

(1)点亮小灯，照亮望远镜内分划板。

(2)调望远镜目镜，使能清楚地看清分划板上的双“十”字叉丝线“$\mp$”。

(3)将平行平镜按图 4-17 置载物台上。

(4) 调载物台调平螺钉、望远镜调节螺钉，粗调望远镜与翻转载物台 180°前后位置的平行平镜垂直，并在望远镜视场内找到绿“十”字丝，调望远镜物镜使其清晰，具体过程见分光计的调节的相关内容。

(5)调载物台调平螺钉与望远镜的调节螺钉，使其在平行平镜翻转 180°前后的位置上反射回的绿“十”字丝与调节叉丝重合，且无视差(此条为精调望远镜光轴与分光计主轴垂直)。

(6)打开光源，调节光源位置均匀照亮平行光管上的狭缝。

(7)用望远镜接收平行光管的光，前后移动并稍稍转动平行光管的狭缝套筒，使狭缝清晰地成像在望远镜的分划板上，并与黑色叉丝线的竖直线重合(此条为使平行光管出射平行光)。

(8)调节平行光管的高低，使白色狭缝像被分划板上黑色叉丝水平线等分(此条为调节平行光管光轴垂直分光计中心轴)。

(9)调节平行光管与望远镜左右方位，用人眼看两者同轴。

2. 调节三棱镜两个光学面平行于分光计主轴

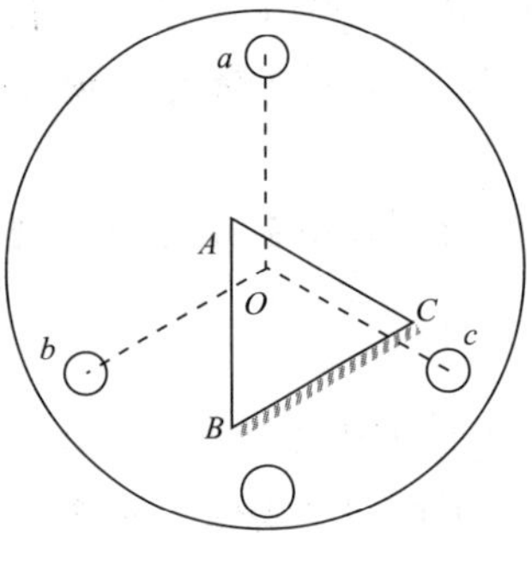

图 4-23　三棱镜放置法

(1)取走平面镜，在载物台上放三棱镜，放置方式如图4-23所示，且使载物台中心尽可能接近顶角 A，压杆在非光学面一边，且使三棱镜的三条边分别平行于载物台调节螺钉与圆心 O 的连线，即垂直于载物台调节螺钉之间的连线。这样放置，在调节螺丝 a 时，整个棱镜将以调节螺钉 b、c 的连线为轴转动，由于 AB 面垂直 bc，故不会影响 AB 面与仪器主轴的相对关系。在调节螺丝 c 时，整个棱镜将以调节螺钉 a、b 的连线为轴转动，由于 AB 面垂直 bc，AC 面垂直 ab，故不会影响 BC 面与仪器主轴的相对关系。

(2)调节三棱镜 AB 面与 AC 面与分光计中心轴平行。在调整过程中只调载物台上调平螺丝 b、c ，绝不可调动望远镜的调平螺钉与方位螺钉，先转动望远镜对准 AB 面，用自准法，调螺钉 c，使在望远镜视场中看到绿“十”字像并使之与分划板调节叉丝重合，即望远镜光轴与 AB 面垂直。再转动望远镜对准 AC 面，用同样的方法调节螺钉 b，使 AC 面与望远镜光轴垂直。反复检查两遍望远镜是否与 AB 面、AC 面垂直，若不垂直继续调 b、c 螺钉，直到都垂直为止。

3. 用自准法测棱镜顶角 A

分别读出望远镜对准 AB 与 AC 面(用自准法看清绿“十”字丝并与调节叉丝重合)时的两边游标盘对应的角度数，来回三次。

4. 用反射法求棱镜顶角

让棱镜顶角 A 对准平行光管，分别读出望远镜接收从 AB 面与 AC 面反射的从平光管中射出的平行光并成像在分划板叉丝的竖直线上时的度盘两边的读数，来回三次。

5. 测棱镜的最小偏向角 δ_{min}

(1)用汞灯照亮平行光管的狭缝，使平行光管出射平行光并与载物台上棱镜的一折射面（AC 面或 AB 面）的法线与平行光管轴线的夹角大约为 60°，如图 4-24 所示。

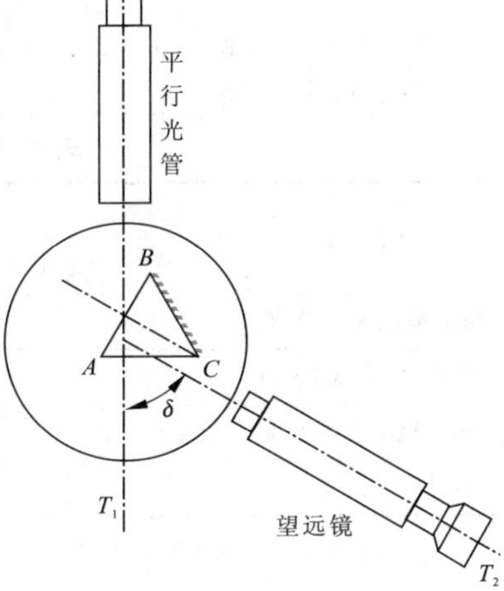

图 4-24　测最小偏向角

(2)观察偏向角的变化，根据折射定律判断折射光的出射方向。先用眼睛在此方向上观察，可看到几条平行的彩色谱线。注意在转动载物台时谱线的移动情况，观察偏向角的变化。选择偏向角减小的方向。缓慢转动载物台，使偏向角逐渐减小。继续沿这个方向转动载物台时，可看到谱线移至某一位置后将反向移动，这说明偏向角存在一个最小值。谱线移动方向发生逆转时的偏向角就是最小偏向角。

(3)用望远镜观察谱线。在细心转动载物台时，使望远镜始终跟踪谱线，并注意观察某一谱线的移动情况，在该谱线即将逆向移动时，旋紧止动螺钉 25(图 4-11)，利用微动螺钉 24 微调载物台，使谱线刚好位于最小偏向角的位置。

(4) 旋紧望远镜止动螺钉 17，用调节螺钉 18 对望远镜进行微调，使垂直叉丝对准谱线中央，从两个游标上可读出出射光的方位角，记为 T_2。

重复(3)、(4)的步骤，再测两次。

(5) 移去三棱镜，将望远镜对准平行光管，微调望远镜，使叉丝对准狭缝中央。在两游标上读出入射光线的方位角为 T_1。测三次。

(6) 按 $\delta_{min}=T_2-T_1$ 计算最小偏向角，算出最小偏向角的平均值 $\bar{\delta}_{min}$。

最后，将测得的顶角 A 和最小偏向角 δ_{min} 代入式(4-18)，求得棱镜对某单色光(例如 $\lambda=546.1$ nm)的折射率。

重复上述步骤再测定棱镜对另一单色光($\lambda_2=577.0$ nm)的折射率。

注意事项

(1)分光计是较精密的光学仪器，不应在止动螺钉较紧时强行转动望远镜，也不要随意拧动狭缝。

(2)测量前务必检查止动螺钉是否锁紧。若未锁紧,则数据不可靠。

(3)测量前应调好游标盘的位置,使游标在测量过程中不被平行光管或望远镜挡住。

原始数据表格

1. 自准法测棱镜顶角

分光仪分度值______________。

表 4-3 自准法测棱镜顶角值

测量次数	1		2		3		望远镜方位夹角的平均值$\overline{\varphi}$
	左游标	右游标	左游标	右游标	左游标	右游标	
望远镜左侧方位 T_L							
望远镜右侧方位 T_R							
望远镜方位夹角 φ							
两游标 φ 的平均值							

2. 反射法测棱镜顶角

分光仪分度值______________。

表 4-4 反射法测棱镜顶角值

测量次数	1		2		3		望远镜方位夹角的平均值$\overline{\varphi'}$
	左游标	右游标	左游标	右游标	左游标	右游标	
望远镜左侧方位 T_L							
望远镜右侧方位 T_R							
望远镜方位夹角 φ'							
两游标 φ'的平均值							

3. 测量最小偏向角

入射光波长 $\lambda=$__________ nm。

分光仪分度值__________。

表 4-5 最小偏向角

测量次数	1		2		3		望远镜方位夹角的平均值$\overline{\delta}_{min}$
	左游标	右游标	左游标	右游标	左游标	右游标	
望远镜左侧方位 T_L							
望远镜右侧方位 T_R							
望远镜方位夹角 δ_{min}							
两游标 δ_{min} 的平均值							

数据处理

1. 自准法测棱镜顶角 A

(1)求 $\overline{\varphi}$、$S_{\overline{\varphi}}$、$\Delta\varphi=\sqrt{(\Delta_A\varphi)^2+(\Delta_B\varphi)^2}$；

(2)求 $\overline{A}=\pi-\overline{\varphi}$，$\Delta A=\Delta\varphi$；

(3)写出 $A=\overline{A}\pm\Delta A$。

2. 反射法测棱镜折射角 A

(1)求 $\overline{\varphi'}$、$S_{\overline{\varphi'}}$、$\Delta\varphi'=\sqrt{(\Delta_A\varphi')^2+(\Delta_B\varphi')^2}$；

(2)求 $\overline{A}=\overline{\varphi'}/2$，$\Delta A=\Delta\varphi'/2$；

(3)写出 $A=\overline{A}\pm\Delta A$。

3. 求棱镜玻璃的折射率

(1)$\overline{\delta_{\min}}$、$S_{\overline{\delta_{\min}}}$、$\Delta\delta_{\min}=\sqrt{(\Delta_A\delta_{\min})^2+(\Delta_B\delta_{\min})^2}$；

(2)求 $\overline{n}=\dfrac{\sin\dfrac{\overline{\delta_{\min}}+\overline{A}}{2}}{\sin\dfrac{\overline{A}}{2}}$；

(3)求 Δn

$$\ln n=\ln\sin\frac{\delta_{\min}+A}{2}-\ln\sin\frac{A}{2}$$

$$\begin{aligned}\frac{\mathrm{d}n}{n}&=\frac{\cos\dfrac{\delta_{\min}+A}{2}}{\sin\dfrac{\delta_{\min}+A}{2}}\left(\frac{\mathrm{d}\delta_{\min}}{2}+\frac{\mathrm{d}A}{2}\right)-\frac{\cos\dfrac{A}{2}}{\sin\dfrac{A}{2}}\cdot\frac{\mathrm{d}A}{2}\\&=\cot\frac{\delta_{\min}+A}{2}\cdot\frac{\mathrm{d}\delta_{\min}}{2}+\left(\cot\frac{\delta_{\min}+A}{2}-\cot\frac{A}{2}\right)\frac{\mathrm{d}A}{2}\end{aligned}$$

$$E_r=\sqrt{\left(\cot\frac{\delta_{\min}+A}{2}\right)^2\left(\frac{\Delta\delta_{\min}}{2}\right)^2+\left(\cot\frac{\delta_{\min}+A}{2}-\cot\frac{A}{2}\right)^2\left(\frac{\Delta A}{2}\right)^2}$$

$$\Delta n=E_r\overline{n}$$

写出

$$n=\overline{n}\pm\Delta n$$

预习思考题

(1)为什么当绿“十”字与望远镜分划板上调节叉丝重合时，望远镜光轴一定和平面镜垂直？

(2)当平面镜的一面对准望远镜，调节到望远镜分划板的调节叉丝与绿“十”

字重合，能否说明望远镜光轴一定垂直分光计中心轴？

(3)为什么测棱镜顶角和折射率时，望远镜和平行光管都要与棱镜的棱垂直，棱要与分光计主轴平行？

(4)在调节好望远镜光轴与分光计主轴垂直后，再调望远镜光轴垂直棱镜的棱时，即调棱与分光计主轴平行时，是否还要动望远镜的调平螺钉？如何调棱镜的棱与分光计主轴平行？

(5)怎样判断绿“十”字成像在分划板上？

实验后思考题

(1)通过实验，你认为自准法调节分光计关键在何处？

(2)用分光计测角度时，望远镜光轴与分光计主轴不垂直行不行？

(3)如何测最小偏向角？如何读数才保证最小偏向角测得准确？

(4)正式转动望远镜测角度之前，哪些部位固定不动？望远镜应和什么盘一起运动？

4.4 衍射光栅

光的衍射是光的波动性的一种表现，光栅是研究光的衍射的一种典型元件。由同一平面内的大量等宽等间距的平行狭缝所组成的光学元件称为衍射光栅。用于透射光衍射的称透射光栅，用于反射光衍射的称反射光栅。与棱镜相比，光栅是一种分辨本领很高的色散元件，它不仅用于光谱学，还广泛用于计量、光通信、信息处理等方面。过去，制作光栅是在精密的刻画机上用金刚钻在玻璃表面刻出许多平行等距刻痕做成母光栅。实验室中通常用的光栅是由母光栅复制而成的。20 世纪 60 年代以来，随着激光技术的发展，人们制造出了“全息光栅”。本实验通过测定光栅常数及光波波长，使实验者对光栅的特性以及光栅方程式成立的条件有进一步的了解。

实验目的

(1)学习分光计的使用和调整；

(2)学习用衍射光栅测定光波波长及光栅常数的原理和方法；

(3)加深理解光栅方程式成立的条件。

实验原理

当波长为 λ 的单色平行光线垂直射到光栅平面上，透过各狭缝的光线因衍射将向各个方向传播，同一方向的平行衍射光线经透镜会聚于焦平面(屏)上一点而发生衍射，如图 4-25 所示，由狭缝光源 S 经准直物镜 L_1 射出的平行光垂直照射到光栅 G 上，凡与光栅面法线成 θ 角的平行衍射光线被透镜 L_2 会聚于 P 点发生干涉。当 θ 满足光栅方程式

$$d\sin\theta = k\lambda \quad (k = 0, \pm 1, \pm 2, \pm 3, \cdots) \tag{4-19}$$

时，P 点将为一亮条纹。式中，θ 为衍射角；λ 为光波波长；d 为相邻狭缝中心间的距离，称为光栅常数。

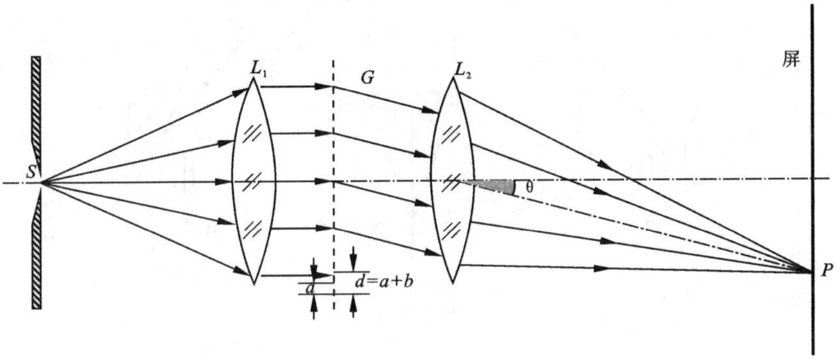

图 4-25　光栅衍射

因为衍射亮条纹实际上是光源狭缝的衍射像，为一条细锐的亮线，称为光谱线。当 $\theta=0$ 时，任何波长的光同时满足式(4-19)，亦即在 $\theta=0$ 的方向上，各种波长的光重叠在一起，形成明亮的零级谱线。其他级次的谱线对称地分布在零级谱线的两侧，如图 4-26 所示。如果光源包含几种不同的波长，那么同一级谱线对不同波长将有不同的衍射角，从而在不同的位置形成亮线，称为光谱线。图中 θ_1 为一级衍射角。

若已知光栅常数 d，测出各种波长谱线的衍射角，即可根据式(4-19)算得相应谱线的波长 λ

$$\lambda = d\sin\theta / k \quad (k = 0, \pm 1, \pm 2, \pm 3, \cdots) \tag{4-20}$$

或已知谱线的波长 λ，算出光栅常数 d

$$d = k\lambda / \sin\theta \quad (k = 0, \pm 1, \pm 2, \pm 3, \cdots) \tag{4-21}$$

“角色散”(或称“色散率”)和“分率本领”是表征光栅或棱镜分光性能的重要参数。角色散 D 表示单位波长间隔内两单色谱线之间的角间距，由式(4-19)对 λ 微分，得

$$d\cos\theta \mathrm{d}\theta / \mathrm{d}\lambda = k$$

可得光栅的角色散表达式为

$$D = \mathrm{d}\theta / \mathrm{d}\lambda = k / (d\cos\theta)$$

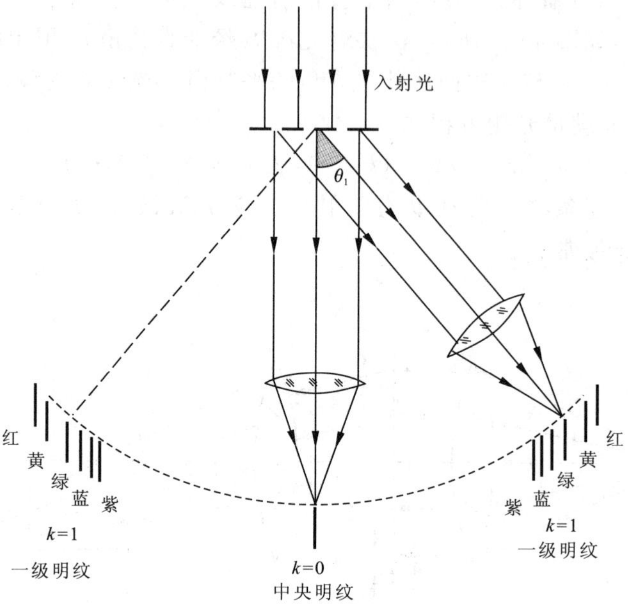

图 4-26 光栅衍射的光谱线分布

可见光栅常数愈小,角色散愈大,谱线的级次愈高,角色散也愈大。

"分辨本领"R 定义为两条刚可被分开的谱线的波长差 $\Delta\lambda$ 除该波长,即

$$R = \lambda/\Delta\lambda$$

由瑞利判据可推知,光栅的分辨本领为

$$R = kN$$

其中,N 为光栅的总刻痕(或狭缝)数,级次 k 一定时,光栅的分辨本领主要取决于狭缝的总数 N。对光谱仪而言,希望色散系统有较大的角色散和较高的分辨本领。

实验仪器

JJY 型分光计一台,汞灯一盏(用节能灯灯泡代替),透射光栅一块,光栅座一个,读数电筒一支。(分光计结构及调节见 4.3 节用分光计测棱镜的顶角和折射率相关内容。)

实验步骤

要想用分光计准确测定经光栅衍射后衍射光的角度,必须使实验条件满足光栅方程式(4-19),即

(1)平行光管出射平行光；

(2)入射光垂直光栅表面；

(3)平行光管狭缝与光栅刻痕平行；

(4)望远镜接收平行光；

(5)平行光管和望远镜光轴必须平行于度盘即垂直分光计中心轴。

所以本实验的步骤如下：

(1)将光栅放在光栅座上，轻轻旋紧螺钉以夹紧光栅(不要夹得太紧，以免夹碎光栅)。再按图4-27所示，将夹有光栅的光栅座设置在载物平台上(注意不能用手直接拿光栅表面)。用光栅平面代替平行平镜。

(2)用自准法与半调节法调节分光计载物台上B_1、B_2两螺钉与望远镜的俯仰，使从望远镜中看光栅两面反射回来的绿"十"字与"十"字叉丝中的调节叉丝("丰"的上横线)重合，此时光栅平面平行分光计主轴，望远镜垂直分光计主轴。

(3)开汞灯，转动望远镜，在望远镜中找到狭缝的像(白光条纹，即衍射光的零级条纹)。调节平行光管的有关螺丝，使狭缝像清晰，狭缝像平行望远镜中双"十"字叉丝竖直线，狭缝宽度合适，且被双"十"字叉丝中的下横线均分。此时，平行光管垂直分光计中心轴。

以上两条按4.3节关于分光计的介绍耐心细致地调试。

(4)调节光栅刻痕平行于平行光管狭缝。

绕分光计中心轴转动望远镜观察衍射光谱的分布情况，注意叉丝中点是否在各级衍射条纹的中央，如果不是，调节图4-27中的螺钉B_3予以修正，然后再重新检查光栅平面是否仍保持平行分光计中心轴，如果有了改变，就要重复以上步骤，直到满足要求为止。

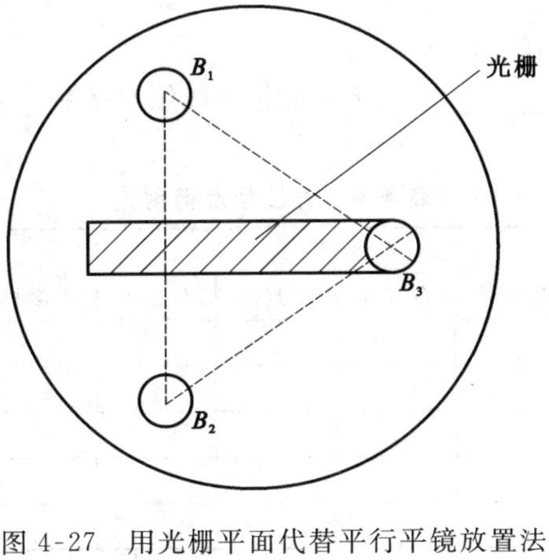

图4-27　用光栅平面代替平行平镜放置法

(5)将白光条纹，绿“十”字，黑双“十”字叉丝调到重合时，锁紧载物台，使光栅不再转动。

(6)测定汞灯绿色谱线的第一级衍射角 θ_1，计算光栅常数 $d=a+b$。

绕分光计中心轴向左转动望远镜，使望远镜内双“十”字叉丝竖直线与 $k=-1$ 的绿色谱线相重合，记下此时左右游标的读数 $\theta'_{1左}$、$\theta'_{1右}$；再向右转动望远镜，使望远镜内双“十”字叉丝竖直线与 $k=1$ 的绿色谱线相重合，记下此时左右游标的读数 $\theta''_{1左}$、$\theta''_{1右}$。算出

$$\theta_{1左}=(\theta''_{1左}-\theta'_{1左})/2$$
$$\theta_{1右}=(\theta''_{1右}-\theta'_{1右})/2$$

往返重复三次取平均，代入式(4-21)计算光栅常数 d。

已知汞灯绿色谱线的波长为 546.1 nm。

(7)测定汞灯紫色、黄色谱线的第一、二级谱线的衍射角。再利用所测的光栅常数 d，计算其波长。

黄色谱线由两条靠得很近的谱线组成，测量时让“十”字叉丝的竖直线对准黄色双谱线的中央进行测量。

注意事项

(1)光栅是精密光学器件，严禁用手触摸刻痕，以免弄脏或损坏。

(2)氦灯是在高压下使用，请注意安全。

(3)平行光管的狭缝应对准光源，以保证有足够的光照射在光栅上，否则谱线不清楚。

原始数据表格

1. 测定光栅常数 $d=a+b$

入射光波长 $\lambda_0=$_________ nm，选定谱线级次 $k=$________，分光计度盘分度值______。

表 4-6　方位角及衍射角

<table>
<tr><td rowspan="2">测量次数</td><td colspan="2">1</td><td colspan="2">2</td><td colspan="2">3</td><td rowspan="6">$k=\pm1$ 时衍射主极大衍射角的平均值 θ_1</td></tr>
<tr><td>左游标</td><td>右游标</td><td>左游标</td><td>右游标</td><td>左游标</td><td>右游标</td></tr>
<tr><td>$k=-1$ 望远镜方位角</td><td></td><td></td><td></td><td></td><td></td><td></td></tr>
<tr><td>$k=1$ 望远镜方位角</td><td></td><td></td><td></td><td></td><td></td><td></td></tr>
<tr><td>$k=\pm1$ 两方位夹角 $2\theta_{1i}$</td><td></td><td></td><td></td><td></td><td></td><td></td></tr>
<tr><td>$k=\pm1$ 主极大衍射角 θ_{1i}</td><td></td><td></td><td></td><td></td><td></td><td></td></tr>
<tr><td>两游标的平均值 θ_1</td><td colspan="2"></td><td colspan="2"></td><td colspan="2"></td><td></td></tr>
</table>

2. 测定汞灯蓝色、黄色谱线的波长

分光计度盘分度值__________。

表 4-7　蓝色、黄色谱线波长

谱线颜色	蓝　色				黄　色			
谱线级次 k	1		2		1		2	
所读游标	左	右	左	右	左	右	左	右
$-k$ 望远镜方位角								
$+k$ 望远镜方位角								
两方位夹角 $2\theta_i$								
k 级主极大衍射角 θ_i								
两游标的平均值 θ								

数据处理

1. 测定光栅常数 $d=a+b$

(1)求绿光第一级谱线衍射角的平均值$\overline{\theta_1}$、$S_{\overline{\theta_1}}$、$\Delta_A\theta_1$、$\Delta_B\theta_1$、$\Delta\theta_1=[(\Delta_A\theta_1)^2+(\Delta_B\theta_1)^2]^{1/2}$。这里，已假定分光计的调节足够好，平行光管狭缝与光栅刻痕严格平行，在此情况下有$\Delta_B\theta_1=\Delta_{仪}\theta_1=1'$。计算中，最好化成弧度计算，所得数据填入表 4-8。

表 4-8　绿光第一级谱线衍射角　　单位：rad

$\bar{\theta}$	$S_{\bar{\theta}}$	t 值(无单位)	$\Delta_A\theta$	$\Delta_{仪}\theta$	$\Delta_B\theta$	$\Delta\theta$

其中

$$\bar{\theta}=\frac{1}{n}\sum_{i=1}^{n}\theta_i$$

$$S_{\bar{\theta}}=\sqrt{\sum_{i=1}^{n}(\theta_i-\bar{\theta})^2/[n(n-1)]}$$

$$\Delta_A\theta=tS_{\bar{\theta}}$$

$$\Delta\theta=\sqrt{(\Delta_A\theta)^2+(\Delta_B\theta)^2}$$

(2)求光栅常数 d

$$\bar{d}=k\lambda/\sin\overline{\theta_1}$$

$$\Delta d=k\lambda\Delta\theta\cos\theta_1/\sin^2\theta_1$$

$$d=\bar{d}\pm\Delta d$$

2. 测定汞灯蓝色、黄色谱线的波长

$$\lambda = d\sin\theta/k$$

(1)计算波长

紫色　　$k=1, \lambda_{紫1}=$ ________ nm; $k=2, \lambda_{紫2}=$ ________ nm。

黄色　　$k=1, \lambda_{黄1}=$ ________ nm; $k=2, \lambda_{黄2}=$ ________ nm。

(2)与标准波长(汞灯蓝光标准波长 $\lambda=435.8$ nm,黄光标准波长 $\lambda=577.0$ nm)比较,计算相对误差,并指出用光栅衍射测波长时,取 k 值大好还是小好。

预习思考题

(1)光栅方程式适用的条件是什么?

(2)为什么说转动载物台使光栅两表面对准望远镜,在望远镜分划板上看到绿"十"字与调节叉丝重合时,望远镜光轴垂直分光计中心轴,光栅平面平行分光计中心轴?

(3)只调到光栅平面平行分光计中心轴后,能否说明光栅刻痕平行分光计中心轴?

(4)如何调整平行光管与分光计中心轴垂直?判断的依据是什么?

实验后思考题

(1)图 4-25 中的透镜 L_1 和 L_2 对应于分光计中的哪两块透镜?

(2)光栅光谱和棱镜光谱有哪些不同之处?

(3)如果光栅刻痕不平行于狭缝,光谱线有何异常?如何调整光栅刻痕与狭缝平行?

4.5　迈克尔逊干涉仪的调整和使用

迈克尔逊干涉仪是 1881 年美国物理学家迈克尔逊与莫雷合作,为研究"以太"漂移实验而设计出来的精密光学仪器,该实验结果否定了以太的存在,促进了相对论的建立。此后,迈克尔逊又用它做了两个重要实验,首次系统地研究了光谱线的精细结构,并直接将光谱线的波长与标准米尺进行比较。后来人们还利用该干涉仪的原理,研制出各种专用的干涉仪,所以,学习迈克尔逊干涉仪的结构原理,训练对其调整的方法,考察它形成干涉条纹的特点,有利于培养我们严谨的科学作风、巧妙的实验技巧及耐心细致的工作态度。

实验目的

(1)熟悉迈克尔逊干涉仪的结构、调整和使用方法；

(2)通过实验观察，认识点光源等倾干涉和面光源等倾、等厚干涉的形成条件和条纹特点；

(3)用干涉条纹变化的特点，测定氦氖激光的波长。

实验原理

迈克尔逊干涉仪的简单光路如图4-28所示，从光源 S 发出的一束波长为 λ 的单色光照射到分光镜 G_1 上，将光束分为两部分，一部分从分光镜 G_1 的半透半反膜处反射，射向平面镜 M_1，另一部分从 G_1 透射，射向平面镜 M_2。因为 G_1 和全反射平面镜 M_1、M_2 均成 45°角，M_1 与 M_2 又相互垂直，所以两束光均垂直射到 M_1、M_2 上。从 M_1 反射回来的光，透过半透半反膜 G_1，从 M_2 反射回来的光，再经半透半反膜 G_1 反射，二者汇集成一束光，产生干涉，我们在 E 处即可观察到干涉条纹。光路中另一平行平板玻璃 G_2 与 G_1 平行，其材料与厚度和 G_1 完全相同，以补偿两束光的光程差，称为补偿板。

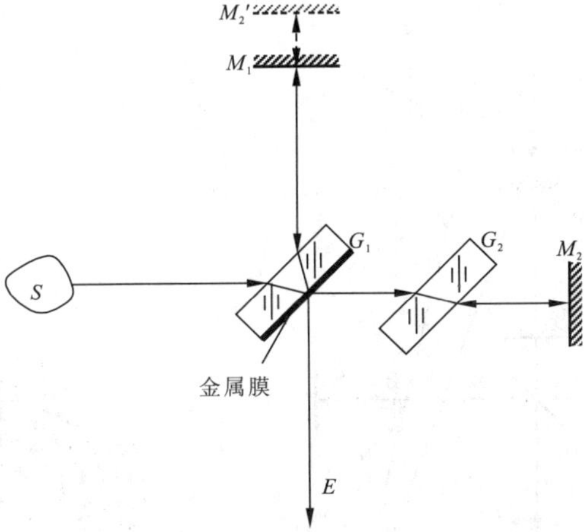

图 4-28　迈克尔逊干涉仪等效光路

反射镜 M_2 是固定的，M_1 可以在精密导轨上前后移动，以改变两束光之间的光程差。M_1、M_2 的背面各有 3 个螺丝用以调节平面镜的方位。M_2 的下方还附有两个方向相互垂直的拉簧，松紧它们，能使 M_2 支架产生微小变形，以便精确调节 M_2。

在图 4-28 的光路中，M_2' 是 M_2 被 G_1 半透半反膜反射所形成的虚像。对观察者而言，两相干光束等价于从 M_2' 和 M_1 反射而来。迈克尔逊干涉仪所产生的干涉条纹就如同 M_2' 和 M_1 之间的空气膜所产生的干涉条纹一样。如果 M_2' 和 M_1 平行，可视作入射介质与薄膜介质折射率相同的两表面平行的薄膜；如果 M_2' 和 M_1 不平行，可视作入射介质与薄膜介质折射率相同的两表面夹角恒定的楔形薄膜。

1. 单色点光源的非定域干涉条纹

如图 4-29 所示，M_1 平行 M_2' 且相距为 d。点光源 S 发出的一束光，对 M_1 来说，正如 S' 处发出的光一样，即 $SG_1 = S'G_1$。而对于在 E 处的观察者来说，由于 M_1 的镜面反射，S' 点的光源如同处于位置 S_1' 一样，即 $S_1'M_1 = M_1S'$。又由于半透半反膜 G_1 的作用，M_2 的位置如同处于 M_2' 的位置一样。同样对 E 处的观察者，点光源 S 如同处于 S_2' 的位置。所以 E 处的观察者所看到的干涉条纹，犹如虚光源 S_1'、S_2' 发出的球面波，它们在空间处处相干，把观察屏 E 放在空间不同位置处，都可以看到干涉条纹，所以这一干涉是非定域干涉。

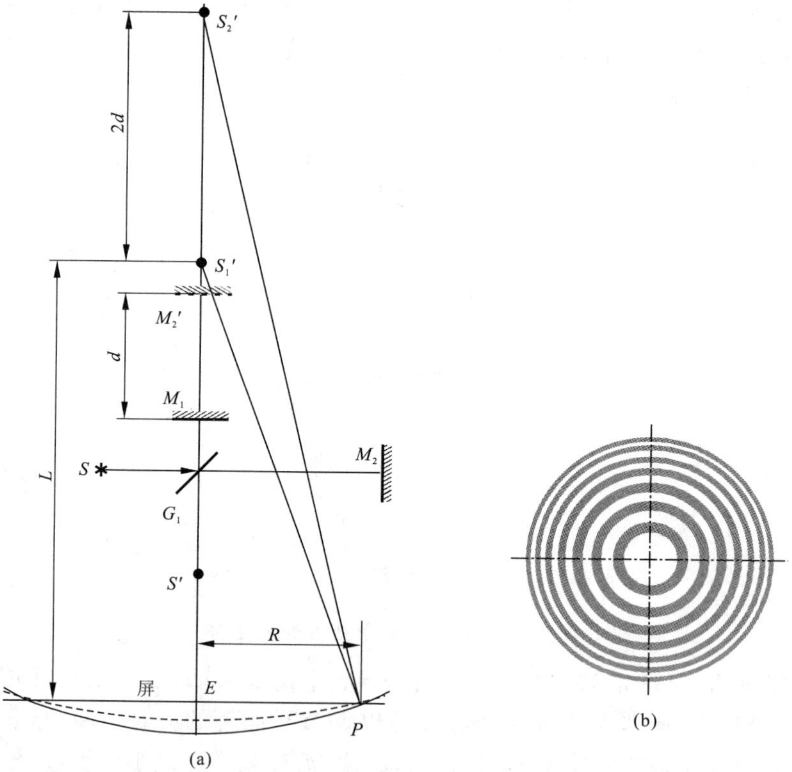

图 4-29　等倾干涉光路

如果把观察屏放在垂直于 S_1'、S_2'连线的位置上，屏面垂直于 S_1'、S_2'的连线，则可以看到一组同心圆，而圆心就是 S_1'、S_2'连线与屏面的交点 E。由于同一级干涉条纹上各点对虚光源 S_1'、S_2'的倾角相同，所以这一干涉条纹，又称为点光源等倾干涉条纹。

设在屏上有一点 P，它离中心 E 点的距离为 R，E 距两虚点光源 S_1'、S_2'的距离分别为 L 和 $L+2d$，则两光束在 P 点的光程差为

$$\delta = \sqrt{(L+2d)^2+R^2}-\sqrt{L^2+R^2}$$

当 $L \gg d$ 时，展开上式并略去 d^2/L^2，则有

$$\delta = 2Ld/\sqrt{L^2+R^2} = 2d\cos\varphi \tag{4-22}$$

式中，φ 是干涉圆条纹的角半径，所以亮纹条件为：

$$2d\cos\varphi = k\lambda \tag{4-23}$$

由式(4-22)可见点光源非定域等倾干涉条纹的特点是：

(1)当 d、λ 一定时，具有相同倾角 φ 的所有光线的光程差相同，所以干涉情况也完全相同，对应于同一级次，形成以光轴为圆心的同心圆环。

(2)d、λ 一定时，如果 $\varphi=0$，即在干涉圆环中心处，其光程差 $\delta=2d$，为最大值。根据明纹条件，其 k 为最大，即条纹中心为最高级次。如果 $\varphi\neq0$，φ 角越大，则 $\cos\varphi$ 越小，k 值也越小，即对应的干涉圆环越往外，其级次 k 也越低。这是与牛顿环干涉条纹的不同之处。

(3)k、λ 一定时，如果 d 逐渐减小，则 $\cos\varphi$ 将逐渐增大，即 φ 角逐渐减少。也就是说，同一个 k 级条纹，当 d 减少时，该级圆环半径减小，看到的现象是干涉圆环内缩；反之，如果 d 逐渐增大，看到的现象是干涉圆环外扩。对于中央条纹，当内缩或外扩 N 次，则光程差变化为

$$2\Delta d = N\lambda \tag{4-24}$$

式中，Δd 为 d 的变化量，所以有

$$\lambda = 2\Delta d/N \tag{4-25}$$

(4)设 $\varphi=0$ 时最高级次为 k_0，则

$$k_0 = 2d/\lambda$$

在同时能观察到干涉条纹的视场内，最外层的干涉圆环所对应的相干光的入射角为 φ，则最低的级次为 k'

$$k' = 2d\cos\varphi/\lambda$$

所以在视场内看到的干涉条纹总数为

$$\Delta k = k_0 - k' = 2d(1-\cos\varphi)/\lambda$$

当 d 增加时，由于 φ 一定，所以条纹总数增多，则条纹变密。

(5)当 $d=0$ 时，则 $k=0$，即整个干涉场内无干涉条纹，见到的是一片明暗程度相同的视场。

(6)当 d、λ 一定时，相邻的两级条纹有下列关系：

$$2d\cos\varphi_k = k\lambda$$

$$2d\cos\varphi_{k+1} = (k+1)\lambda$$

设 $\overline{\varphi_k}=(\varphi_{k+1}+\varphi_k)/2$，$\Delta\varphi_k=\varphi_{k+1}-\varphi_k$，且考虑到 φ_{k+1}、φ_k、$\Delta\varphi_k$ 均很小，则可得

$$\Delta\varphi_k = -\frac{\lambda}{2d\,\overline{\varphi_k}}$$

式中，$\Delta\varphi_k$ 称为角距离，表示两相邻圆条纹对应入射光的倾角差，反映圆环条纹之间疏密程度；φ_k 表示 k 级圆环所对应的入射角。上式表明 $\Delta\varphi_k$ 与 $\overline{\varphi_k}$ 成反比关系，即 $\overline{\varphi_k}$ 越大，也就是圆环条纹越往外，则 Δ_k 越小，条纹间角距离就越小，说明条纹越密。

2. 单色面光源等倾定域干涉条纹

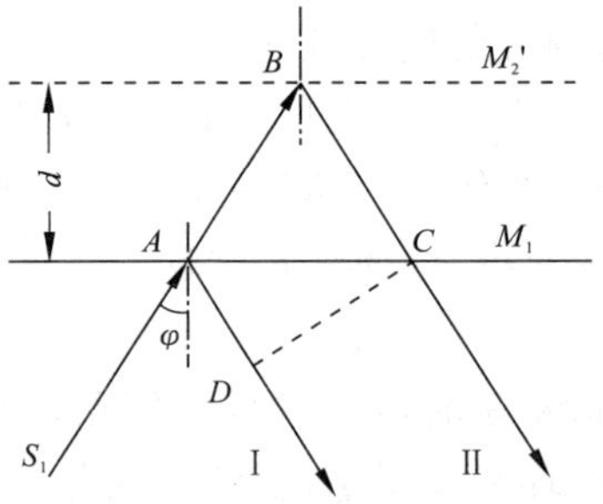

图 4-30 等倾定域干涉光程差计算

调节 M_1、M_2 互相垂直，即 M_1、M_2' 互相平行，如图4-30所示。面光源上有一光点 S_1，发出一束光，光束的入射角为 φ，经 M_1、M_2' 反射后成为互相平行的Ⅰ、Ⅱ两束光，它们的光程差为

$$\delta = AB + BC - AD$$

因为

$$AB = BC = d/\cos\varphi$$

$$AD = AC\sin\varphi = 2d\tan\varphi \cdot \sin\varphi$$

所以

$$\delta = 2d/\cos\varphi - 2d\tan\varphi \cdot \sin\varphi$$

$$= 2d(1-\sin^2\varphi)/\cos\varphi = 2d\cos\varphi$$

根据光的干涉明暗条纹的条件有：

明纹满足

$$\delta = 2d\cos\varphi = k\lambda \tag{4-26}$$

暗纹满足

$$\delta = 2d\cos\varphi = (2k+1)\lambda/2 \tag{4-27}$$

式(4-26)和式(4-27)中，$k=0,1,2,3,\cdots$。

若面光源上有另一光点 S_2，以同一入射角 φ 入射，经 M_1 和 M_2' 反射后，同样可以得到与光线Ⅰ、Ⅱ互相平行的反射光。同理，还可以有光点 S_3、S_4、…，只要以同一入射角 φ，经 M_1 和 M_2' 反射后，都相互平行，它们在无穷远处相遇时各自的

Ⅰ光和Ⅱ光产生干涉后再强度叠加。如果在空间放置一块透镜，则在透镜焦面上将产生干涉条纹。这些光线的干涉发生在空间某特定区域，所以称定域干涉。同时，各光点对于某一入射角，都为同一级干涉条纹，所以又称等倾定域干涉。

由式(4-26)和式(4-27)，还可以分析面光源等倾定域干涉条纹的特点，它与点光源等倾非定域干涉条纹的特点类似。

3. 单色面光源等厚定域干涉条纹

当 M_1 与 M_2 有一个微小的角度 θ(θ 一般是分或秒的数量级)时，它们之间形成楔形空气隙，如图 4-31 所示。从扩展光源上某点 S 发出的一束光经 M_1、M_2' 反射后分成两束光Ⅰ和Ⅱ，它们在镜面附近相交：一种实相交，如图 4-31(a)所示；一种虚相交，如图 4-31(b)所示。相交必产生干涉，把眼睛聚焦在 M_1 镜面附近，即可观察到干涉条纹。由于楔角 θ 很小，因此在入射点 A 的微小区域内，近似看成平行平板，可以证明光线Ⅰ和Ⅱ的光程差为

$$\delta = 2d\cos\varphi$$

式中，d 为楔形板在 A 点处的厚度；φ 为入射角。

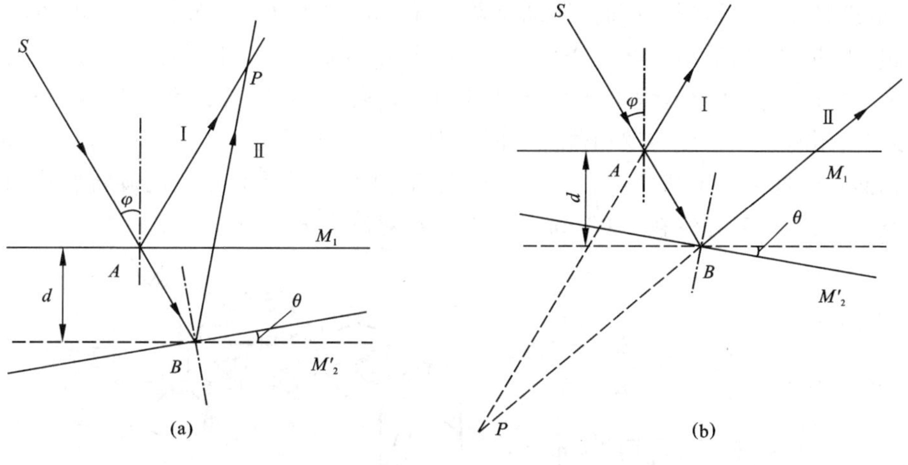

图 4-31　迈克尔逊干涉仪的等厚定域干涉光路

上式又可改写为

$$\delta = 2d[1 - 2\sin^2(\varphi/2)]$$

当 φ 角很小时，可得

$$\delta = 2d(1 - \varphi^2/2) = 2d - d\varphi^2$$

如果 M_1、M_2' 相交，在交线处 $d=0$，$\delta=0$，对应的干涉条纹称中央条纹。在中央条纹附近，因为 d 很小，$d\varphi^2$ 项的作用不明显，光程差 $\delta\approx 2d$，即在同一厚度 d 的地方，光程差相等，条纹与 M_1、M_2' 的交线平行。离中央条纹较远处由于 φ 较大，

乘积 $d\varphi^2$ 不可忽略，对于同一级条纹，则用增加 $2d$ 来抵消。由 $d\varphi^2$ 的增加所造成的 δ 减小，以保持光程差的不变。所以条纹发生弯曲，弯曲的方向是凸向中央条纹（图 4-32）。

实验仪器

迈克尔逊干涉仪，氦氖激光器，白光光源，扩束镜，毛玻璃，水准仪。

1. 迈克尔逊干涉仪的介绍及使用说明

迈克尔逊干涉仪的主体如图 4-33 所示，其结构如图 4-34 所示。导轨 8 固定在一个稳定的底座上，由 3 个调平螺钉 10 支撑，调平后可以旋紧固定圈 11 以保持底座稳定。丝杆 6 的螺距为 1 mm。仪器中有一对可脱开的涡轮副，当手柄 4 按标记顺时针方向转到“开”时，转动粗动手轮 1，经过一对传动比大约为 2∶1 的齿轮副带动丝杆旋转，与丝杆啮合的螺母 5 通过转挡块及顶块带动动镜 12 在导轨面 8 上滑动实现粗动。移动距离的毫米数可在机体侧面的毫米刻尺 7 上读得。通过读数窗口，在刻度盘 2 读到 0.01 mm。当手柄 4（本实验室的迈克尔逊干涉仪无此手柄）按逆时针方向转到“合”时，转动微动手轮 3，经 1∶100 的涡轮副传动，可实现微动，微动手轮的最小刻度为 0.0001 mm。调整仪器时，丝杆顶力不宜过大（可通过滚花螺丝 9 来调整），仪器各部活动环节要求传动轻便，弹性元件接触力适宜。为此，使用时活动件须定期加薄油（如钟表油）。当使用完毕，需放置一段时期时，导轨面及丝杆上应上防锈油。由于结构上的原因，微动手轮正反向旋转交换时都有空回量，出厂时允许在 0.03 mm 范围内，这对测试无影响。

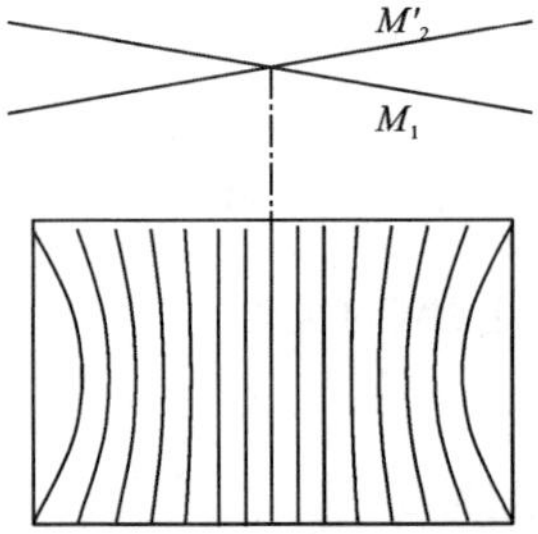

图 4-32 M_1、M_2' 不平行且 $d=0$ 时的等厚干涉条纹

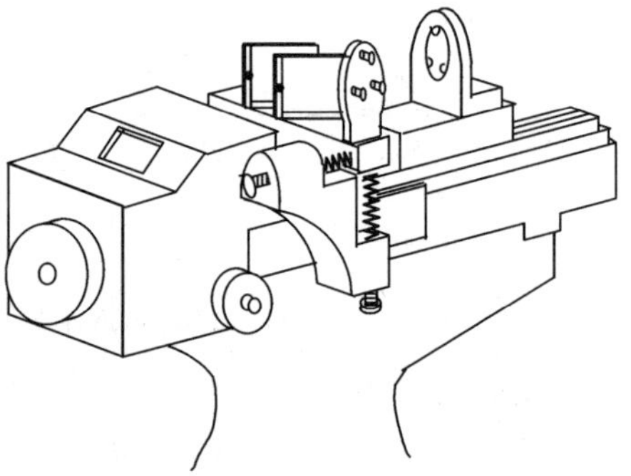

图 4-33 迈克尔逊干涉仪

使用时要注意以下几点：

（1）迈克尔逊干涉仪是十分精密的光学仪器，必须搞清楚仪器的使用方法后才能动手操作。

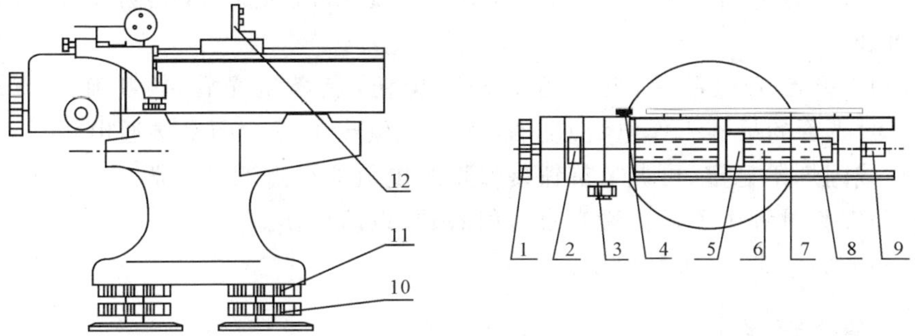

图 4-34　迈克尔逊干涉仪结构示意图

1—粗动平轮；2—刻度盘；3—微动手轮；4—手柄；5—螺母；6—丝杆；
7—毫米刻尺；8—导轨；9—液花螺丝；10—调平螺钉；11—固定圈；12—动镜

(2)分光镜 G_1，补偿板 G_2，反射镜 M_1、M_2 等玻璃零件的光学表面不允许用手摸，不允许哈气，不允许擦拭。只能用吹耳球吹去灰尘。

(3)粗动前须先将手柄 4 转到“开”的位置上，然后才能转动粗动手轮，否则容易损坏涡轮副。

(4)当粗动后需进行微动时，应一面缓缓地转动手柄 4，一面较快地转动微动手轮 3，使蜗杆平稳地与蜗轮啮合。

(另一些型号的迈克尔逊干涉仪没有手柄 4，自然也就无(3)、(4)所说的操作。本实验室所用的仪器就是如此。)

(5)各调整部件用力要适当，不可强旋硬扳。

(6)经过精密调整的仪器部件上的螺丝都涂有红漆，不要擅自转动。

(7)转动微动手轮时，粗动手轮随之移动，但转动粗动手轮时，微动手轮并不随着转动，因此，在调好仪器准备读数前应先调整零点。调整零点的方法是：将微动手轮沿某一方向(例如顺时针方向)旋转至零，然后以同方向转动粗动手轮，对齐读数窗口中某一刻度，以后测量时使用微动手轮仍要向同方向转，这样才能使读数窗口中的刻度盘与微动手轮的刻度轮配合好。

(8)微动手轮有较大的反向空程，测量时应始终向一个方向旋转，如果中途反转，或者需要反向测量，必须重新调整零点。

2. 氦氖激光光源使用注意事项

(1)He-Ne-741 型激光电源空载输出电压为 9 kV，实验操作时切切注意安全，谨防灼伤或因电击受惊打碎激光管。

(2)激光管为冷阴极直流放电管，电极分正负两极。正极为单极钨杆，负极为铝质圆筒用钨杆引出，使用时正负极不能接反，若正负极接反，则正极端将迅速发黑，激光输出显著减少，并严重影响激光管寿命。

(3)激光管使用时必须十分小心，切忌碰撞、敲击和急剧的冷热变化，以防激光管爆裂。

(4)打开激光电源后，旋转电流调节旋钮，点燃激光管，将工作电流调至5 mA(激光管的最佳工作电流)左右，使激光输出最强。如果接通电源后，激光管不亮或闪烁不稳定，可调节旋钮慢慢增大电流便可点燃激光器。

(5)实验过程中不可让激光束直射眼睛，以防烧伤。

(6)实验结束时，关闭电源。

实验步骤

(1)用水平仪并调节迈克尔逊干涉仪的底脚螺丝，使仪器导轨水平(仪器导轨水平已调好，学生不必再动)；转动粗动手轮，即调节 M_1 的位置，使 M_1、M_2 到分光镜 G_1 的距离大致相等；将 M_1、M_2 后的两个螺钉及微调 M_2 水平、垂直的拉簧的调节丝杆调到适中的位置。

(2)调节 He-Ne 激光器，使激光束保持水平并基本垂直于仪器导轨且入射到反射镜 M_1、M_2 的中部。

粗调 He-Ne 激光器，使激光器垂直于仪器导轨，并能使激光入射到反射镜 M_1、M_2 上。开激光器电源，调节电流达到 5 mA(电源上有电流表)左右，使激光器发射激光。调整激光器的高度，左右旋转激光器和调激光器的俯仰，使激光束入射到反射镜 M_1、M_2 的中心，用纸片遮住 M_2，再细调激光器高度左右及俯仰，使从 M_1(M_1 垂直导轨已调好)反射的光回到激光器的输出平面镜上；再遮住 M_1，调 M_2 镜后两个方位螺丝，使从 M_2 反射的光回到激光器的输出平面镜上。

(3)调节 M_2 镜后的两个螺丝，使 M_1 与 M_2 垂直。

让反射镜 M_1、M_2 反射的两组亮点射到观察屏上；细心调节 M_2 镜后两个方位螺丝，使屏上的两组亮点，特别是中间最亮点完全重合；如实在难以重合，可微动 M_1(切不可大动)，使其完全重合。

(4)点光源非定域干涉条纹的观察与测量。

①调出点光源非定域干涉条纹。

在激光器出射激光的输出平面镜前放上扩束镜，使其成为点光源，调扩束镜的高度及位置，使屏上出现激光光斑，此时总会有干涉条纹出现，这时的干涉条纹是圆弧，十分密，且看不到圆心；慢慢移动粗调手轮半圈，且边转边看条纹的变化，如果变坏，便反转，可看到较好的干涉条纹。微调垂直拉簧与水平拉簧的调节螺丝，或调节扩束镜的高低、左右位置，直到把干涉条纹中心调到光斑中央。此时 M_1 与 M_2 严格垂直，即 M_1 与 M_2' 严格平行，屏上就出现非定域干涉条纹了。

②慢慢转动粗调手轮，使 M_1 镜前后移动，观察条纹变化，并思考条纹从中心

“涨出”或“陷入”中心，M_1 与 M_2' 间的距离 d 如何变化。

③测量 He-Ne 激光器的激光波长。

当确信旋转微调手轮时屏上干涉条纹在变化，且知道旋转微调手轮时粗调手轮的旋转方向，再依此方向对迈克尔逊干涉仪调零。调零的过程是：按出现干涉条纹变化的旋转方向转动微调手轮，使微调手轮上的刻度线指零；再转动粗调手轮，使读数窗口中的刻度线指向粗调手轮刻度盘的任意整刻度。调零结束后，按调零的方向旋转微调手轮，直到屏上的干涉条纹“陷入”或“涨出”，确定某一个特定的干涉图像为基准时停下，记录此时数据，再按原方向旋转微调手轮数条纹数，每数 100 个条纹变化，记录一次数据，连续 7 次。数据的整数为毫米，毫米以下（小数点后）有 5 位。

旋转微调手轮时，应用左手，不用右手。因为用右手时，右手会碰着迈克尔逊干涉仪的某些部件，使干涉条纹变化，不利于数数。

由于在迈克尔逊干涉仪实验中数条纹时对环境条件要求比较苛刻，外界稍有震动，甚至大声说话，走路脚步稍重，拖动凳子等都会使干涉条纹有巨大的抖动，以至于无法数数。所以，在数条纹时，一定要一环一环地数，并逐步体会每移动一环，微调手轮转过的角度，以形成规律。这样，在有外来干扰无法数数的情况下，可以通过手感完成微调手轮一环的转动后停下，待外来干扰停止后，再继续数环。切不可一次数两个以上的环。

另外，实验室的实验人员的动作一定要轻，说话声音要小。同桌的几个实验人员，要相互照顾，尽量实验进度一致，记录数据时，不要把表格纸放在桌子上记，以最大限度地减少相互间的不利影响。

(5)观察等倾干涉条纹（选做）

①把毛玻璃屏放在透镜 L 的前面，使球面波经过漫反射成为扩展光源，必要时可加两块毛玻璃。用聚焦到无穷远的眼睛直接观察，可以看到圆条纹。进一步调节拉簧螺丝，使眼睛上下左右移动，各圆条纹大小不变，这时看到的就是等倾条纹。

②慢慢转动粗调手轮，使镜 M_1 前后移动，观察条纹的变化规律。

③用一纸板（或可变光阑）遮住毛玻璃，改变扩散光源的大小，观察干涉条纹有何变化。

(6)观察等厚干涉条纹（选做）

在上述观察等倾条纹的基础上，慢慢转动粗调手轮，使干涉条纹逐渐向圆心“缩入”，同时会看到条纹由细变粗，由密变疏，直到整个视场条纹变成等轴双曲线形状，此时 M_1 与 M_2' 已十分靠近。再调 M_2 镜的拉簧螺丝，使 M_2' 与 M_1 有一个很小的夹角，视场中出现直线形平行干涉条纹。条纹间距与交角成正比，夹角太大，条纹变得很密，甚至观察不到干涉条纹。移动动镜 M_1，观察干涉条纹从弯曲变直再变弯曲。

在调出等厚干涉条纹的基础上，换上白光光源，细心缓慢地旋转微调手轮，在 M_1 与 M_2' 达到“零程”附近时就会出现彩色条纹，再极小心地旋转微调手轮找到中央条纹，它对应于 M_1 与 M_2' 的交线，记录观察到的条纹形状和颜色分布。

在“零程”附近，由于白光的干涉条纹只能看到几条，所以必须耐心细致地调节才能观察到，如果 M_1 镜移动快，就会一晃而过。

注意事项

（1）测量前，仪器必须调零。

（2）数条纹数前必须确认旋转微调手轮时屏上条纹“陷入”或“涨出”。

（3）数条纹时，一定要一环一环地数。

（4）测量过程中不容许微调手轮倒转。

原始数据表格

测 He-Ne 激光波长的实验数据填入表 4-9。

激光管规格______________ mm；

迈克尔逊干涉仪读数分度值______________ mm。

表 4-9　测激光波长实验数据

读数序号	1	2	3	4	5	6	7	8
干涉条纹数	0	100	200	300	400	500	600	700
d_i(mm)								
$\Delta d_i = d_{i+4} - d_i$(mm)					$\overline{\Delta d}=$		$S_{\overline{\Delta d}}$	

数据处理

（1）条纹变化 $\Delta N=400$，动镜移动 Δd 的平均值及不确定度。

由于环境条件的限制，人眼的判断的误差，可能使 ΔN 不准。取 $\Delta(\Delta N)=1.0$；Δd 的不确定度 $\Delta(\Delta d)$ 中，取 $\Delta_{仪}(\Delta d)=5\times10^{-5}$ mm。

表 4-10　Δd 的平均值及不确定度

直接测量量	$\overline{x}$	$S_{\overline{x}}$	t 值（无单位）	$\Delta_A x$	$\Delta_{仪} x$	$\Delta_B x$	Δx
ΔN							
Δd(mm)							

其中

$$\overline{\Delta d} = \frac{1}{n}\sum_{i=1}^{n}(\Delta d_i)$$

$$S_{\overline{\Delta d}} = \sqrt{\sum_{i=1}^{n}[(\Delta d_i) - \overline{\Delta d}]^2/[n(n-1)]}$$

$$\Delta_A(\Delta d) = tS_{\overline{\Delta d}}$$

$$\Delta(\Delta d) = \sqrt{[\Delta_A(\Delta d)]^2 + [\Delta_B(\Delta d)]^2}$$

(2)求 He-Ne 激光波长 λ。

$$\lambda = 2\Delta d/\Delta N$$

(3)求波长 λ 的不确定度 $\Delta\lambda$。

对实验公式 $\lambda=2\Delta d/\Delta N$ 两边取对数，然后微分(微分号 d 用 δ 代替)

$$\ln\lambda = \ln 2 + \ln\Delta d - \ln\Delta N$$

$$\delta\lambda/\lambda = \delta(\Delta d)/\Delta d - \delta(\Delta N)/\Delta N$$

$$E_r = \Delta\lambda/\lambda = \sqrt{[\Delta(\Delta d)/\Delta d]^2 + [\Delta(\Delta N)/\Delta N]^2}$$

$$\Delta\lambda = E_r\lambda$$

(4)写出波长 λ 的表达结果 $\lambda=\bar{\lambda}\pm\Delta\lambda$。

(5)与 λ 的公认值 λ_0($\lambda_0=632.8$ nm)比较，算出测量值与公认值的相对误差 $|\lambda-\lambda_0|/\lambda_0$。

预习思考题

(1)在迈克尔逊干涉仪中是用什么方法获得两束相干光的?

(2)调整仪器使得反射镜 M_1 与 M_2 或使 M_1 与 M_2' 达到什么程度才能获得等倾干涉?在屏上看到条纹呈什么形状时可判定它是等倾条纹?非定域干涉有什么特点?

(3)数数前为什么要调迈克尔逊干涉仪的零点?如何调零点?

(4)什么是空程?测量时如何操作才能避免空程?

(5)当白光干涉条纹出现，且中央条纹调到视场中央时，M_1、M_2' 两镜的距离和位置如何?

实验后思考题

(1)如果考虑分光镜引起的半波损失(实际上分光镜上所镀金属膜，存在半波损失的情况比较复杂)，式 4-22 是否仍然成立?

(2)已知扩展光源上不同光点发出的光是非相干光，由此得出等倾条纹似乎是非相干光“干涉”的结果，请解释这一矛盾。

(3)实验中等倾圆条纹与牛顿环条纹有何异同？条纹"陷入"或"涨出"时，与M_1、M'_2两镜距离的增减呈什么关系？

4.6 光电效应

光电效应是指在光的作用下，从物体表面释放电子的现象。这种现象是1887年赫兹研究电磁波时发现的。之后，勒纳德等人对光电效应总结出一系列实验规律，1905年爱因斯坦提出"光量子"的假说，对光电效应的规律作出了成功的理论解释。十年后，密立根用实验证实了爱因斯坦的光量子理论，促进了光学和原子物理学的发展。利用光电效应可以制造光电管、光电倍增管等光电转换器件，把光学量转换成电学量来测量。因此，光电效应在自动控制、电视摄像、分光光度计等技术中得到了广泛的应用。

实验目的

(1)观察光电管的光电效应，理解光的量子性；
(2)测定光电管的伏安特性；
(3)验证爱因斯坦方程，测定普朗克常数。

实验原理

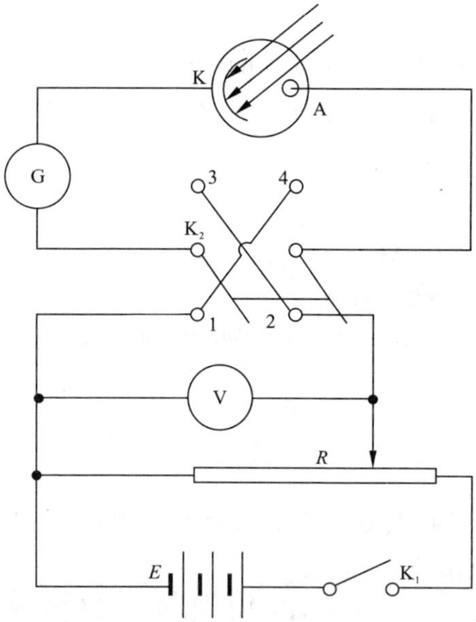

图 4-35　光电效应实验示意图

观察光电效应的实验示意图如图4-35所示。K为光电管阴极，A为光电管阳极，G为微电流计，V为电压表，R为滑线变阻器。调节R并结合换向开关K_2，可在A、K之间获得从$-E$到$+E$连续变化的电压。当光照射光电管时，阴极释放出的光电子在电场的作用下向阳极迁移，并且在回路中形成光电流。

1. 光电效应的实验规律

(1)光强一定时，随着光电管两端电压的增大，光电流趋于一个饱和值i_S。对于不同的光强，饱和光电流i_S与光强I成正比。

(2)当给光电管两端加反向电压时，光电流迅速减小，但不会立即降到零，直至反向电压达到U_C时，光电流为零。U_C称为截止电压，这表明此时具有最大动能的光电子也被反向电场所阻挡，所以有

$$\frac{1}{2}mv_{\max}^2 = e \mid U_C \mid \tag{4-28}$$

式中，e为电子电量。实验表明截止电压U_C与入射光强无关，只与入射光的频率有关。

(3)改变入射光频率ν时，截止电压U_C随之改变。U_C与ν呈线性关系，如图4-36所示。实验表明，无论光多么强，只有当入射光的频率ν大于截止频率ν_0时才有光电效应发生。ν_0称为光电效应的红限频率。对于不同金属制成的光电管阴极，ν_0的值也不同，但这些直线的斜率都相同。

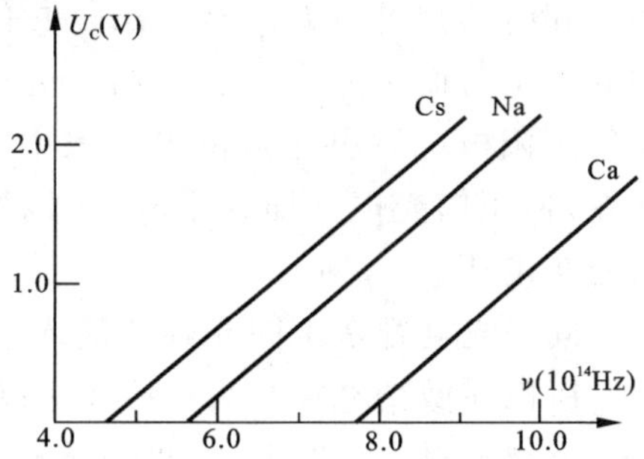

图 4-36　$|U_C|$与ν的关系曲线

(4)照射到光阴极上的光无论怎么弱，几乎在开始照射的同时就有光电子产生，延迟时间最多不超过10^{-9} s。

2. 光电效应的爱因斯坦方程

上述光电效应的实验规律是光的波动理论所不能解释的。爱因斯坦的光子假说成功地解释了这些实验规律。他假设光是能量为$h\nu$的光子流(其中h为普朗克常数)，当光照射金属时，金属中的一个电子要么不吸收能量，要么吸收一个光子的全部能量$h\nu$。只有当这一能量大于电子摆脱金属表面的约束所需要的逸出功A时，电子才会以一定的初动能逸出金属表面。依能量守恒，有

$$h\nu = \frac{1}{2}mv_{\max}^2 + A \tag{4-29}$$

这就是著名的爱因斯坦方程。

3. 光电管的伏安特性

理论上光电管的伏安特性曲线如图4-37中曲线Ⅰ所示，但实际情况要复杂得多。主要的影响因素有：

(1)存在暗电流和本底电流。在完全没有光照射的情况下，由于阴极本身的热电子发射等原因所产生的电流称为暗电流。本底电流则是由于外界各种漫射光入射到光电管上所致。这两种电流属于实验中的系统误差。除了对后者尽力克服外，实验时须将它们测出并在作图中消除它们的影响。

(2)存在反向电流。由于在光电管的制造过程中，阳极不可避免地被阴极材料所沾染，而且这种沾染在光电管的使用过程中会日趋严重。在光的照射

下，被阴极材料沾染的阳极也会发射电子，形成阳极电流，即反向电流，它的伏安特性如图 4-37 中的曲线Ⅱ。因此实测曲线应是阳极电流Ⅱ与阴极电流Ⅰ(理论的光电管伏安特性)的叠加，即图 4-37 中的实线。这就给确定截止电压 U_C 带来了一定麻烦。若用交点 U_C' 来代替 U_C 有误差，若用图中反向电流刚开始饱和时的拐弯点 U_C'' 来代替 U_C 也有误差。究竟用哪个来代替 U_C，应根据不同的光电管而定。本实验中由于光电管极间漏电、入射光照到阳极或从阴极反射到阳极之后引起阳极电子发射等原因，产生了反向光电流。由于它们的存在，使正向光电流曲线下移，所以取光电流刚刚开始急剧变化点对应的电压为截止电压。

同一光电管在不同光强 I 的入射光照射下，其伏安特性不同，如图 4-38 所示。所以在做光电管的伏安特性曲线实验时，除了保持入射光的频率不变以外，还要保持入射光强度不变，即发光体到光源的距离，以及发光体的发光强度不变，从而要求使发光体发光的电流电压不变。

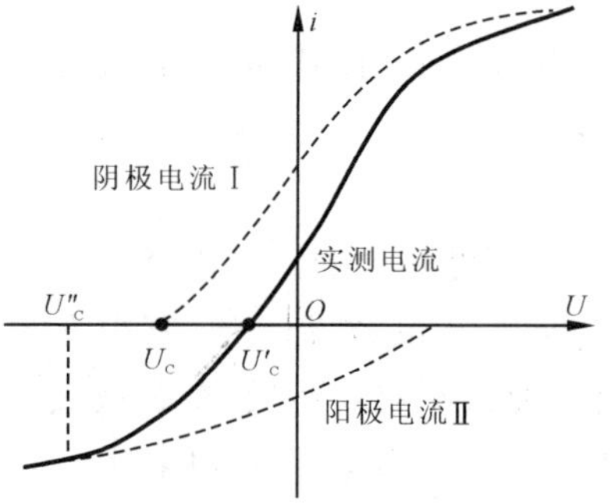

图 4-37　光电管的伏安特性

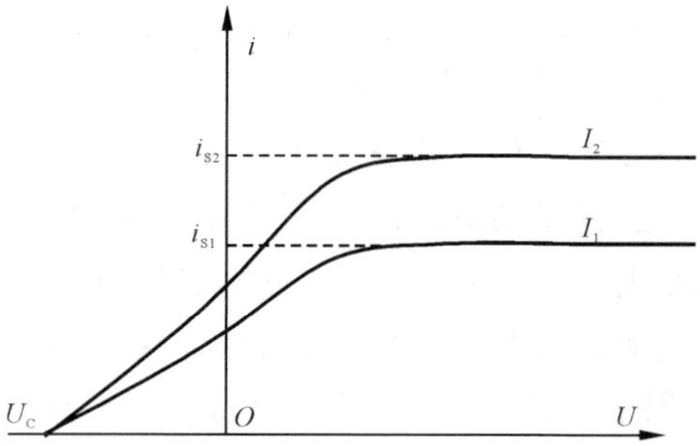

图 4-38　不同光强的伏安特性

4. 光电管的频率特性

根据光电效应的爱因斯坦方程式(4-29)与式(4-28)，可得

$$h\nu = \frac{1}{2}mv_{\max}^2 + A = e\mid U_C\mid + A \tag{4-30}$$

即

$$\mid U_C\mid = (h/e)\nu - A/e = k\nu + b \tag{4-31}$$

式中，$k=h/e$，$b=-A/e$。故截止电压 U_C 与入射光的频率成正比。改变入射光的频率，可测得不同的截止电压 U_C，作 U_C-ν 曲线，可得一直线，如图 4-39 所示。由直线的斜率 k 便可求出普朗克常数 $h=ek$。

应该强调指出：由于反向电流等影响因素的存在，使正向光电流曲线下移，光电流的截止电位点也从 a 点下移到了 a' 点，如图 4-40 中的实线所示。不过，当反向光电流比正向光电流小得多时，a'点的电位与截止电位 U_C 相当。因此，测出 a'点的电位，便可获得截止电压 U_C。在 i-U 曲线中，a'点就是光电流开始发生显著变化的点，故又称抬头点，抬头点对应的电压俗称抬头电压。为了测准抬头电压，实验中应在 a'点附近多测几组数据。

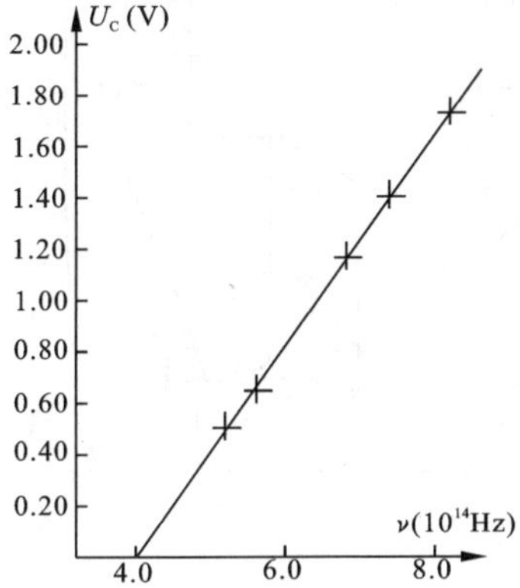

图 4-39　某光电管的 U_C-ν 关系曲线

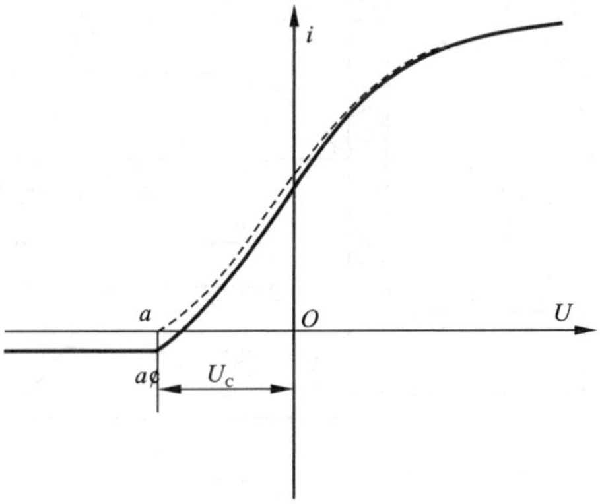

图 4-40　截止电位点与抬头点

测准抬头点是一件十分困难的事，要用到十分精密的电流表(一般达 10^{-12} A)。本实验用的数字电流表精密度只达 10^{-8} A，而且由于暗电流属于噪音范畴，存在跳跃起伏，使得电流介于两数字之间时，数字电流表读数的尾数字来回跳跃。为了测准抬头电压，以 $\times 10^{-8}$ A 的数字电流表的读数在电压负值范围内增加一些测量，比方以电流的最小分度值(即 0.1×10^{-8} A)为测量间隔，测出阳极电压，以电流的最小分度值对应的阳极电压的差值 ΔU 来进行分析判断。如果 ΔU 很大，说明电流的负值是暗电流；如果 ΔU 较小(一般 ΔU 小于 0.2～0.3 V)，说明暗电流上已经叠加上了正向电流，这些较小 ΔU 最前面的阳极电压值 U 就可以确定为抬头电压。

5. 光电管的光电特性

在产生光电效应的前提下，入射到光电管上的光子数越多，在光阴极上产生的光电子数就越多，即光电流越大。这说明光电流与入射光强即到达光阴极的光通量成正比。如果光源是点光源，且发光强度不变，入射光到达光阴极的光通量就应与光源到光阴极的距离 r 的平方成反比。由此得出，光电流与发光强度不变的点光源到光电管光阴极距离的平方即 r^2 成反比。

实验仪器

GD-Ⅰ型光电效应实验仪一台(含主机一台，专用光电管一件，滤色片一套，减光片一套，遮光盖一个，高压汞灯光源一套，屏蔽电缆线两根)。

GD-Ⅰ型光电效应实验仪包含光源、专用光电管及暗盒、主机、滤色片，其示意图如图4-41所示。

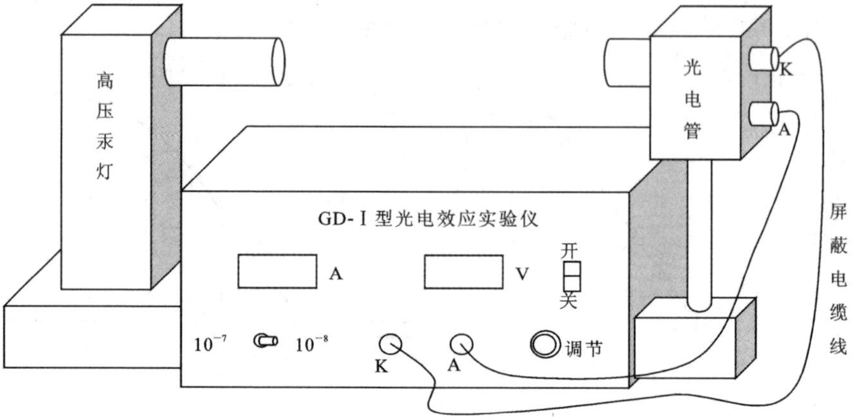

图 4-41　GD-Ⅰ型光电效应实验仪

1. 光电效应专用光电管

光电管实质上是一个真空二极管，管内封装着阴极和阳极，阴极一般用逸出功较小的金属化合物（如氧化铯或锑化铯）制成，使其能在较低频率光的照射下产生光电效应。

2. 光源

GD-Ⅰ型光电效应实验仪的光源是高压汞灯。高压汞灯一般在打开电源15 min后才能稳定发光。它发出的是线状光谱，实验使用的汞灯波长及相对发光强度如表4-11所示。

表 4-11　实验用汞灯波长及相对发光强度

波长(nm)	365.0	404.7	435.8	546.1	577.0
相对强度	500	300	500	2000	200

3. 滤色片

GD-Ⅰ型光电效应实验仪配有五种滤色片，分别对应于表4-11所列的实验时使用的汞灯波长。滤色片是采用增透膜的原理，经过多层镀膜而制成的。实验中需要使用某种波长时，取出该波长的滤色片盖住光电管的入光孔，则从光源射入光电管的光便是该波长的光。

4. 遮光盖

GD-Ⅰ型光电效应实验仪主机配有一个遮光盖，测光电管的暗电流时要用遮光盖盖住光电管的进光孔。实验完后一般要用遮光盖盖住光电管的进光孔，以免强光照射光电管使光电管老化。

5. GD-Ⅰ型光电效应实验仪主机

GD-Ⅰ型光电效应实验仪主机包含连续可调直流稳压电源和微电流测试仪。连续可调直流稳压电源为光电管提供－5.00～20.00 V 的阳极电压，用屏蔽电缆线与光电管相连，阳极所加电压的值由数字电压表给出。光电管的光电流通过屏蔽电缆线接到微电流测试仪上由数字微电流测试表读出。微电流测试仪有两挡，分别为 $\times 10^{-7}$ A 与 $\times 10^{-8}$ A。$\times 10^{-7}$ A 用于测光电管的伏安特性，$\times 10^{-8}$ A 用于测光电管的频率特性时的抬头电压（截止电压）。

实验步骤

(1)按图 4-41 布置好仪器，将光源出光孔与暗盒入光孔对准，把暗盒上 K、A 端用屏蔽电缆线与微电流测试仪面板上 K、A 端连接。

(2)开高压汞灯，预热 15 min。

(3)从实验室获取测高压汞灯与光电管暗盒中心间的距离。

(4)测光电管的伏安特性。

①将微电流测试仪测量挡拨至 $\times 10^{-7}$A 的位置。

②用 365 nm 的滤色片盖住光电管暗盒入光孔。

③顺时针旋转“电压调节”旋钮，调节阳极电压从－3 V 升到 19 V。

④观察光电流的变化，每隔 1 V 记一个电流值。当电流开始有大于零的值时细测几个点（从－2～0 V 之间，在电流开始大于零的前后，以电流变化 0.1×10^{-7} A 记录一个电压值再多测几个点）。记下一组 I-V 值。

⑤在高压汞灯的出光孔上盖上 50%的减光片，重复上面③、④的步骤。

(5)测光电管的频率特性。

①将微电流测试仪测量挡拨至 $\times 10^{-8}$ A 的位置。

②测抬头电压：把滤色片装在暗盒入光孔上，电压由－3 V 慢慢升高到0 V，观察电流的变化，记下电流由 -0.4×10^{-8} A 开始变为 -0.3×10^{-8} A（读数 -0.3×10^{-8} A 刚开始闪烁，表格中的记号为－0.4→－0.3），由 -0.3×10^{-8} A 开始变为 -0.2×10^{-8} A（读数 -0.2×10^{-8} A 刚开始闪烁，表格中的记号为－0.3→－0.2），由 -0.2×10^{-8} A 开始变为 -0.1×10^{-8} A（读数 -0.1×10^{-8} A 刚开始闪烁，表格中的记号为－0.2→－0.1），由 -0.1×10^{-8} A 开始变为 -0.0×10^{-8} A（读数 -0.0×10^{-8} A 刚开始闪烁，表格中的记号为－0.1→－0.0），由 -0.0×10^{-8} A开始变为 0.0×10^{-8} A（读数 0.0×10^{-8} A 刚开始闪烁，表格中的记号为－0.0→0.0）所对应的电压值。算出相邻两电压值的差值，找出电流开始

急剧变化的起点，定出抬头电压值。

由于各台仪器的光电管不尽相同，暗电流各有差异，使得$\times 10^{-8}$ A 的数字电流表的负电流的起点各不相同。有的仪器的负电流起点可达-0.5×10^{-8} A，有的仪器的负电流起点才-0.1×10^{-8} A，甚至是-0.0×10^{-8} A(为了准确把握电流变化的脉搏，我们把电流从-0.0×10^{-8} A 变化到$+0.0\times 10^{-8}$ A 也作为增加了一个最小分度值的电流)，所以原始数据表格中所列各项不一定全部填满，视情况而定。

注意事项

(1)汞灯的预热时间必须长于 20 min，实验中，汞灯如果关闭，必须经过 5 min后才可重新启动。

(2)注意保护滤色片，勿用手触摸其表面防止污染。

(3)每次更换滤色片时，必须遮挡住汞灯光源，避免强光直接照射阴极而缩短光电管寿命。

原始数据表格

1. 测光电管的伏安特性

滤色片波长________ nm，减光片透过率________；

高压汞灯与光电管暗盒中心间的距离________ cm；

微电流测试仪测量挡位置：×______ A，分度值________ A，电压表分度值________ V。

表 4-12 光电管的伏安特性

阳极电压 U(V)		−5	−4	−3	−2								0	1
阴极电流	无 50%减光片													
	有 50%减光片													

2	3	4	5	6	7	8	9	10	11	12	13	14	15	16	17	18	19

2. 测光电管的频率特性

微电流测试仪测量挡位置：×______ A，分度值________ A，电压表分度值________ V。

表 4-13 光电管的频率特性

波长	电流($\times10^{-8}$A)	$-0.4\to$ -0.3	$-0.3\to$ -0.2	$-0.2\to$ -0.1	$-0.1\to$ -0.0	$-0.0\to$ -0.0	抬头电压
365.0nm	电压 U(V)						
	$U_{i+1}-U_i$(V)						
404.7nm	电压 U(V)						
	$U_{i+1}-U_i$(V)						
435.8nm	电压 U(V)						
	$U_{i+1}-U_i$(V)						
546.1nm	电压 U(V)						
	$U_{i+1}-U_i$(V)						
577.0nm	电压 U(V)						
	$U_{i+1}-U_i$(V)						

数据处理

(1)在坐标纸上作出该光电管对高压汞灯 365 nm 波长光的伏安特性曲线，求出饱和光电流 i_S。

(2)求普朗克常数 h 和光电管阴极材料的逸出功 A。

在表 4-14 中列出该光电管对高压汞灯五条谱线光的频率($\nu=c/\lambda$,光速 $c=2.998\times10^8$ m/s)和截止电压绝对值$|U_C|$。

表 4-14 光电管对应汞灯谱线光的频率和截止电压

高压汞灯谱线波长(nm)	365.0	404.7	435.8	546.1	577.0
对应的频率 ν($\times10^{14}$ Hz)	8.214	7.408	6.879	5.490	5.196
截止电压绝对值$\|U_C\|$(V)					

(3)利用表 4-14,根据式(4-31),用最小二乘法求 k 与 b,关系式为

$$k=\frac{\bar{\nu}\,\overline{|U_C|}-\overline{\nu|U_C|}}{\bar{\nu}^2-\overline{\nu^2}}$$

$$b=\overline{|U_C|}-k\bar{\nu}$$

将有关数据填入表 4-15 中。

表 4-15 $\bar{\nu}$、$\overline{\nu^2}$、$\overline{|U_C|}$、$\overline{\nu|U_C|}$

$\bar{\nu}=\sum_{i=1}^{5}\nu_i/5$	$\overline{\nu^2}=\sum_{i=1}^{5}\nu_i^2/5$	$\overline{\|U_C\|}=\sum_{i=1}^{5}\|U_C\|_i/5$	$\overline{\nu\|U_C\|}=\sum_{i=1}^{5}\nu_i\|U_C\|_i/5$

(4)进而求出普朗克常数 h 和光电管阴极材料的逸出功 A。

$$h = ke$$

$$A = -eb$$

将测出的普朗克常数 h 与公认的普朗克常数 $h_0 = 6.6256 \times 10^{-34}$ J·s 比较，求出相对误差 E_r。

$$E_r = |h - h_0| / h_0$$

预习思考题

(1)如何理解光的量子性？如何应用爱因斯坦方程解释光电效应的四条实验规律？

(2)测光电管的伏安特性时，变量是什么？不变量是什么？

(3)你对用加反向电压的方法来测量光电子的最大速度(或动能)有何体会？能否用别的办法来测电子最大速度？

(4)从截止电压 U_C 与入射光频率 ν 的关系曲线，你能确定阴极材料的逸出功吗？

(5)测定普朗克常数实验中有哪些误差来源，实验中如何减少误差？你有何建议？

实验后思考题

(1)在光电效应实验中，如何测定光电子的最大动能？如何测定逸出功？

(2)如何用光的量子性来解释饱和光电流？

5　综合性设计性实验

5.1　声速的测量

声波是一种在弹性媒质中传播的纵波，描述其重要性质的物理量有波长、声速及强度等。利用声速 v 与频率 ν、波长 λ 之间的关系式 $v=\nu\lambda$，通过测量频率 ν 和波长 λ 可求出声速。本实验测量超声波在空气中的传播速度。超声波是频率为 $2\times10^4\sim10^9$ Hz 的机械波，它具有波长短、能定向传播等优点。测定超声波传播速度具有重要意义，在实际应用中，对于超声波测距、定位，测液体流速，测材料的弹性模量，测气体温度的瞬间变化等方面，都有广泛的应用。

实验目的

(1)通过测定超声波在空气中的传播速度，了解超声压电换能器的基本工作原理；

(2)学习信号发生器的使用，进一步学习示波器的使用；

(3)熟悉用驻波法(共振法)和相位法(比较法)测声波波长，加深对驻波及垂直振动合成的理解。

实验原理

前面介绍了波的传播速度 v、频率 ν 和波长 λ 之间的关系，只要测出声波的频率 ν 和波长 λ，就可以算出声速 v。实验装置如图 5-1 所示，信号发生器产生频率为几十千赫的交变电信号，其频率可由频率计精确测定；S_1 和 S_2 分别用来发送和接收声波，它们是以压电陶瓷为敏感元件做成的电声换能器。当把电信号加在 S_1 的压电陶瓷环的两电极上时，换能器端面产生机械振动(反向压电效应)并在空气中激发出声波。当声波传播到 S_2 的表面上时，激发起 S_2 端面的振动，又会在其压电陶瓷环的两电极上产生相应的电信号输出(正向压电效应)。

为了确定声速，还要测定声波的波长，测声波波长可以用以下两种方法进行。

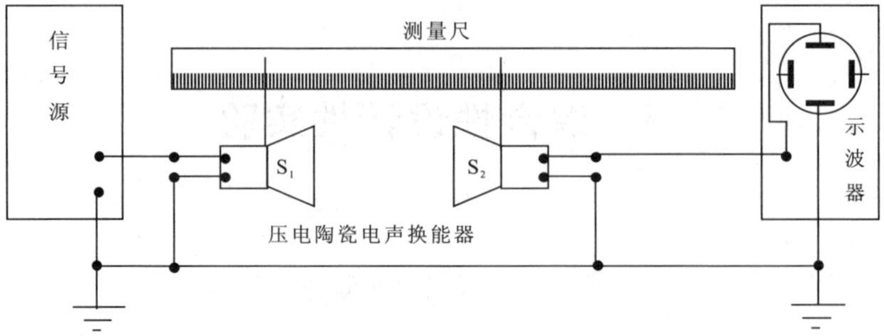

图 5-1　声速测量仪示意图

1. 驻波法(也称共振法)测波长

S_1发出的声波，传播到接收端 S_2后，在激发起 S_2振动的同时又被 S_2的端面所反射。保持接收端 S_2的端面和发送端 S_1的端面相互平行，声波将在两平行平面之间往返反射并相互叠加，叠加的波可以近似看做具有驻波加行波的特征。从纵波的性质可以证明，当接收器端面按振动位移来说处于波节时，按声压来说处于波腹。当发生共振而在发射器端面和接收器端面之间产生稳定的“驻波”时，接收端面近似为一“波节”，接收到的声压最大，经接收器转换成的电信号也最强。此时，若发射器端面和接收器端面之间的距离 l_0满足共振条件：

$$l_0 = n(\lambda/2) \tag{5-1}$$

则接收换能器将有最大的电压输出。式中，λ 是空气中的声波波长，n 取正整数。考虑到激励源的末端效应，式(5-1)还应附加一个校正因子 Δ，即

$$l_0 = n\lambda/2 + \Delta \tag{5-2}$$

式中，l_0是空气柱的实际长度，即发送换能器端面到接收换能器端面之间的距离。在 S_2处于不同共振位置时，因 Δ 是常数，所以各相邻电信号极大值之间的距离均为 $\lambda/2$。由于波阵面的发散及其他损耗，随着距离的增大，各极大值的振幅逐渐减小。当接收器沿声波传播方向由近而远移动时，接收器输出的电信号的变化情况如图 5-2 所示。只要测出各极大值所对应的接收器的位置，就可以测出波长 λ。

2. 相位法(也称比较法)测波长

波是振动状态的传播，也可以说是相位的传播。沿传播方向上的任何两点，当它们之间的相位差为 2π(或 π 的偶数倍)时，该两点间的距离就等于一个波长(或波长的整数倍)。当它们之间的相位差为 π(或 π 的奇数倍)时，该两点间的距离就等于半个波长(或半波长的奇数倍)。由于发射器发出的是近

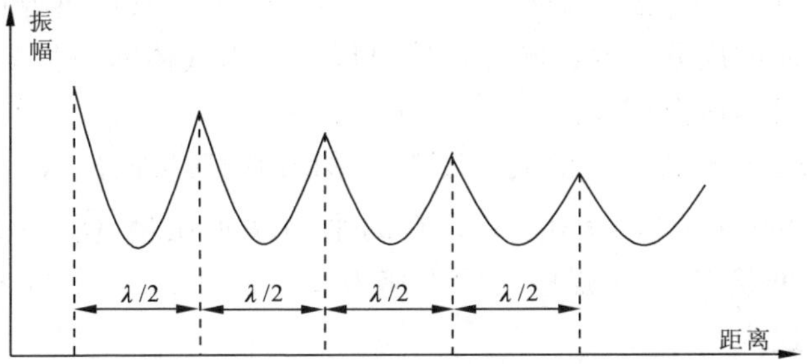

图 5-2　电信号及其变化

乎于平面波的声波，当接收器端面垂直于波的传播方向时，其端面上的各点都具有相同的相位。当沿传播方向移动接收器时，总可以找到一个位置使得接收到的信号与发射器的激励电信号的相位相同。继续移动接收器，直到接收到的信号再一次和发射器的激励信号的相位相同时，移动的这段距离必然等于声波的波长。顺便说一下，用示波器测定相位时，在这些位置上接收器端面处的声波，由于换能器振动的传递和放大线路的相移，实际上并不一定就是接收器处声振动的相位，总有一定的相位差，但对于实验中波长的测量并无影响。为了判断接收器与发射器振动的相位差，可以利用李萨茹图形寻找同相或反相时椭圆蜕化为右斜直线（1、3 象限的直线）或左斜直线（2、4 象限的直线）的点，其优点是斜直线情况判断相位差最为敏锐。将发射信号与接收信号分别输入示波器的 x 通道（CH1）和 y 通道（CH2），示波器屏上就会出现椭圆状的李萨茹图形，改变接收器的位置，李萨茹图形就交替地由椭圆蜕化为 1、3 象限直线和 2、4 象限直线，当李萨茹图形由椭圆蜕化为 1、3 象限的直线时，说明输入到示波器偏转板上的发射信号与接收信号同相，当李萨茹图形由椭圆蜕化为 2、4 象限直线时，说明输入到示波器偏转板上的发射信号与接收信号反相。相邻的与 1、3 象限李萨茹图形和 2、4 象限李萨茹图形对应的接收器所在位置的距离为半个波长。

3. 声波传播速度的理论值

前面讨论了用共振法与相位法测定声波波长 λ 进而测定声速的测量原理，下面就空气中声波传播速度与气体的性质、温度、气压及湿度之间的关系作些说明。

在理想气体中，可以推导声波的传播速度为

$$v = \sqrt{\gamma RT/M_{\mathrm{mol}}}$$

式中，$\gamma = c_p/c_V$ 称比热容比，即气体定压比热容和定容比热容的比值；M_{mol} 是气体的摩尔质量；T 是绝对温度；R 为普适气体常数，其值为 $R = 8.31441$ J/(mol

· K)。由此式可见，声速与温度有关，与摩尔质量 M_{mol} 及比热容比 γ 有关，M_{mol} 与 γ 取决于气体的成分。因此测定声速可以推算出气体的一些参量。利用该函数关系可以制成声速温度计。

在正常情况下，干燥空气的成分按单位体积内的质量比为 $N_2 : O_2 : Ar : CO_2 = 78.084 : 20.946 : 0.934 : 0.033$。它的平均摩尔质量 $\overline{M}_{mol} = 28.964 \times 10^{-3}$ kg/mol。在标准状态下，干燥空气的声速为 $v_0 = 331.5$ m/s。在室温 t（℃）下，干燥空气的声速为

$$v = v_0 \sqrt{T/T_0} = v_0 \sqrt{1 + t/T_0} \tag{5-7}$$

式中，T、T_0 为绝对温度，$T_0 = 273.15$ K。由于空气实际上并不干燥，总有水蒸气，经对空气平均摩尔质量 $\overline{M}_{mol}$ 和比热容比 γ 的修正，在温度为 t，相对湿度为 r 的空气中，声速为

$$v = 331.5 \sqrt{(1 + t/T_0) \cdot (1 + 0.31 r p_S / p)} \text{(m/s)}$$

式中，p_S 为 t(℃)时空气的饱和蒸汽压，可以从饱和蒸汽压和温度的关系表中查出；p 为大气压，取 $p = 1.013 \times 10^5$ Pa；相对湿度 r 可从干湿温度计上读出。由这些气体的参量可以计算声速。

4. 干湿温度计简介

干湿温度计是由“干”和“湿”温度计配有相对湿度表而制成的，并刻有摄氏和华氏两种温标。干温度计直接测室温下空气的温度。湿温度计的测温球上裹着湿纱布，纱布下端浸泡在水槽中。由于湿布上水蒸发需要吸热，则湿温度计指示的温度要低于干温度的示值，其差值反映了环境空气中湿度的大小：湿度较低时，湿布上水蒸发得快，两温度计差值就大；湿度较高时，湿布上水蒸发得慢，两温度计差值就小。干湿温度计就是利用干湿温度差测出空气的相对湿度的。

实验仪器

SV-DH-7 超声声速测定仪一台，SVX-5 型综合声速测定仪信号源一台，YB4320C 双踪示波器一台，屏蔽导线若干。

(1)SV-DH-7 型超声声速测定仪

SV-DH-7 型超声声速测定仪结构如图 5-3 所示，它由超声压电换能器 S_1（发射换能器）和 S_2（接收换能器）、电子测距装置、支座等组成。超声压电换能器 S_1 和 S_2 的位置分别固定在主尺和数显游标尺（电子测量尺）上，超声压电换能器 S_2 移动的距离直接由数显游标尺显示出来。数显游标尺是一个精密的电子测距装置，使用的是纽扣电池，所以实验完后应注意关掉电源。数显游

标尺的读数精度为 0.01 mm,它在测量的任一位置,都可以设置为零,以后的读数都是距此“零点”的距离。超声压电换能器 S_1 为发射声波用(电声转换),超声压电换能器 S_2 接收声波(声电转换)和反射声波。换能器 S_1 和 S_2 的结构完全相同,如图 5-4所示,由中部压电陶瓷环片,头部轻金属喇叭,尾部重金属圆柱等粘接而成。当压电陶瓷环片两底面加上正弦交变电压,环的厚度按正弦规律产生形变而伸缩,推动头部轻金属喇叭做同样的伸缩。尾部金属重,惯性大,推动难,从而耦合空气介质振动,产生方向性强的平面波。由于换能器有喇叭头,存在一个固有频率,当工作频率在其固有频率附近,即达到共振时(共振时的频率称为共振频率),其效果最佳。当超声压电换能器 S_2 接收振动后,因电致伸缩的逆效应,又可将机械振动转换成电振动,送入示波器进行观测。

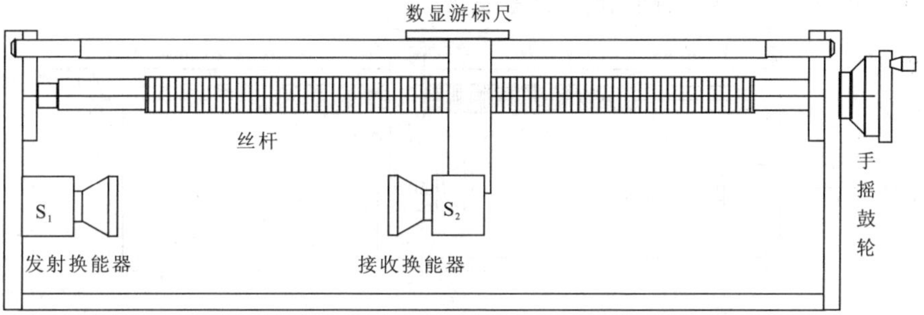

图 5-3　SV-DH-7 型超声声速测定仪结构示意图

(2)SVX-5 型综合声速测定仪信号源

SVX-5 型综合声速测定仪信号源产生的超声电信号并通过屏蔽电缆线输送到 SV-DH-7 型超声声速测定仪的发射换能器上,发射换能器产生的声波被接收换能器接收并转换成电信号,再通过屏蔽电缆线输送回信号源,信号源将其放大后输送到示波器上进行观察。信号源产生的超声电信号的频率和幅度可以通过调节两个频率调节钮(粗调和细调)和一个发射强度调节钮调节。从接收换能器接收到的电信号通过适当处理达到所需要的程度。SVX-5 型综合声速测定仪信号源的面板示意图如图 5-5 所示。

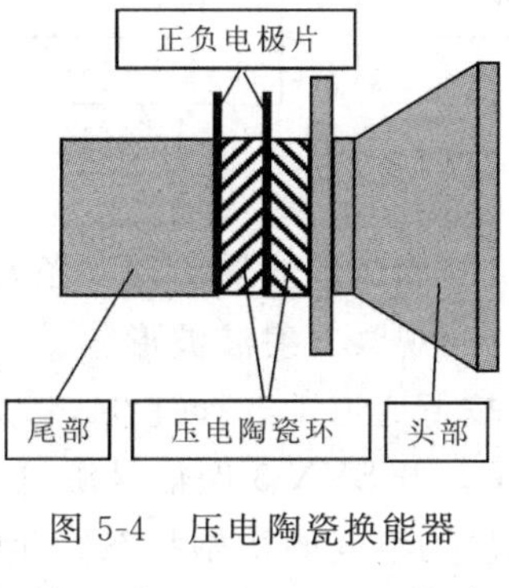

图 5-4　压电陶瓷换能器

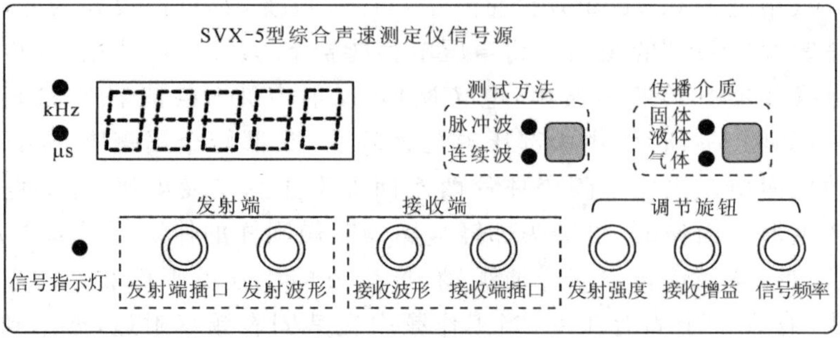

图 5-5　SVX-5 型综合声速测定仪信号源面板示意图

实验步骤

(1)按图 5-6 接好线路,测实验室室温。

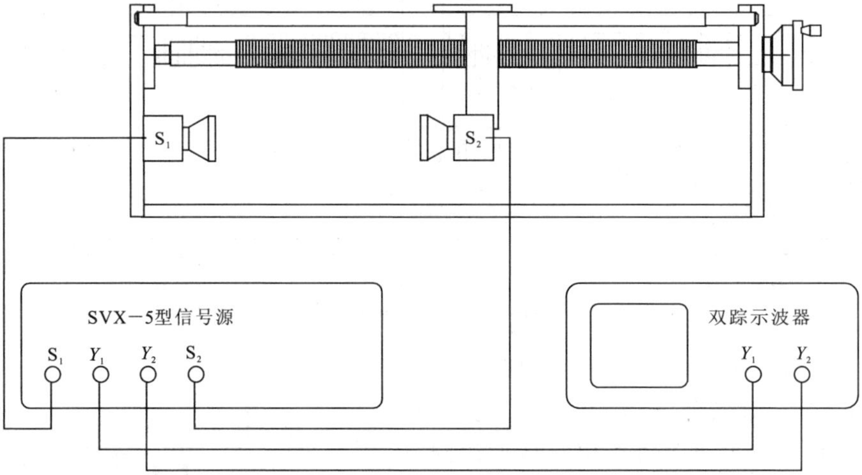

图 5-6　测超声声速实验连线图

(2)调试示波器出现一条水平亮线(参看 3.4 节示波器的使用)。

(3)观察入射波波形。

按下通道 1 选择键 34,将通道 1 的交流-接地-直流耦合选择开关 29 置 AC 或 DC。开 SVX-5 型信号源电源,SVX-5 型信号源自动工作在连续波方式,选择的介质为空气的初始状态。此时 SVX-5 型信号源产生的正旋波信号通过通道 1 输入端 30 输入示波器,旋转通道 1 的衰减器开关 33 以选择适当的偏转因数,使波形大小适中。旋转扫描时间因数选择开关 15 与 12 扫描微调控制钮,观察波形的变化。

(4)测压电陶瓷换能器的最佳工作点。

要求压电陶瓷换能器 S_1 的发射面与压电陶瓷换能器 S_2 的接收面平行(此项已由生产厂家调整好)。

调两压电陶瓷换能器喇叭口端面的距离在 3 cm 左右,关通道 1 选择开关 34,开通道 2 选择开关 28,将通道 2 的交流-接地-直流耦合选择开关 22 置 AC 或 DC。此时 SVX-5 型信号源接收的从压电陶瓷换能器 S_2 传送回来的正旋波信号通过通道 2 输入端 24 输入示波器,旋转通道 2 的衰减器开关 26 以选择适当的偏转因数,使波形大小适中。旋转扫描时间因数选择开关 15 与 12 扫描微调控制钮,观察波形的变化。

为了得到较清晰的接收波形,应将外加驱动信号的频率调整到压电陶瓷换能器 S_1 与 S_2 的谐振频率点(实际上是一个小的通频带)处,才能有较好的声能与电能的转换。在示波器将从通道 2 得到的正弦波信号稳定显示后,首先调节发射强度旋钮使信号源输出合适的电压(8～10V_{P-P}之间),再调整信号频率(在 25～45 kHz),选择合适的示波器通道增益(一般在0.2～1 V/div 之间的位置),观察频率调整时接受波电压幅度的变化,在某一频率点(36.5～38.5 kHz)处电压幅度最大,此频率即是压电陶瓷换能器 S_1 与 S_2 的匹配频率点,记录下此频率。

(5)共振法(驻波法)测波长。

①保持通道 1 选择开关 34 处于关闭状态。

②微调 S_2 的位置,使示波器显示波形的幅度最大。此时超声压电换能器 S_2 正好处在驻波的波节位置。

③将数显游标尺归零,并使其用 mm 显示(数显游标尺有两种显示,其一是 mm(毫米),其二是 int(英寸))。

④移动 S_2,使 S_1 与 S_2 之间的距离增大,观察示波器上图形幅度值的周期性变化。在图形幅值变化明显的区域,仔细调整 S_2 的位置使图形幅度值有极大值,记下此时频率读数与数显游标尺的读数(即是 S_2 再次处于波节的位置),继续移动 S_2,每当图形出现一次极大值时,读取频率读数与数显游标尺的读数。连续测不少于 10 个 S_2 处于波节数据。记录在表格中。

(6)相位法测波长。

①保持在驻波法中的工作频率和仪器接线不变,开通道 1 选择开关 34,即在示波器上显示信号发生器输出的正弦波,按下 X-Y 控制键 11,此时信号发生器输出的正弦波从示波器的 X 轴输入,从超声压电换能器 S_2 输入到信号发生器的正弦波从示波器的 Y 轴输入,示波器上呈现椭圆状的李萨茹图形。

②移动 S_2 的位置,使其回到数显游标尺为零的点的位置。再细调 S_2 的位置,使示波器上的李萨茹图形变为一条直线(直线在 1、3 象限者为正斜率,在 2、

4 象限者为负斜率），此时压电换能器 S_1 的振动与压电换能器 S_2 的振动相位正好同相（相位差为 $2k\pi$，正斜率）或反向（相位差为 $2k\pi+\pi$，负斜率）。再将数显游标尺归零。

③移动 S_2，使 S_1 与 S_2 之间的距离增大，结合调整垂直衰减旋钮 25 和 26，观察示波器上的李萨茹图形，从数显游标尺上读取李萨茹图形变为直线的位置读数和信号发生器的频率读数，不少于 10 个，记录在相应的表格中。

（7）实验完后，将信号发生器的输出调为零，关闭数显游标尺和各仪器的电源。

注意事项

（1）测量波长时操作不能太快，应看着示波器显示的接收信号图形转动鼓轮，而不是看尺子转动鼓轮。

（2）为了测量准确必须调整示波器上波形到合适的大小。

（3）读数时要注意回程差的存在。

原始数据表格

温度计量程__________，分度值__________；室温__________。

表 5-6　各极大值对应的接收器位置

<table>
<tr><th colspan="4">共振法</th><th colspan="4">相位法</th></tr>
<tr><th>序号</th><th>ν(kHz)</th><th>振幅极大时 S_2 的坐标 L_i(mm)</th><th>ΔL_i(mm) $=L_{i+5}-L_i$</th><th>ν(kHz)</th><th>斜率正负</th><th>图成直线时 S_2 的坐标 L_i(mm)</th><th>ΔL_i(mm) $=L_{i+5}-L_i$</th></tr>
<tr><td>1</td><td></td><td></td><td></td><td></td><td></td><td></td><td></td></tr>
<tr><td>2</td><td></td><td></td><td></td><td></td><td></td><td></td><td></td></tr>
<tr><td>3</td><td></td><td></td><td></td><td></td><td></td><td></td><td></td></tr>
<tr><td>4</td><td></td><td></td><td></td><td></td><td></td><td></td><td></td></tr>
<tr><td>5</td><td></td><td></td><td></td><td></td><td></td><td></td><td></td></tr>
<tr><td>6</td><td></td><td></td><td rowspan="5">$\overline{\Delta L_1}=$
$S_{\overline{\Delta L_1}}=$
$\bar{\nu}=$
$S_{\bar{\nu}}$</td><td></td><td></td><td></td><td rowspan="5">$\overline{\Delta L_2}=$
$\bar{v}=$</td></tr>
<tr><td>7</td><td></td><td></td><td></td><td></td><td></td></tr>
<tr><td>8</td><td></td><td></td><td></td><td></td><td></td></tr>
<tr><td>9</td><td></td><td></td><td></td><td></td><td></td></tr>
<tr><td>10</td><td></td><td></td><td></td><td></td><td></td></tr>
</table>

数据处理

应用逐差法处理数据，测得的长度可以认为都是 6 个波节之间所夹的长度

$$\Delta L = 5(\lambda/2)$$

故测波速的实验公式变为

$$v = \nu\lambda = 2\nu\Delta L/5 \tag{5-4}$$

1. 共振法测波长(用逐差法处理数据)

(1)将 ΔL 与 ν 的平均值及不确定度填入表 5-2。

表 5-2　ΔL 与 ν 的平均值及不确定度

直接测量量	$\overline{x}$	$S_{\overline{x}}$	t 值（无单位）	$\Delta_A x$	$\Delta_{仪} x$	$\Delta_B x$	Δx
ΔL_1(mm)							
ν_1(kHz)							

其中

$$\overline{x} = \frac{1}{n}\sum_{1}^{n} x_i$$

$$S_{\overline{x}} = \sqrt{\sum_{i=1}^{n}(x_i - \overline{x})^2/[n(n-1)]}$$

$$\Delta_A x = tS_{\overline{x}}$$

$$\Delta x = \sqrt{(\Delta_A x)^2 + (\Delta_B x)^2}$$

(2)用式(5-4)计算用共振法测波长得出的波速 v_1。

(3)求出声速的不确定度 Δv_1。

对用驻波法测声速公式 $v=2\nu\Delta L/5$ 两边取对数后再两边微分，有

$$\mathrm{d}v/v = \mathrm{d}\nu/\nu + \mathrm{d}(\Delta L)/\Delta L$$

$$E_r = \frac{\Delta v}{v} = \sqrt{\left[\frac{\Delta(\Delta L)}{\Delta L}\right]^2 + \left(\frac{\Delta\nu}{\nu}\right)^2}$$

$$\Delta v = vE_r = v\sqrt{\left[\frac{\Delta(\Delta L)}{\Delta L}\right]^2 + \left(\frac{\Delta\nu}{\nu}\right)^2}$$

(4)写出含不确定度的结果表达式 $v_1 = \overline{v_1} \pm \Delta v_1$。

2. 相位法测波长(用逐差法处理数据)

用式(5-4)计算用相位法测波长得出的波速 v_2。

3. 计算声速的“理论”值 v_0

查室温 t，用公式(5-3)计算声速的“理论”值 v_0。

将共振法测波长得出声速 v_1 与“理论”值声速 v_0 比较的相对误差：

$$E(v_1) = |v_1 - v_0|/v_0$$

将相位法测波长得出声速 v_2 与“理论”值声速 v_0 比较的相对误差：

$$E(v_2) = |v_2 - v_0| / v_0$$

预习思考题

(1)用驻波法测波长,示波器荧光屏显示波形幅度极大值时压电换能器 S_2 是位于驻波的波腹处还是波节处?为什么?

(2)相位比较法测波长时,为什么要在示波器上出现直线图形时读取压电换能器 S_2 的位置值 L_i?

(3)使用超声声速测定仪测声速时应注意些什么?

实验后思考题

(1)用共振法测波长时,示波器荧光屏上波形图最大幅值的选取对结果有无影响?为什么?

(2)为什么要使两个换能器保持表面平行?

5.2 电表改装

电表在电测量中有着广泛的应用,因此如何了解电表和使用电表就显得十分重要。电流计(表头)由于构造的原因,一般只能测量较小的电流和电压,如果要用它来测量较大的电流或电压,就必须进行改装,以扩大其量程。万用表就是对微安表头进行多量程改装而来,其在电路的测量和故障检测中得到了广泛的应用。

实验目的

(1)测量表头内阻 R_g 及满度电流 I_g;

(2)掌握将 100 μA 表头改成较大量程的电流表和电压表的方法;

(3)设计一个 $R_{中}=10\text{k}\Omega$ 的欧姆表,要求电压在 1.1～1.4 V 范围内使用能调零;

(4)学会用电阻器校准欧姆表,画校准曲线,并根据校准曲线用组装好的欧姆表测未知电阻;

(5)学会校准电流表和电压表的方法。

实验原理

常见的磁电式电流计主要由放在永久磁场中的由细漆包线绕制的可以转动的线圈、用来产生机械反力矩的游丝、指示用的指针和永久磁铁所组成。当电流通过线圈时，载流线圈在磁场中就产生一磁力矩 $M_{磁}$，使线圈转动，从而带动指针偏转。线圈偏转角度的大小与通过的电流大小成正比，所以可由指针的偏转直接指示出电流值。

1. 测量内阻 R_g

电流计允许通过的最大电流称为电流计的量程，用 I_g 表示，电流计的线圈有一定内阻，用 R_g 表示，I_g 与 R_g 是两个表示电流计特性的重要参数。

测量内阻 R_g 常用方法有：

(1)半偏法(也称中值法)

测量原理图见图 5-7。当被测电流计接在电路中时，使电流计满偏，再用电阻箱与电流计并联作为分流电阻，改变电阻值即改变分流程度，当电流计指针指示到中间值，且标准表读数(总电流强度)仍保持不变，可通过调电源电压和可变电阻 R_W 来实现，显然这时分流电阻值就等于电流计的内阻。

(2)替代法

测量原理图见图 5-8。当被测电流计接在电路中时，用电阻箱替代它，然后改变电阻值，若电路中的电压不变且电路中的电流(标准表读数)亦保持不变，则电阻箱的电阻值即为被测电流计内阻。

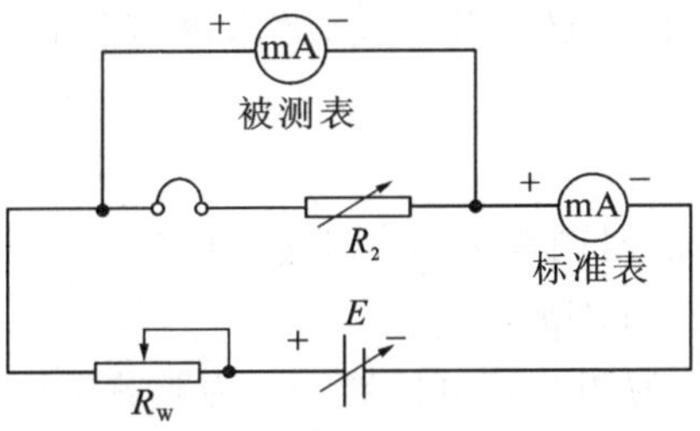

图 5-7　中值法测量原理图

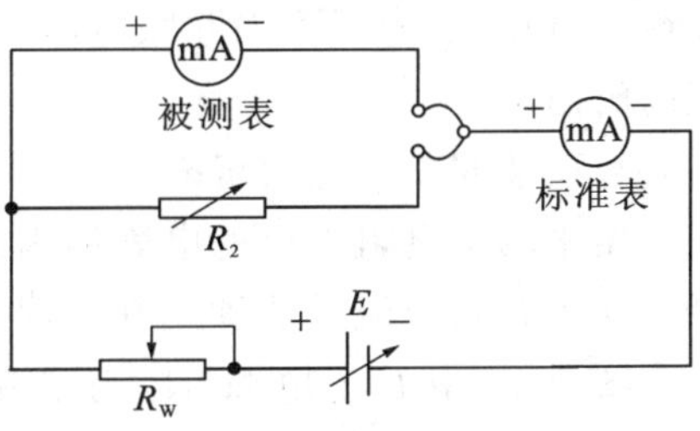

图 5-8　替代法测量原理图

替代法是一种运用很广的测量方法，具有较高的测量准确度。

2. 改装为大量程电流表

根据电阻并联规律可知，如果在表头两端并联上一个阻值适当的电阻 R_2，如图 5-9 所示，可使表头不能承受的那部分电流从 R_2 上分流通过。这种由表头和并联电阻 R_2 组成的整体(图中虚线框住的部分)就是改装后的电流表。如需将量程扩大 n 倍，则不难得出

$$R_2 = R_g/(n-1) \tag{5-5}$$

图 5-9 为改装电流表原理图。用电流表测量电流时，电流表应串联在被测电路中，所以要求电流表应有较小的内阻。另外，在表头上并联阻值不同的分流电阻，便可制成多量程的电流表。

3. 改装为大量程电压表

一般表头能承受的电压很小，不能用来测量较大的电压。为了测量较大的电压，可以给表头串联一个阻值适当的电阻 R_M，如图 5-10 所示，使表头上不能承受的那部分电压落在电阻 R_M 上。这种由表头和串联电阻 R_M 组成的整体就是电压表，串联的电阻 R_M 叫做扩程电阻。选取不同大小的 R_M，就可以得到不同量程的电压表。由图 5-10 可求得扩程电阻值为：

$$R_M = \frac{U}{I_g} - R_g \tag{5-6}$$

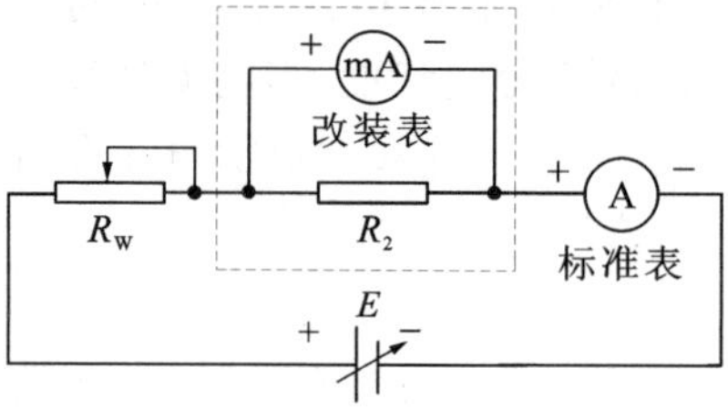

图 5-9　改装电流表原理图

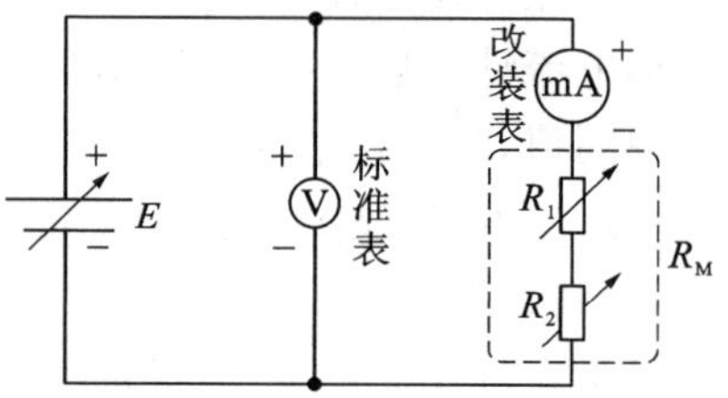

图 5-10　改装电压表原理图

实际的改装电压表原理图见图 5-10。用电压表测电压时，电压表总是并联在被测电路上，为了不因并联电压表而改变电路中的工作状态，要求电压表应有较高的内阻。

4. 改装毫安表为欧姆表

用来测量电阻大小的电表称为欧姆表。根据调零方式的不同，可分为串联分压式和并联分流式两种。其原理电路如图 5-11 所示。

图 5-11 中 E 为电源，R_3 为限流电阻，R_W 为调“零”电位器，R_x 为被测电阻，R_g 为等效表头内阻。图 5-11(b)中，R_G 与 R_W 一起组成分流电阻。

欧姆表使用前先要调“零”点，即 a、b 两点短路（相当于 $R_x=0$），调节 R_W 的阻值，使表头指针正好偏转到满度。可见，欧姆表的零点就在表头标度尺的满刻度（即量限）处，与电流表和电压表的零点正好相反。

在图 5-11(a)中，当 a、b 端接入被测电阻 R_x 后，电路中的电流为

$$I = \frac{E}{R_g + R_W + R_3 + R_x} \tag{5-7}$$

对于给定的表头和线路来说，R_g、R_W、R_3 都是常量。由此可见，当电源端电压 E 保持不变时，被测电阻和电流值有一一对应的关系。即接入不同的电阻，表头就会有不同的偏转读数，R_x 越大，电流 I 越小。短路 a、b 两端，即 $R_x=0$ 时

$$I = \frac{E}{R_g + R_W + R_3} = I_g \tag{5-8}$$

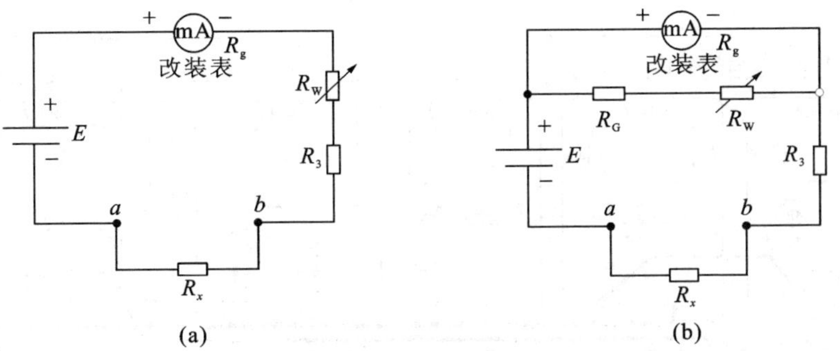

图 5-11　欧姆表原理图

(a)串联分压式;(b)并联分流式

这时指针满偏。

当 $R_x = R_g + R_W + R_3$ 时

$$I = \frac{E}{R_g + R_W + R_3 + R_x} = \frac{1}{2} I_g \tag{5-9}$$

这时指针在表头的中间位置,对应的阻值为中值电阻,显然 $R_{中} = R_g + R_W + R_3$。

当 $R_x = \infty$(相当于 a、b 开路)时,$I = 0$,即指针在表头的机械零位。

因此,欧姆表的标度尺为反向刻度,且刻度是不均匀的,电阻 R 越大,刻度间隔愈密。如果表头的标度尺预先按已知电阻值刻度,就可以用电流表来直接测量电阻了。

并联分流式欧姆表利用对表头分流来进行调零的,具体参数可自行设计。

欧姆表在使用过程中电池的端电压会有所改变,而表头的内阻 R_g 及限流电阻 R_3 为常量,故要求 R_W 要跟着 E 的变化而改变,以满足调“零”的要求,设计时用可调电源模拟电池电压的变化,范围取 1.1~1.4 V 即可。

实验仪器

DHEI-1 型电学综合实验仪 1 台,专用连接线若干。

实验步骤

1. 用中值法或替代法测出表头的内阻

中值法测量可参考图 5-12 接线。先将 E 调至 0 V,接通 E、R_W,改装好标准电流表后,先不接入电阻箱 R(断开虚线),调节 E 和 R_W 使改装表头满偏,记下标准表的读数 I,此电流即为改装表头的满偏电流 I_g;再接入电阻箱 R(连接虚线)。改变 R 数值,使被测表头指针从满偏 I_g 降低到 $0.5I_g$ 处。注意调节 E 或 R_W,使标准电流表的读数 I 保持不变。读出电阻箱 R 的阻值即为 R_g。

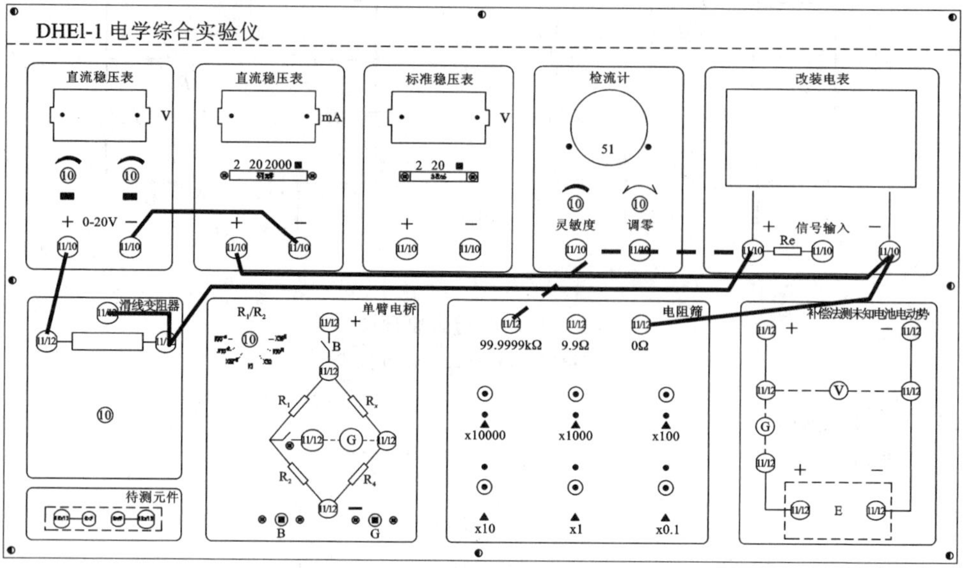

图 5-12　中值法测量表头内阻

替代法测量可参考图 5-13 接线(将 L7-1 连接,将 L7-2 断开)。先将 E 调至 0 V,接通 E、R_W,改装好标准电流表后,调节 E 和 R_W 使改装表头满偏,记录标准表的读数,此值即为被改装表头的满偏电流 I_g;再断开接到改装表头的接线,

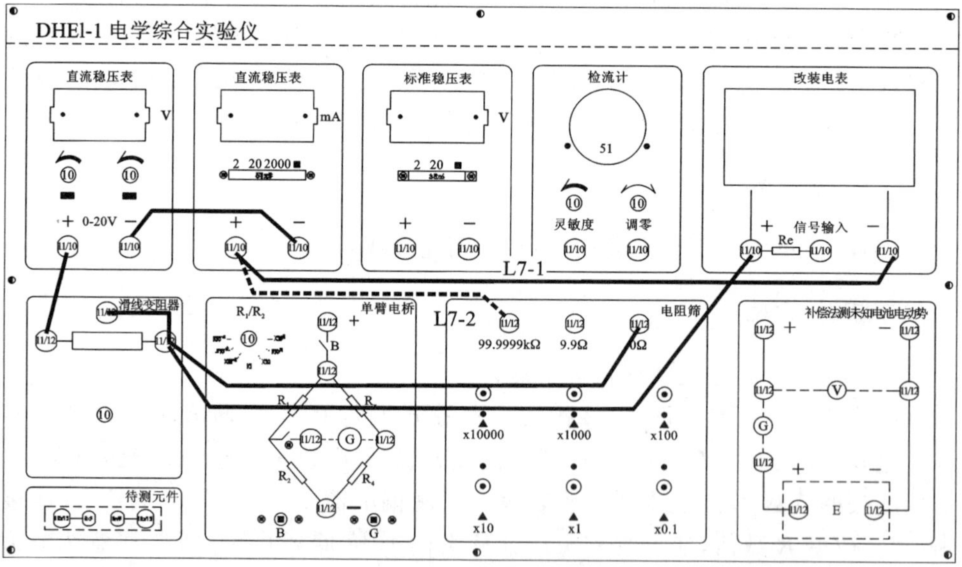

图 5-13　替代法测量表头内阻

转接到电阻箱 R（将 L7-1 断开，将 L7-2 连接起来），调节 R 使标准电流表的电流保持刚才记录的数值。这时电阻箱 R 的数值即为被测表头内阻 R_g。

2. 将一个量程为 100 μA 的表头改装成 1 mA 量程的电流表

(1)根据电路参数，估计 E 值大小，并根据公式(5-5)计算出分流电阻值。

(2)参考图 5-14 接线，先将 E 调至 0 V，检查接线正确后，调节 E 和滑动变阻器 R_W，使改装表指到满量程，这时记录标准表读数。注意：R_W 作为限流电阻，阻值不要调至最小值。然后每隔 0.2 mA 逐步减小读数直至零点，再按原间隔逐步增大到满量程，每次记下标准表相应的读数。

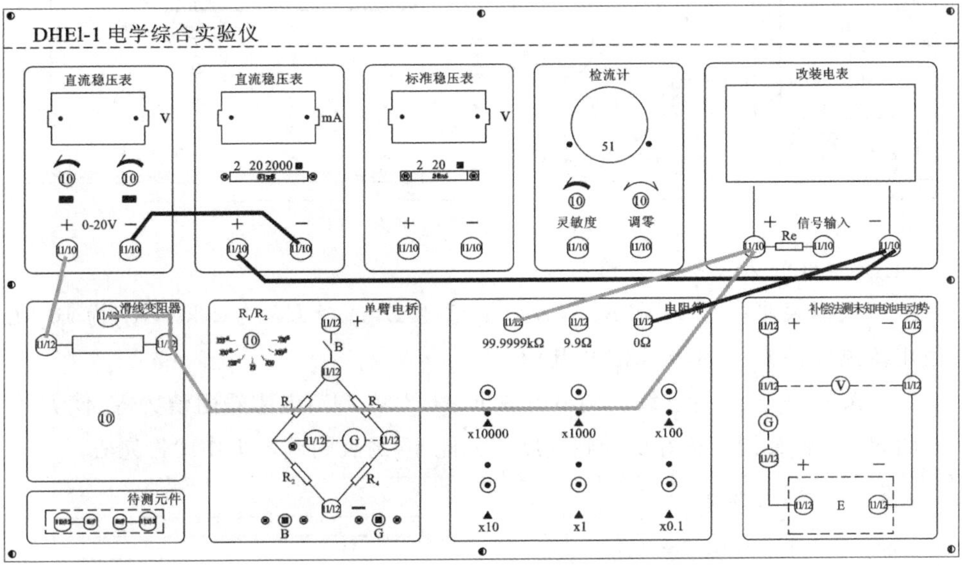

图 5-14　改装电流表

3. 将一个量程为 100 μA 的表头改装成 1.5 V 量程的电压表

(1)根据电路参数估计 E 的大小，根据公式(5-6)计算扩程电阻 R_M 的阻值，可用电阻箱 R 进行实验。按图 5-15 进行连线，先调节 R 值至最大值，再调节 E；用标准电压表监测到 1.5 V 时，再调节 R 值，使改装表指示为满度，这样 1.5 V 电压表就改装好了。

(2)用数显电压表作为标准表来校准改装的电压表。

调节电源电压，使改装表指针指到满量程(1.5 V)，记下标准表读数。然后每隔 0.3 V 逐步减小改装读数直至零点，再按原间隔逐步增大到满量程，每次记下标准表相应的读数。

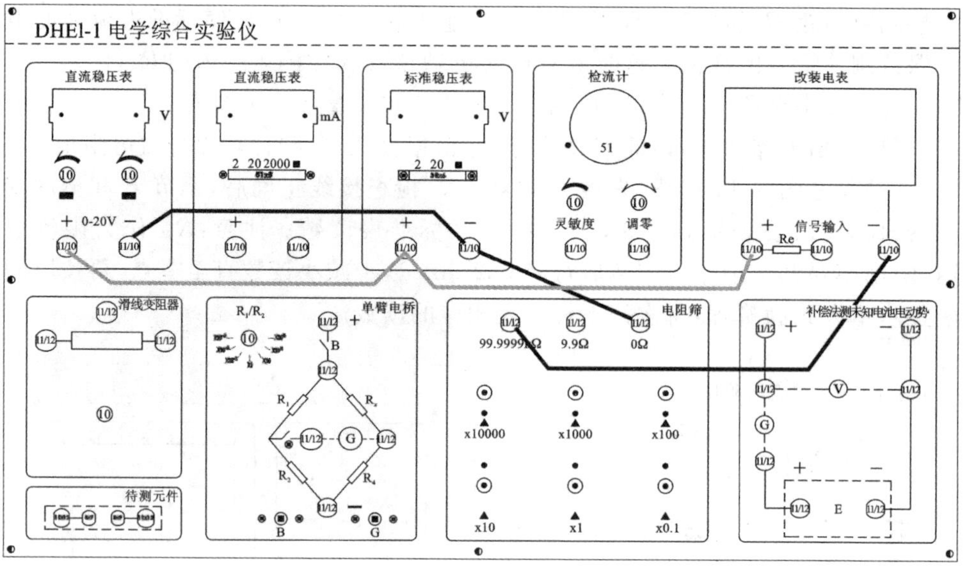

图 5-15　改装电压表

4. 改装欧姆表及标定表面刻度

(1)根据表头参数 I_g 和 R_g 以及电源电压 E,选择 R_W 为 2 kΩ,R_3 为 10 kΩ(使用待测元件盒中的 10 kΩ 电阻)

(2)按图 5-16 进行连线。调节电源 $E=1.3$ V,调节电阻箱阻值为零(使 $R_x=0$),调 R_W 使表头指针正好偏转到满度。如此,欧姆表的调零工作即告完成。

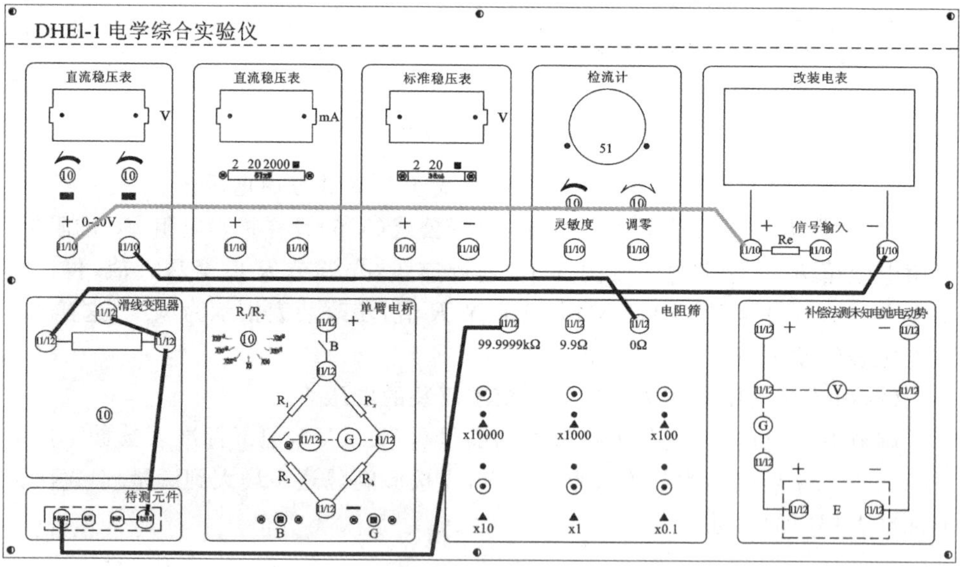

图 5-16　改装欧姆表(串联分压式)

(3)测量改装成的欧姆表的中值电阻。如图 5-16 中所示，调节电阻箱 R(即 R_x)，使表头指示到正中，这时电阻箱 R 的数值即为中值电阻 。

(4)取电阻箱的电阻为一组特定的数值 R_{xi}，读出相应的偏转格数。利用所得读数 R_{xi} 和偏转格数绘制出改装欧姆表的标度盘。

注意事项

(1)电流表改装中滑动变阻器一开始应放在电阻最大处，使电路中电流最小；电压表改装中滑动变阻器作分压调节，一开始应放在电阻最小处使分压最小。

(2)用电阻箱调节电阻时要注意使阻值均匀变化。

原始数据表格

(1)表头内阻 R_g = ______。

(2)将一个量程为 100 μA 的表头改装成 1 mA 量程的电流表。

表 5-3 标准电流表读数

改装表读数(μA)	标准表读数(mA)			示值误差 ΔI(mA)
	减小时	增大时	平均值	
20				
40				
60				
80				
100				

(3)将一个量程为 100 μA 的表头改装成 1.5 V 量程的电压表。

表 5-4 标准电压表读数

改装表读数(V)	标准表读数(V)			示值误差 ΔU(V)
	减小时	增大时	平均值	
0.3				
0.6				
0.9				
1.2				
1.5				

(4)改装欧姆表及标定表面刻度。

$E=$ ________ V，$R_{中}=$ ________ Ω。

表 5-5　偏转格数

R_{xi}(Ω)	$\frac{1}{5}R_{中}$	$\frac{1}{4}R_{中}$	$\frac{1}{3}R_{中}$	$\frac{1}{2}R_{中}$	$R_{中}$	$2R_{中}$	$3R_{中}$	$4R_{中}$	$5R_{中}$
偏转格数(div)									

数据处理

(1)以改装电流表读数为横坐标，标准表由大到小及由小到大调节时两次读数的平均值为纵坐标，在坐标纸上作出电流表的校正曲线，并根据两表最大误差的数值定出改装表的准确度等级。

(2)以改装电压表读数为横坐标，标准表由大到小及由小到大调节时两次读数的平均值为纵坐标，在坐标纸上作出电压表的校正曲线，并根据两表最大误差的数值定出改装表的准确度等级。

(3)利用所得读数 R_{xi} 和偏转格数绘制出改装欧姆表的标度盘。

预习思考题

(1)半偏法测电表内阻的误差来源是什么？怎么减小误差？

(2)电表的准确度级别如何确定？

实验后思考题

(1)测量电流计内阻应注意什么？是否还有别的办法来测定电流计内阻？能否用欧姆定律来进行测定？能否用电桥来进行测定？

(2)设计 $R_{中}=10\ \text{k}\Omega$ 的欧姆表，现有两块量程 100 μA 的电流表，其内阻分别为 2500 Ω 和 1000 Ω，你认为选哪块较好？

[阅读材料]

介绍一种实用万用电表线路

万用电表就是利用上面介绍的将微安表改装成电流表、电压表或欧姆表的原理，通过适当的电路将一块微安表头与若干电阻、一组(或几组)干电池以及波段开关组合起来，能测量各种量程的电流、电压和电阻。在学习了电表改装的原理，并实际组装一块三用表(它实际上是万用表的雏形)以后，这里为同学们提供了一组普遍使用的万用表线路，它可以帮助同学们更深入地掌握万用表的知识，某些同学甚至可以利用它或借鉴它自己设计组装较为复杂的万用表。图 5-17 是一般实验室常用的 108-1 型万用电表原理图(其他型号万用电表的原理图与此大同小异)。其分解出来的直流电流测量电路图、直流电压测量电路图、交流电压测量电路图、直流电阻测量电路图分别如图 5-18、图 5-19、图 5-20、图 5-21 所示。

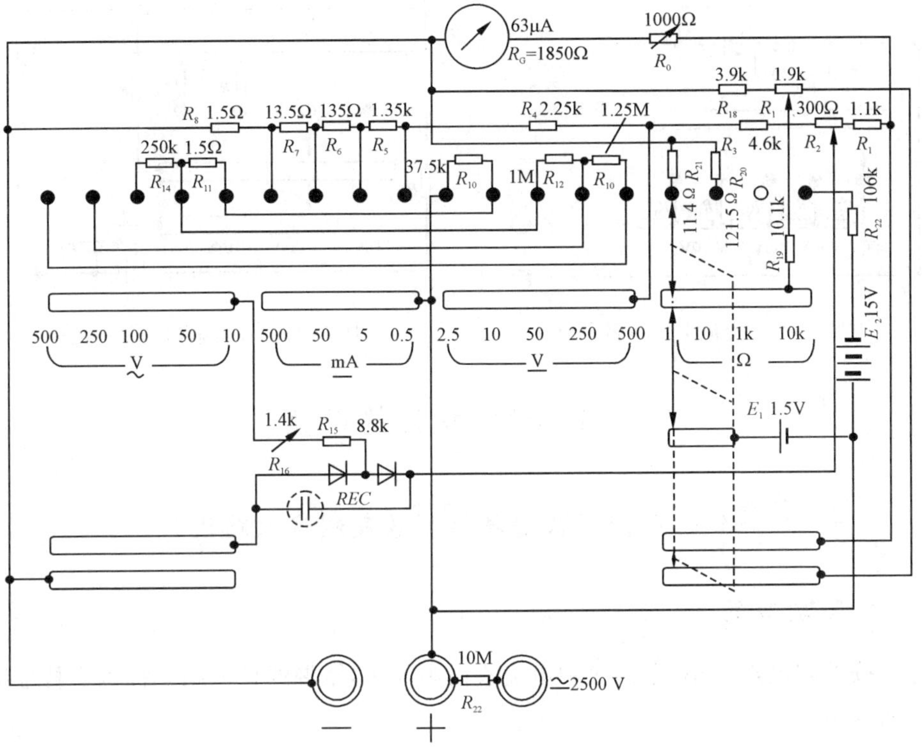

图 5-17　108-1 型万用电表原理图

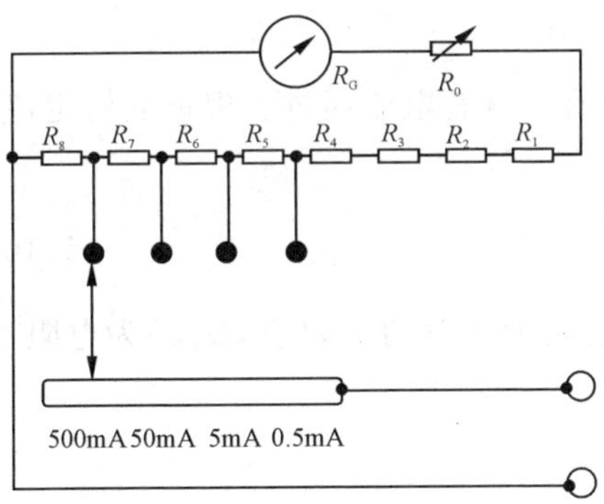

图 5-18　直流电流测量电路

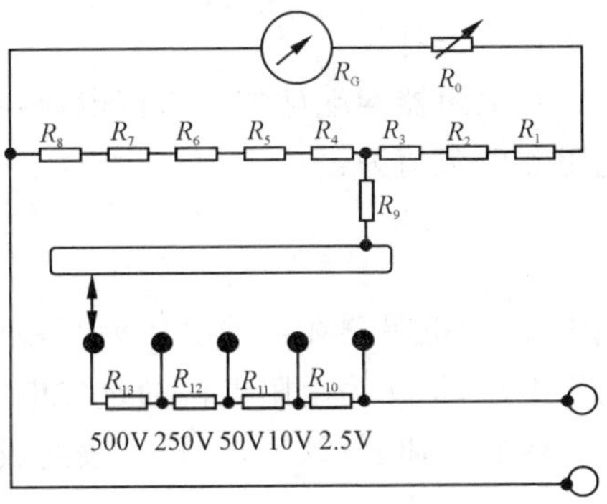

图 5-19　直流电压测量电路

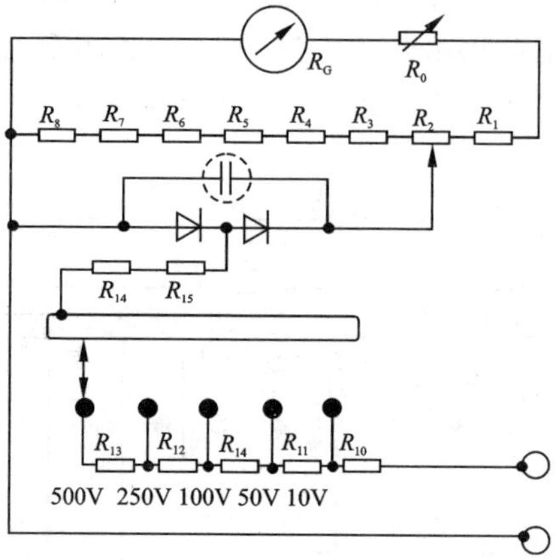

图 5-20 交流电压测量电路

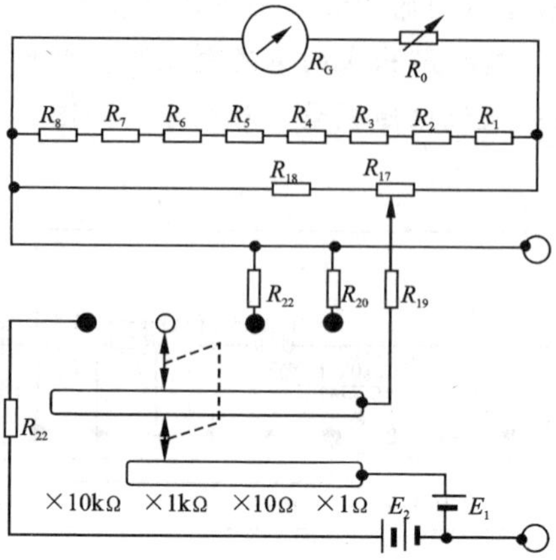

图 5-21 直流电阻测量电路

5.3 伏安特性的研究

5.3.1 线性电阻器伏安特性测量及测试电路设计

实验目的

按被测电阻大小、电压表和电流表内阻大小，掌握线性电阻元件伏安特性测量的基本方法。

实验原理

1. 伏安特性

在电阻器两端施加一直流电压，在电阻器内就有电流通过。根据欧姆定律，电阻器电阻值为：

$$R = \frac{U}{I} \tag{5-10}$$

式中，R 为电阻器在两端电压为 U，通过的电流为 I 时的电阻值，Ω；U 为电阻器两端电压，V；I 为电阻器内通过的电流，A。

欧姆定律公式(5-10)还可表述成：

$$I = \frac{U}{R}$$

以 U 为自变量，I 为函数，作出电压电流关系曲线，称为该元件的伏安特性曲线，如图 5-22 所示。

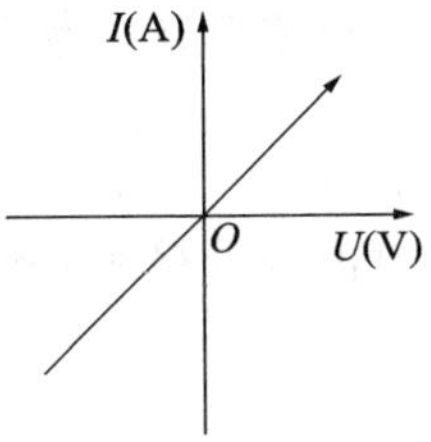

图 5-22 线性元件伏安特性

对于线绕电阻、金属膜电阻等电阻器，其电阻值比较稳定，其伏安特性曲线是一条通过原点的直线，即电阻器内通过的电流与两端施加的电压成正比，这种电阻器也称为线性电阻器。

2. 线性电阻的伏安特性测量电路的设计

当电流表内阻为 0，电压表内阻无穷大时，图 5-23、图 5-24 两种测试电路都不会带来附加测量误差。

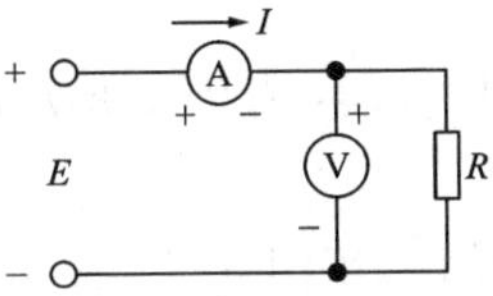

图 5-23 电流表外接测量电路

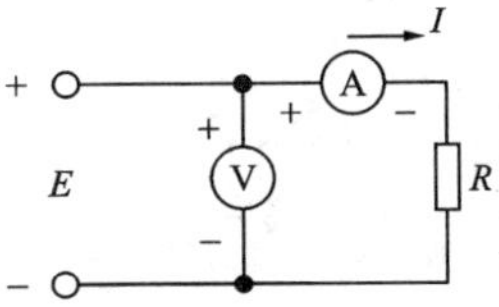

图 5-24 电流表内接测量电路

实际的电流表具有一定的内阻，记为 R_I；电压表也具有一定的内阻，记为 R_U。因为 R_I 和 R_U 的存在，如果简单地用 $R=\dfrac{U}{I}$ 公式计算电阻器电阻值，必然带来附加测量误差。为了减少这种附加误差，测量电路可以粗略地按下述办法选择：

①当 $R_U \gg R$，R_I 和 R 相差不大时，宜选用电流表外接电路，此时 R 为估计值；

②当 $R \gg R_I$，R_U 和 R 相差不大时，宜选用电流表内接电路；

③当 $R \gg R_I$，$R_U \gg R$ 时，必须先用电流表内接和外接电路作测试而定。

测试方法如下：先按电流表外接电路接好测试电路，调节直流稳压电源电压，使两表显示靠近量程值，保持电源电压不变，记下两表值为 U_1，I_1；将电路改成电流表内接式测量电路，记下两表值为 U_2，I_2。

将 U_1，U_2 和 I_1，I_2 比较，如果电压值变化不大，而 I_2 较 I_1 有显著的减少，说明 R 是高值电阻。此时选择电流表内接式测试电路为好；反之电流值变化不大，而 U_2 较 U_1 有显著的减少，说明 R 为低值电阻，此时选择电流表外接测试电路为好。

当电压值和电流值均变化不大，此时两种测试电路均可选择（思考：什么情况下会出现如此情况？）

如果要得到测量准确值，就必须按式(5-11)和式(5-12)予以修正，即：

电流表内接测量时

$$R = \frac{U}{I} - RI \tag{5-11}$$

电流表外接测量时

$$\frac{1}{R} = \frac{I}{U} - \frac{1}{R_U} \tag{5-12}$$

实验仪器

DHEI-1 型电学综合实验仪 1 台，专用连接线若干。

实验步骤

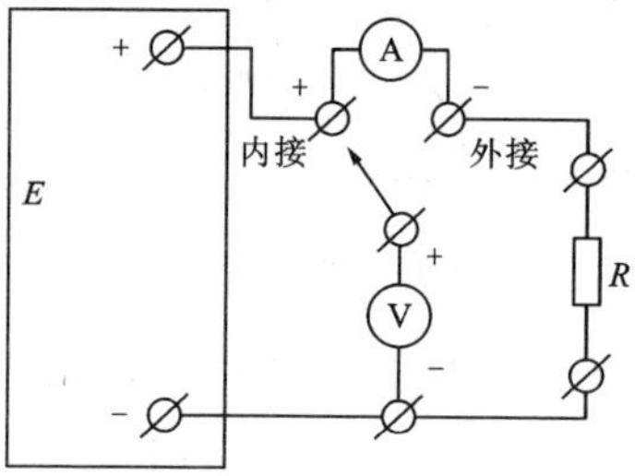

图 5-25　实验电路接线图

(1)被测电阻器：选择 1 kΩ 电阻器，误差≤±0.5%。

(2)线路设计：按图 5-25 接线。

(3)实验测试内容。

①电流表外接测试；

②电流表内接测试；

③测试电路优选方法验证；

④按式(5-11)、式(5-12)修正计算结果。

原始数据表格

实验记录见表 5-6。

表 5-6　1kΩ 电阻器伏安曲线测试数据表

电流表内接测试				电流表外接测试			
U(V)	I(A)	R 直算值(Ω)	R 修正值(Ω)	U(V)	I(A)	R 直算值(Ω)	R 修正值(Ω)

思考题

(1)什么是电阻器伏安特性?

(2)根据 $R=1\ \text{k}\Omega, R_U=1\ \text{M}\Omega, R_I=10\ \Omega$(20 mA 档)和测试误差,讨论两种测试方式优劣。

5.3.2 二极管伏安特性曲线测试

实验目的

通过对二极管伏安特性的测试,掌握锗二极管和硅二极管的非线性特点,从而为以后正确设计使用这些器件打下技术基础。

实验原理

对二极管施加正向偏置电压时,二极管中就有正向电流通过(多数载流子导电),随着正向偏置电压的增加,开始时,电流随电压变化很缓慢,而当正向偏置电压增至接近二极管导通电压时(锗管为 0.2 V 左右,硅管为 0.7 V 左右),电流急剧增加,二极管导通后,电压变化少许,电流的变化都很大。

对上述两种器件施加反向偏置电压时,二极管处于截止状态,其反向电压增加至该二极管的击穿电压时,电流猛增,二极管被击穿,在二极管使用中应竭力避免出现击穿,这很容易造成二极管的永久性损坏。因此,在研究二极管反向特性时,应串入限流电阻,以防因反向电流过大而损坏二极管。

二极管伏安特性示意如图 5-26、图 5-27 所示。

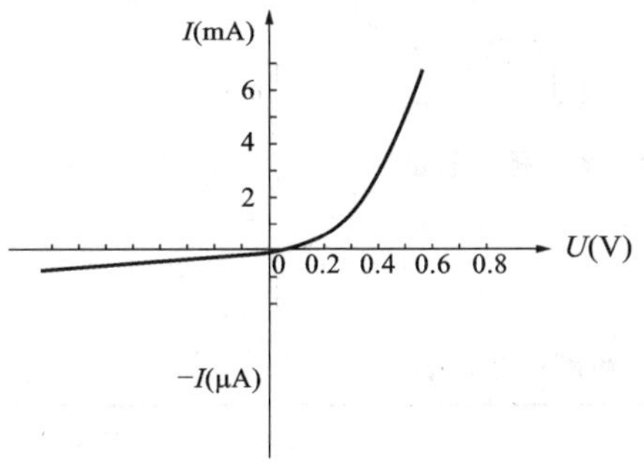

图 5-26 锗二极管伏安特性示意图

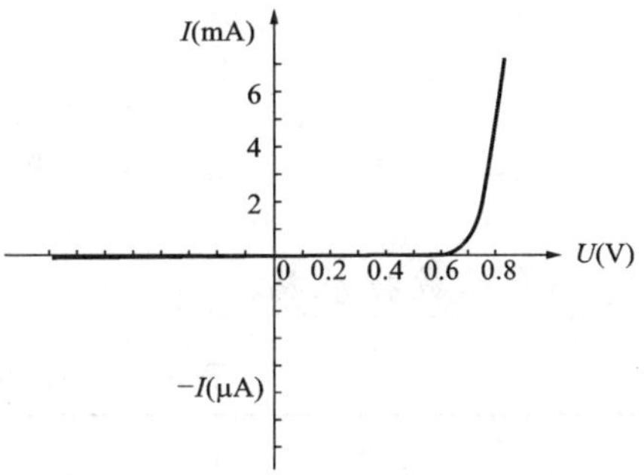

图 5-27 硅二极管伏安特性示意图

实验仪器

DHEI-1 型电学综合实验仪 1 台 ,专用连接线若干,二极管若干。

实验步骤

1. 反向特性测试电路

二极管的反向电阻值很大，采用电流表内接测试电路可以减少测量误差。测试电路如图 5-28 所示，滑线变阻器调节到最大为 2 kΩ(顺时针到底)。

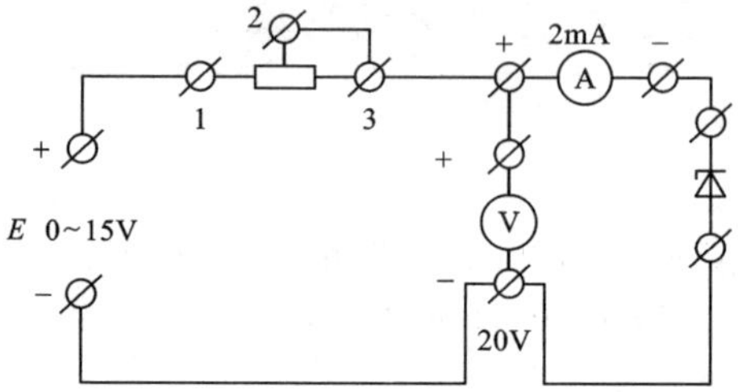

图 5-28　二极管反向特性测试电路

2. 正向特性测试电路

二极管在正向导通时，呈现的电阻值较小，拟采用电流表外接测试电路(图 5-29)。电源电压在 0～10 V 内调节，滑线变阻器大致调到中间位置，调节电源电压，以得到所需电流值。

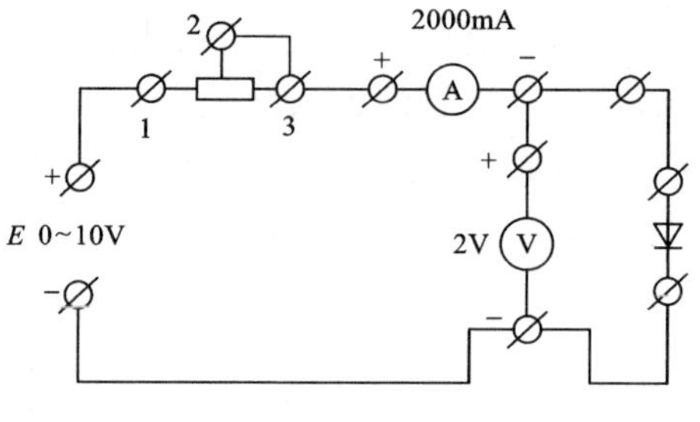

图 5-29　二极管正向特性测试电路

原始数据表格

表 5-7　反向伏安曲线测试数据表

U(V)								
I(μA)								
电阻计算值(kΩ)								

表 5-8　正向伏安曲线测试数据表

正向伏安曲线测试数据 I(mA)								
U(V)								
电阻直算值(kΩ)								
电阻修正值(Ω)								

注：(1)电阻修正值按电流表外接修正公式(5-12)计算所得。

(2)实验时二极管正向电流不得超过 20 mA。

思考题

(1)二极管反向电阻和正向电阻差异如此大，其物理原理是什么？

(2)在制定表 5-8 时，考虑到二极管正向特性严重非线性，电阻值变化范围很大，在表 5-8 中加一项“电阻修正值”栏，与电阻直算值比较，讨论其误差产生过程。

5.3.3　稳压二极管反向伏安特性实验

实验目的

通过稳压二极管反向伏安特性非线性的强烈反差，进一步熟悉掌握电子元件伏安特性的测试技巧；通过本实验，掌握二端式稳压二极管的使用方法。

实验原理

2EZ7.5D5 属硅半导体稳压二极管，其正向伏安特性类似于 1N4007 型二极管，其反向伏安特性变化甚大。当 2EZ7.5D5 两端电压反向偏置时，其电阻值很大，反向电流极小，一般小于等于 0.5 μA。随着反向偏置电压的进一步增加，在 7～8.8 V 时，出现了反向击穿现象，产生雪崩效应，其电流迅速增加，电压稍许变化，将引起电流巨大变化。只要在线路中，对“雪崩”产生的电流进行有效的限流措施，其电流虽然有一些变化，二极管二端电压仍然是稳定的(变化很小)。这就是稳压二极管的使用基础，其应用电路见图 5-30。图中，E 为供电电源，如果二极管稳压值为 7～8.8 V，则要求 E 为 10 V左右；R 为限流电阻，2EZ7.5D5，工作电流选择 8 mA，考虑负载电流 2 mA，通过 R 的电流为 10 mA，计算 R 值：

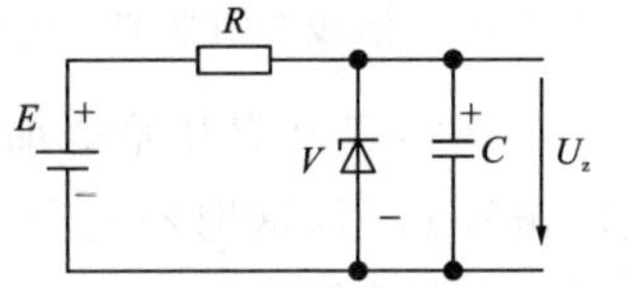

图 5-30　稳压二极管应用电路

$$R=\frac{E-U_z}{I}=\frac{10-8}{0.01}=200\ \Omega$$

式中，U_z 为稳压输出电压。

实验仪器

DHEI-1 型电学综合实验仪 1 台，专用连接线若干，二极管若干。

实验步骤

(1)2EZ7.5D5 反向偏置 0～7 V 左右时阻抗很大，拟采用电流表内接测试电路为宜；反向偏置电压进入击穿段，稳压二极管内阻较小(估计为 $R=\frac{8}{0.008}=1\ \text{k}\Omega$)，这时拟采用电流表外接测试电路。测试电路图见图 5-31。

(2)实验过程：

按图 5-31 所示连接电路，电源电压调节至 20V，旋转滑线变阻器，使标准电压表输出在 10V 左右。此步骤是为了限制实验过程中流过稳压二极管的电流，防止电流过大而烧毁稳压二极管。

然后电源电压调至零，按图 5-32 接线，并保持滑线变阻器不动，开始按电流表内接法，将电压表“＋”端接于电流表“＋”端，慢慢增加电源电压，记下电压表对应数据。

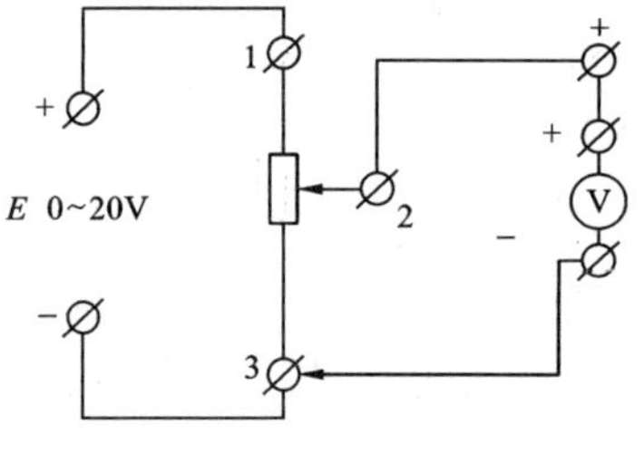

图 5-31　滑线变阻器调节电路

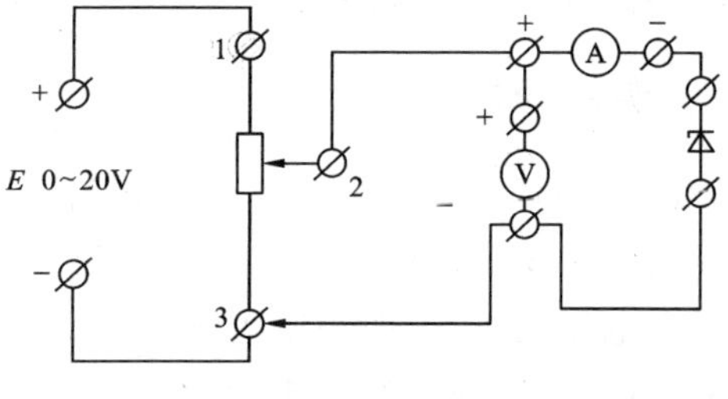

图 5-32　稳压二极管反向伏安特性测试电路

当观察到电流开始增加，并有迅速加快表现时，说明 2EZ7.5D5 已开始进入反向击穿过程，这时将电流表改为外接式，继续慢慢将电源电压增加至 20 V。为了继续增加 2EZ7.5D5 工作电流，可适当调节变阻器，为了得到整数电流值，可以辅助微调电源电压。

原始数据表格

表 5-9 2EZ7.5D5 **硅稳压二极管反向伏安特性测试数据表**

电流表接法		反向伏安特性数据							
内接式	U(V)								
	I(mA)								
外接式	U(V)								
	I(mA)								

数据处理

根据上述数据在坐标纸上画出 2EZ7.5D5 伏安曲线，参考图见图 5-33。有条件时，在老师指导下，利用计算机作图。

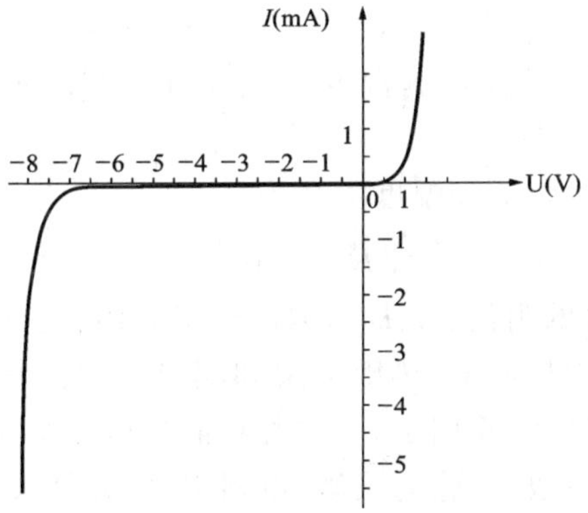

图 5-33 2EZ7.5D5 伏安曲线参考图

思考题

(1)在测试稳压二极管反向伏安特性时，为什么会分别采用电流表内接电路和外接电路？

(2)稳压二极管的限流电阻值如何确定？(提示：根据要求的稳压二极管动态内阻确定工作电流，由工作电流再计算限流电阻大小)

(3)选择工作电流为 8 mA，供电电压 10 V 时，限流电阻大小是多少？供电电压为 12 V 时，限流电阻是多少？

5.4 温度传感器的设计与使用

5.4.1 温度传感器概述

温度是表征物体冷热程度的物理量。温度只能通过物体随温度变化的某些特性来间接测量。测温传感器就是将温度信息转换成易于传递和处理的电信号的传感器。

1. 测温传感器的分类

(1)电阻式传感器

热电阻式传感器是利用导电物体的电阻率随温度而变化的效应制成的传感器。热电阻是中低温区最常用的一种温度检测器。它的主要特点是测量精度高,性能稳定。它分为金属热电阻和半导体热电阻两大类。金属热电阻的电阻值和温度一般可以用以下的近似关系式表示,即

$$R_t = R_{t0}[1 + \alpha (t - t_0)] \tag{5-13}$$

式中,R_t 为温度 t 时的阻值;R_{t0} 为温度 t_0(通常 $t_0 = 0℃$)时对应电阻值;α 为温度系数。

半导体热敏电阻的阻值和温度关系为

$$R_t = A\mathrm{e}^{\frac{B}{t}} \tag{5-14}$$

式中,R_t 为温度为 t 时的阻值;A、B 为取决于半导体材料的结构的常数。

常用的热电阻有铂热电阻、热敏电阻和铜热电阻。其中铂热电阻的测量精确度是最高的,它不仅广泛应用于工业测温,而且可被制成标准的基准仪。

金属铂电阻温度系数大,感应灵敏;电阻率高,元件尺寸小;电阻值随温度的变化基本呈线性关系;在测温范围内,物理、化学性能稳定,长期复现性好,测量精度高,是目前公认制造热电阻的最好材料。但铂在高温下,易受还原性介质的污染,使铂丝变脆并改变电阻与温度之间的线性关系,因此使用时应装在保护套管中。利用铂的此种物理特性制成的传感器称为铂电阻温度传感器,通常使用的铂电阻温度传感器零度阻值为 100 Ω,电阻变化率为 0.3851 Ω/℃。铂热电阻的特点是物理化学性能稳定。尤其是耐氧化能力强、测量精度高、应用温度范围广,有很好的重现性,是中低温区(−200~650℃)最常用的一种温度检测器。

热敏电阻是对温度敏感的电阻的总称,是一种电阻元件,即电阻值随温度变化的电阻。一般分为两种基本类型:负温度系数热敏电阻 NTC 和正温度系数热敏电阻 PTC。NTC 热敏电阻表现为随温度的上升,其电阻值下降;而 PTC 热敏电阻正好相反。NTC 热敏热电阻大多数是由 Mn、Ni、Co、Fe、Cu 等金属的氧

化物经过烧结而成的半导体材料制成。因此，不能在太高的温度场合下使用。一般的情况下，其使用范围在－100～300℃。

铜热电阻测温范围小，在－50～150 ℃范围内，其稳定性好，但体积大，机械强度较低。铜电阻在测温范围内电阻值和温度呈线性关系，温度系数大，适用于无腐蚀介质，超过 150 ℃易被氧化。通常用于测量精度不高的场合。铜电阻阻值有 50 Ω 和 100 Ω 两种，它们的分度号为 Cu50 和 Cu100，其中 Cu50 的应用最为广泛。

(2)半导体温度传感器

PN 结半导体温度传感器是利用半导体 PN 结的温度特性制成的。其工作原理是 PN 结两端的电压随着温度的升高而减少。PN 结半导体温度传感器具有灵敏度高、线性好、热响应快和体积轻巧等特点，在温度数字化、温度控制以及用微机进行温度实时讯号处理等方面应用广泛。目前该传感器主要以硅为材料，原因是硅材料易于实现功能化，即将测温单元和恒流、放大等电路组合成一块集成电路。

(3)晶体温度传感器

晶体温度传感器是利用晶体的各向异性，并通过选择适当的切割角度切割而成，这是一种可将温度转换成频率的传感器，这种传感器用于计算机测量时可省去模数转换。因此，适合于计算机测温的应用。

(4)非接触型温度传感器

非接触型温度传感器是利用物体表面散发出来的光或热来进行测量的。常用的非接触型传感器多数是红外传感器，适合于高速运行物体、带电体、高温及高压物体的温度测量。这种红外测温传感器具有反应速度快、灵敏度高、测量准确、测温范围广泛等特点。

(5)热电式传感器

热电式传感器又称为热电偶。将两种不同材料的导体或半导体 A 和 B 焊接起来，构成一个闭合回路，当导体 A 和 B 的两个执着点 1 和 2 之间存在温差时，两者之间便产生电动势，因而在回路中形成电流，这种现象称为热电效应。热电偶就是利用这一效应来工作的，它能将温度直接转换成热电势。热电偶是工业上最常用的温度检测元件之一，其优点是：

①测量精度高。因为热电偶直接与被测对象接触，不受中间介质的影响。

②测量范围广。测温范围极宽、从－270℃的极低温度到 2600℃的超高温度都可以测量，而且在 600～2000℃的温度范围内可以进行精确的测量(600℃以下时，铂电阻的测量精度更高)。某些特殊热电偶最低可测到－269℃(如金铁镍铬)，最高可达＋2800℃(如钨-铼)。

③构造简单,使用方便。热电偶通常是由两种不同的金属丝组成,而且不受大小和开头的限制,外有保护套管,用起来非常方便。

④性能稳定、热惯性小。通常用于高温炉的测量和快速测量方面。

(6)光纤温度传感器

光纤温度传感器分为相位调制型光纤温度传感器(灵敏度高)、热辐射光纤温度传感器(可监视一些大型电气设备,如电机、变压器等内部热点的变化情况)和传光型光纤温度传感器(体积小、灵敏度高、工作可靠、易制作)。

(7)液压温度传感器

这种传感器流体受热会产生膨胀,膨胀程度与所加的热量成正比。在根据液压原理制成的温度传感器中,最普通的就是大家熟悉的水银温度计。

(8)智能温度传感器

智能温度传感器由于在一个芯片上集成有温度传感器、处理器、存储器、A/D转换器等部件,因此,这类传感器具有判断和信息处理能力,并可对测量值进行各种修正和误差补偿,同时还带有自诊断、自校准功能,可大大提高系统的可靠性,并能和计算机直接联机。

2. 热电阻的引线方式

(1)二线制:如图5-34所示,在热电阻的两端各连接一根导线来引出电阻信号的方式叫二线制。这种引线方法很简单,但由于连接导线必然存在引线电阻r,r大小与导线的材质和长度的因素有关,因此这种引线方式只适用于测量精度较低的场合。

(2)三线制:如图5-35所示,在热电阻的根部的一端连接一根引线,另一端连接两根引线的方式称为三线制。这种方式通常与电桥配套使用,可以较好地消除引线电阻的影响,是工业过程控制中的最常用的引线电阻。

(3)四线制:如图5-36所示,在热电阻的两端根部各连接两根导线的方式称为四线制。其中两根引线为热电阻提供恒定电流I,把R转换成电压信号U,再通过另两根引线把U引至二次仪表。这种引线方式可完全消除引线的电阻影响,主要用于高精度的温度检测。

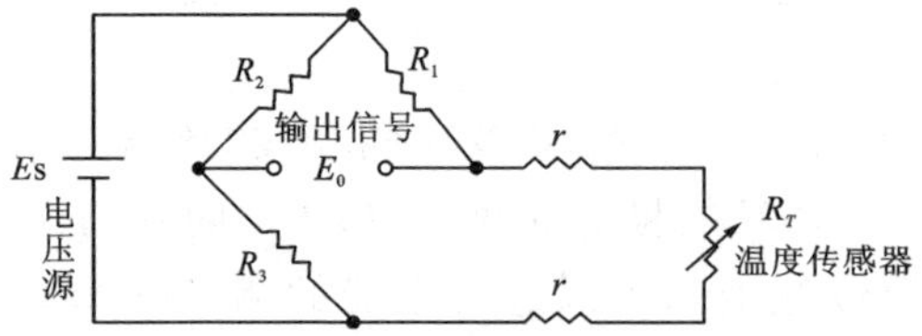

图5-34 二线制引线方式

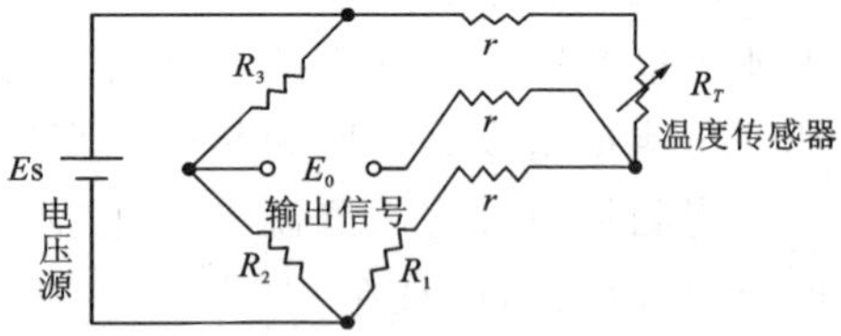

图5-35 三线制引线方式

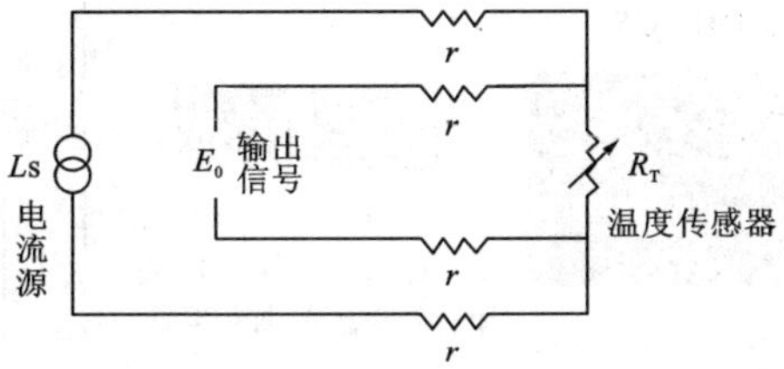

图 5-36 四线制引线方式

5.4.2 DH-SJ5 温度传感器实验装置

1. 概述

DH-SJ5 温度传感器是以分离的温度传感器探头元器件、单个电子元件、通用温度控制器为主要组成部分，以九孔板为实验平台来测量温度的设计性实验装置。该实验装置提供了多种测温方法，实验者可自行设计测温电路来测量温度传感器的温度特性。实验配有铂电阻 Pt100、热敏电阻（NTC 和 PTC）、铜电阻 Cu50、铜一康铜热电偶、PN 结、AD590 和 LM35 等温度传感器。本实验装置采用智能温度控制器控温。该装置具有以下的特点：

（1）控温精度高、范围广、加热所需的温度可自由设定，采用数字显示。

（2）使用低电压恒流加热、安全可靠、无污染。加热电流连续可调。

（3）本仪器提供的是单个分离的温度传感器，形象直观，给实验带来了很大的方便，可对不同传感器的温度特性进行比较，更易于掌握它们的温度特性。

（4）采用九孔板作为实验平台，提供设计性实验。

（5）加热炉配有风扇，在做降温实验的过程中可采用风扇快速降温。

（6）整体结构设计新颖，紧凑合理，外型美观大方。

2. 主要技术指标

（1）电源电压：AC220V±22V(50/60Hz)。

（2）工作环境：温度 0～40℃，相对湿度＜80％的无腐蚀性场合。

（3）控温范围：室温～120℃。

（4）温度控制精度：±0.2℃。

（5）分辨率：0.1℃。

（6）控制方式：先进的 PID 控制。

3. 温控仪与恒温炉的连线

温控仪与恒温炉的连线如图 5-37 所示。

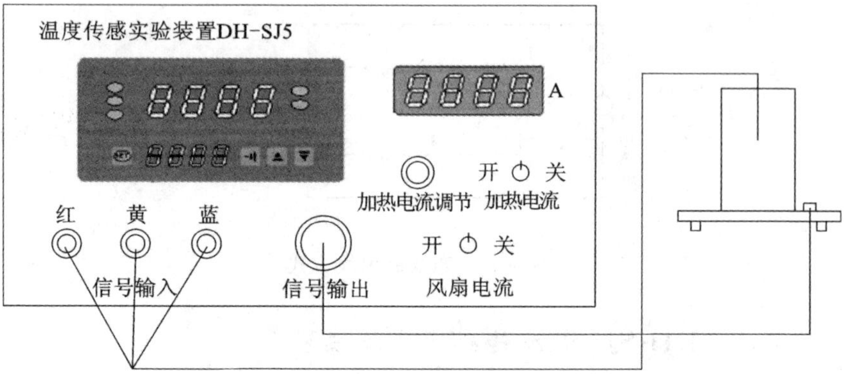

图 5-37 温控仪与恒温炉连线

5.4.3 热电阻特性实验

实验目的

(1)研究 Pt100 铂电阻、Cu50 铜电阻和热敏电阻(NTC 和 PTC)的温度特性及其测温原理;

(2)研究比较不同温度传感器的温度特性及其测温原理;

(3)掌握单臂电桥及非平衡电桥的原理,及其应用;

(4)了解温度控制的最小微机控制系统;

(5)掌握实验中单片机在温度实时控制、数据采集、数据处理等方面的应用;

(6)学习运用不同的温度传感器设计测温电路。

实验原理

1. Pt100 铂电阻的的测温原理

金属铂的电阻值随温度变化而变化,并且具有很好的重现性和稳定性,因此适合用于制作温度传感器。

Pt100 铂电阻的阻值随温度变化的计算公式:

当 $-200\ ℃<t<0\ ℃$ 时

$$R_t = R_0[1 + At + Bt^2 + C(t-100)t^3] \tag{5-15}$$

当 $0\ ℃<t<850\ ℃$ 时

$$R_t = R_0(1 + At + Bt^2] \tag{5-16}$$

式中,R_t 为在 t ℃时的电阻值;R_0 为在 0 ℃时的电阻值;A、B、C 为系数,$A=3.90802\times10^{-3}$,$B=-5.802\times10^{-7}$,$C=-4.27350\times10^{-12}$。

三线制接法要求引出的三根导线截面积和长度均相同，测量铂电阻的电路一般是不平衡电桥，铂电阻作为电桥的一个桥臂电阻，将导线一根接到电桥的电源端，其余两根分别接到铂电阻所在的桥臂及与其相邻的桥臂上（图 5-35），当桥路平衡时，通过计算可知：

$$R_t = \frac{R_1 R_3}{R_2} + \frac{rR_1}{R_2} - r \tag{5-17}$$

当 $R_1 = R_2$ 时，导线电阻的变化对测量结果没有任何影响，这样就消除了导线线路电阻带来的测量误差，但是必须为全等臂电桥，否则不可能完全消除导线电阻的影响，由分析可见，采用三线制会大大减小导线电阻带来的附加误差，因此工业上一般都采用三线制接法。

2. 热敏电阻温度特性原理（NTC 型）

热敏电阻是阻值对温度变化非常敏感的一种半导体电阻，它有负温度系数和正温度系数两种。负温度系数的热敏电阻（NTC）的电阻率随着温度的升高而下降（一般是按指数规律）；而正温度系数热敏电阻（PTC）的电阻率随着温度的升高而升高；金属的电阻率则是随温度的升高而缓慢地上升。热敏电阻对于温度的反应要比金属电阻灵敏得多，热敏电阻的体积也可以做得很小，用它来制成的半导体温度计，已广泛地使用在自动控制和科学仪器中，并在物理、化学和生物学研究等方面得到了广泛的应用。

在一定的温度范围内，半导体的电阻率 ρ 和温度 T 之间有如下关系：

$$\rho = A_1 e^{B/T} \tag{5-18}$$

式中，A_1 和 B 是与材料物理性质有关的常数；T 为绝对温度。对于截面均匀的热敏电阻，其阻值 R_T 可用下式表示：

$$R_T = \rho \frac{l}{s} \tag{5-19}$$

式中，l 为两电极间的距离；S 为电阻的横截面积。

将式（5-18）代入式（5-19），令 $A = A_1 \frac{l}{s}$，于是可得：

$$R_T = A e^{B/T} \tag{5-20}$$

对一定的电阻而言，A 和 B 均为常数。对式（5-20）两边取对数，则有

$$\ln R_T = B \frac{1}{T} + \ln A \tag{5-21}$$

由式（5-21）可知，$\ln R_T$ 与 $\frac{1}{T}$ 成线性关系，在实验中测得各个温度 T 的 R_T 值后，即可通过作图求出 B 和 A 值，代入式（5-20），即可得到 R_T 的表达式。

图 5-38 表示了热敏电阻（NTC）与普通电阻的不同温度特性。

3. Cu50 铜电阻温度特性原理

铜电阻是利用物质在温度变化时本身电阻也随着发生变化的特性来测量温度的。铜电阻的受热部分(感温元件)是用细金属丝均匀地双绕在绝缘材料制成的骨架上,当被测介质中有温度梯度存在时,所测得的温度是感温元件所在范围内介质层中的平均温度。

4. 单臂电桥原理

惠斯登电桥线路如图 5-39 所示,四个电阻 R_1、R_2、R_0、R_x 连成一个四边形,称电桥的四个臂。四边形的一个对角线接有检流计,称为“桥”,四边形的另一个对角线上接电源 E,称为电桥的电源对角线。电源接通,电桥线路中各支路均有电流通过。

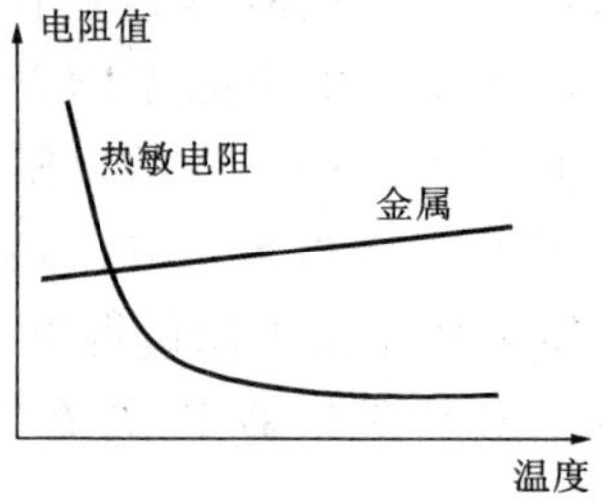

图 5-38 热敏电阻(NTC)与普通电阻的温度特性

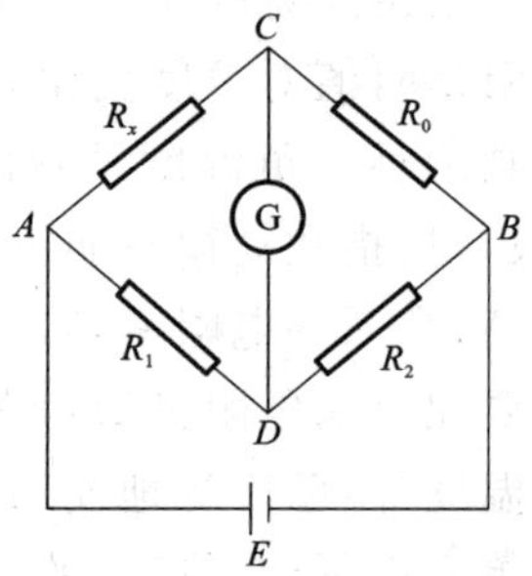

图 5-39 惠斯登电桥线路图

当 C、D 之间的电位不相等时,桥路中的电流 $I_g \neq 0$,检流计的指针发生偏转。当 C、D 两点之间的电位相等时,“桥”路中的电流 $I_g = 0$,检流计指针指零,这时我们称电桥处于平衡状态。

当电桥平衡时,$I_g = 0$,则有

$$\begin{cases} U_{AC} = U_{AD} \\ U_{CB} = U_{DB} \end{cases}$$

于是

$$\frac{R_x}{R_0} = \frac{R_1}{R_2}$$

根据电桥的平衡条件,若已知其中三个臂的电阻,就可以计算出另一个桥臂的电阻,因此,电桥测电阻的计算式为

$$R_x = \frac{R_1}{R_2} R_0 \tag{5-22}$$

式中,$\frac{R_1}{R_2}$ 为电桥的比率臂;R_0 为比较臂,常用标准电阻箱。R_x 作为待测臂,在热

敏电阻测量中用 R_T 表示。

实验仪器

九孔板，DH-VC1 直流恒压源恒流源，DH-SJ 型温度传感器实验装置，数字万用表，电阻箱。

实验步骤

1. 用万用表直接测量法

(1)将温度传感器直接插在温度传感器实验装置的恒温炉中，在传感器的输出端用数字万用表直接测量其电阻值。本实验的热敏电阻 NTC 温度传感器 25℃的阻值为 5kΩ；PTC 温度传感器 25℃的阻值为 350Ω。

(2)在不同的温度下，观察 Pt100 铂电阻、热敏电阻(NTC 和 PTC)和 Cu50 铜电阻的阻值的变化，从室温到 120 ℃(注：PTC 温度实验从室温到 100 ℃。)，每隔 5 ℃(或自定度数)测一个数据，将测量数据逐一记录在表格内。

(3)以温标为横轴，以阻值为纵轴，按等精度作图的方法，用所测的各对应数据作出 R_T-t 曲线。

(4)分析比较它们的温度特性。

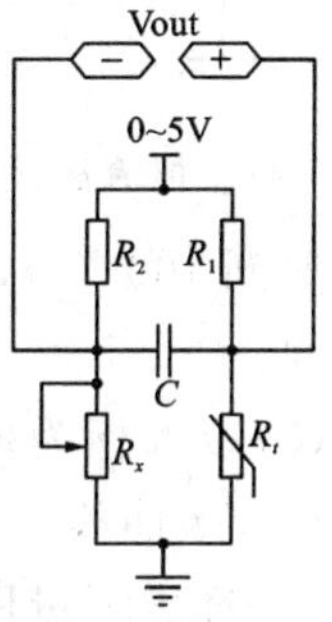

图 5-40 单臂电桥线路

2. 单臂电桥法

(1)根据单臂电桥原理，按图 5-40 的方式连接成单臂电桥形式。运用万用表，自行判定三线制 Pt100 的接线。将 R_3 用电位器代替，用 DH-VC1 直流恒压源恒流源的恒压源来提供稳定的电压源，范围 0～5 V。注意：将电压由 0～5V 缓慢调节，具体电压自定。

(2)将温度传感器作为其中的一个臂。根据不同的温度传感器，把电阻器件调到与 Pt100 或 Cu50 温度传感器对应的阻值(Cu50 在 0 ℃的阻值是 50 Ω，用 100 Ω 并联 220 Ω 的电位器，比较臂 R_3 的阻值可以按照同样思路来匹配)，仔细调节比较臂 R_3 使桥路平衡，即万用表的示数为零。NTC 和 PTC 温度传感器以 25 ℃时阻值为桥路平衡的零点。把电阻器件调到与 NTC 或 PTC 温度传感器对应的 25 ℃时的阻值(NTC 的阻值 5 kΩ，用 1 kΩ 的电阻串联 5 kΩ 和 220 Ω 的电位器，比较臂 R_3 的阻值可以按照同样思路来匹配)，仔细调节比较臂 R_3 使桥路平衡，即万用表的示数为零。

(3)参照步骤 1，将温度传感器直接插在温度传感器实验装置的恒温炉中。通过温控仪加热，在不同的温度下，观察 Pt100 铂电阻、热敏电阻(NTC 和 PTC)和 Cu50 铜电阻的阻值的变化，从室温到 120 ℃(注：PTC 温度实验从室温到

100 ℃。)，每隔 5 ℃(或自定度数)测一个数据，将测量数据逐一记录在表格内。

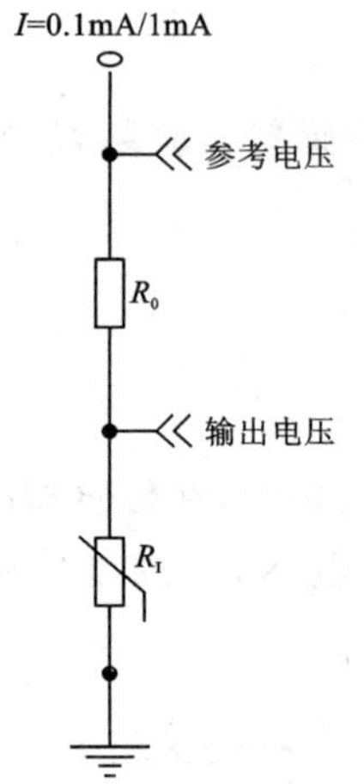

图 5-41　恒流法接线图

(4)以温标为横轴，以电压为纵轴，按等精度作图的方法，用所测的各对应数据作出 V-t 曲线。

(5)推导测量原理计算公式。

(6)分析比较它们的温度特性。

3. 恒流法

(1)按照图 5-41 接线。用 DH-VC1 来提供 1 mA 或 0.1 mA 直流电流源。用万用表测量取样电阻 R_0，调节 DH-VC1 上的恒流源的电位器使其两端的电压为 1 V 或 0.1 V。注意：将电压由 0～1 V 缓慢调节。

(2)将温度传感器直接插在温度传感器实验装置的恒温炉中。通过温控仪加热，在不同的温度下，观察 Pt100 铂电阻、热敏电阻(NTC 和 PTC)和 Cu50 铜电阻的阻值的变化，从室温到 120℃(注：PTC 温度实验从室温到 100 ℃)，每隔 5 ℃(或自定度数)测一个数据，将测量数据逐一记录在表格内。

(3)以温标为横轴，以电压为纵轴，按等精度作图的方法，用所测的各对应数据作出 V-t 曲线。

(4)推导测量原理计算公式。

(5)分析比较它们的温度特性。

(6)分析比较单臂电桥法与恒流法这两种测量方法的特点。

4. 运用电桥和差分放大器自行设计数字测温电路

注意事项

正温度系数热敏电阻(PTC)随温度的变化成指数函数变化，在 80 ℃以下阻值变化比较平滑，而在 80℃以上变化非常快。整体成指数上升曲线。

原始数据表格

1. Pt100 铂电阻

表 5-10　Pt100 铂电阻数据记录　　室温______℃

序　号	1	2	3	4	5	6	7	8	9	10
温度(℃)										
R/V										

续表 5-10

序　　号	11	12	13	14	15	16	17	18	19	20
温度(℃)										
R/V										

2. NTC 负温度系数热敏电阻

表 5-11　NTC 负温度系数热敏电阻数据记录　　室温______℃

序　　号	1	2	3	4	5	6	7	8	9	10
温度(℃)										
R/V										
序　　号	11	12	13	14	15	16	17	18	19	20
温度(℃)										
R/V										

3. PTC 正温度系数热敏电阻

表 5-12　PTC 正温度系数热敏电阻数据记录　　室温______℃

序　　号	1	2	3	4	5	6	7	8	9	10
温度(℃)										
R/V										
序　　号	11	12	13	14	15	16	17	18	19	20
温度(℃)										
R/V										

4. Cu50 铜电阻

表 5-13　Cu50 铜电阻数据记录　　室温______℃

序　　号	1	2	3	4	5	6	7	8	9	10
温度(℃)										
R/V										
序　　号	11	12	13	14	15	16	17	18	19	20
温度(℃)										
R/V										

5.4.4 热电偶温差电动势测量与研究

实验目的

(1)研究热电偶的温差电动势;

(2)学习热电偶测温的原理及其方法;

(3)学习热电偶定标;

(4)学习运用热电偶传感器设计测温电路;

实验原理

1. 热电偶测温原理

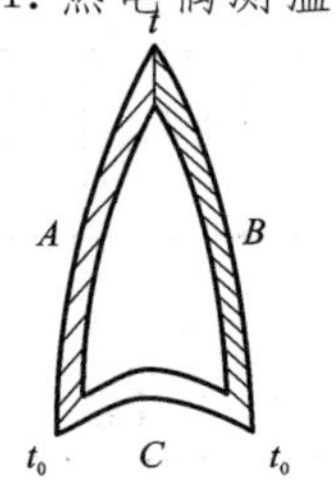

图 5-42 温差电动势

热电偶亦称温差电偶,是由 A、B 两种不同材料的金属丝的端点彼此紧密接触而组成的。当两个接点处于不同温度时(图 5-42),在回路中就有直流电动势产生,该电动势称温差电动势或热电动势。当组成热电偶的材料一定时,温差电动势 E_x 仅与两接点处的温度有关,并且两接点的温差在一定的温度范围内有如下近似关系式:

$$E_x \approx \alpha(t - t_0) \tag{5-23}$$

式中,α 为温差电系数,对于不同金属组成的热电偶,α 是不同的,其数值上等于两接点温度差为 1 ℃时所产生的电动势;t 为工作端的温度;t_0 为冷端的温度。

为了测量温差电动势,就需要在图 5-42 的回路中接入电位差计,但测量仪器的引入不能影响热电偶原来的性质,例如不影响它在一定的温差($t-t_0$)下应有的电动势 E_x 值。要做到这一点,实验时应保证一定的条件。根据伏打定律,即在 A、B 两种金属之间插入第三种金属 C 时,若它与 A、B 的两连接点处于同一温度 t_0,则该闭合回路的温差电动势与上述只有 A、B 两种金属组成回路时的数值完全相同。所以,我们把 A、B 两根不同化学成分的金属丝的一端焊在一起,构成热电偶的热端(工作端)。将另两端各与铜引线(即第三种金属 C)焊接,构成两个同温度(t_0)的冷端(自由端)。铜引线与电位差计相连,这样就组成一个热电偶温度计,如图 5-43 所示。通常将冷端置于冰水混合物中,保持 $t_0=0$ ℃,将热端置于待测温度处,即可测得相应的温差电动势,再根据事先校正好的曲线或数据来求出温度 t。热电偶温度计的优点是热容量小,灵敏度高,反应迅速,测温范围广,还能直接把非电学量温度转换成电学量。因此,在自动测温、自动控温等系统中得到广泛应用。

在本实验的热电偶为铜-康铜热电偶,属于 T 型热电偶,其测温范围为

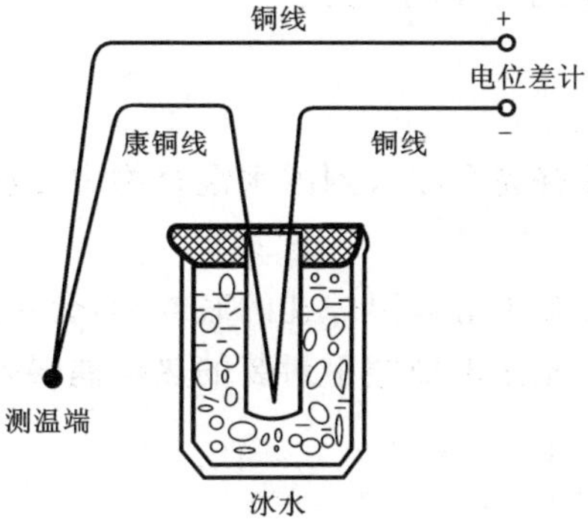

图 5-43 热电偶温度计

−270 ℃～400 ℃。优点有：热电动势的直线性好；低温特性良好；再现性好，精度高。缺点是(＋)端的铜易氧化。

实验仪器

九孔板，DH-VC1 直流恒压源恒流源，DH-SJ 型温度传感器实验装置，数字万用表。

实验步骤

1. 对热电偶进行定标，并求出热电偶的温差电系数 α_0。

2. 用实验方法测量热电偶的温差电动势与工作端温度之间的关系曲线，称为对热电偶定标。本实验采用常用的比较定标法，即用一标准的测温仪器(如标准水银温度计或已知高一级的标准热电偶)与待测热电偶置于同一能改变温度的调温装置中，测出 E_x-t 定标曲线。具体步骤如下：

(1)按图 5-43 所示原理连接线路，注意热电偶的正、负极的正确连接。将热电偶的冷端置于冰水混合物中之中，确保 $t_0=0$ ℃。测温端直接插在恒温炉内。

(2) 测量待测热电偶的电动势。用万用表测出室温时热电偶的电动势，然后开启温控仪电源，给热端加温。每隔 10 ℃左右测一组(t,E_x)，直至 100 ℃为止。由于升温测量时，温度是动态变化的，故测量时可提前 2℃进行跟踪，以保证测量速度与测量精度。测量时，一旦达到补偿状态应立即读取温度值和电动势值，再做一次降温测量，即先升温至 100 ℃，然后每降低 10 ℃测一组(t,E_x)，再取升温降温测量数据的平均值作为最后测量值。

另外一种方法是设定需要测量的温度，等控温仪稳定后再测量该温度下温差电动势。这样可以测得更精确些，但需花费较长的实验时间。

3. 自行设计热电偶数字测温电路。

注意事项

(1)传感器头如果没有完全侵入到冰水混合物中,或接触到保温杯壁会对实验影响。

(2)传感器头如果没有接触恒温炉孔的底或壁,会对实验产生影响。

(3)加了铠甲封装的要比未加铠甲封装的热电偶误差要大。

原始数据表格

1. 热电偶定标数据记录

室温 t ________ ℃;E_N = ________ V;t_0 = 0 ℃。

表 5-14 热电偶定标数据

序　号	1	2	3	4	5	6	7	8	9	10
温度 t(℃)										
电动势(mV)										
序　号	11	12	13	14	15	16	17	18	19	20
温度 t(℃)										
电动势(mV)										

数据处理

1. 作出热电偶定标 E_x-t 曲线

用直角坐标系作 E_x-t 曲线。定标曲线为不光滑的折线,相邻点应直线相连,这样在两个校正点之间的变化关系用线性内插法予以近似,从而得到除校正点之外其他点的电动势和温度之间的关系。所以,作出了定标曲线,热电偶便可以作为温度计使用了。

2. 求铜-康铜热电偶的温差电系数 α

在本实验温度范围内,Ex-t 函数关系近似为线性,即 $E_2 = \alpha \times t(t_0 = 0\ ℃)$。所以,在定标曲线上可给出线性化后的平均直线,从而求得 α。在直线上取两点 $a(E_a, t_a)$,$b(E_b, t_b)$(不要取原来测量的数据点,并且两点间尽可能相距远一些),求斜率

$$K = \frac{E_b - E_a}{t_b - t_a} \tag{5-24}$$

k 即为所求的 $\bar{\alpha}$,分析其原理。

5.4.5 PN结正向压降与温度关系的研究和应用

常用的温度传感器有热电偶、测温电阻器和热敏电阻等，这些温度传感器均有各自的优点，但也有不足之处，如热电偶适用温度范围宽，但灵敏度低，且需要参考温度；热敏电阻灵敏度高、热响应快、体积小，缺点是非线性，且一致性较差；测温电阻如铂电阻有精度高、线性好的优点，但灵敏度低且价格较贵；而PN结温度传感器则有灵敏度高、线性较好、热响应快和体小轻巧易集成化等优点，所以其应用日益广泛。但是，PN结温度传感器的工作温度一般为－50℃～150℃，与其他温度传感器相比，测温范围的局限性较大，有待于进一步改进和开发。

实验目的

(1)了解PN结正向压降随温度变化的基本关系式；

(2)在恒定正向电流条件下，测绘PN结正向压降随温度变化曲线，并由此确定其灵敏度及被测PN结材料的禁带宽度；

(3)学习用PN结测温的方法。

实验原理

理想的PN结的正向电流 I_F 和正向压降 V_F 存在如下近似关系式：

$$I_F = I_S \exp\left(\frac{qVF}{kT}\right) \tag{5-25}$$

式中，q 为电子电荷；k 为玻尔兹曼常数；T 为绝对温度；I_S 为反向饱和电流，它是一个和PN结材料的禁带宽度以及温度有关的系数。可以证明：

$$I_F = CT^r \exp\left(-\frac{qV_{g(0)}}{kT}\right) \tag{5-26}$$

式中，C 是与结面积、掺质浓度等有关的常数；r 也是常数(r 的数值取决于少数载流子迁移率对温度的关系，通常取 $r = 3.4$)；$V_{g(0)}$ 为绝对零度时PN结材料的带底和价带顶的电势差。

将式(5-26)代入式(5-25)，两边取对数可得

$$V_F = V_{g(0)} - \left(\frac{k}{q}\ln\frac{C}{IF}\right)T - \frac{kT}{q}\ln T^r = V1 + V_{n1} \tag{5-27}$$

其中

$$\left.\begin{aligned} V_1 &= V_{g(0)} - \left(\frac{k}{q}\ln\frac{C}{IF}\right)T \\ V_{n1} &= -\frac{kT}{q}\ln T^r \end{aligned}\right\}$$

式(5-27)就是PN结正向压降作为电流和温度函数的表达式，它是PN结温度传感器的基本方程。令 I_F = 常数，则正向压降只随温度而变化，但是在式(5-27)中还包含非线性项 V_{nl}。下面来分析一下 V_{nl} 项所引起的线性误差。

设温度由 T_1 变为 T 时，正向电压由 V_{F1} 变为 V_F，由式(5-27)可得

$$V_F = V_{g(0)} - (V_{g(0)} - V_{F1})\frac{T}{T1} - \frac{kT}{q}\ln\left(\frac{T}{T1}\right)^r \tag{5-28}$$

按理想的线性温度响应，V_F 应取如下形式

$$V_{理想} = V_{F1} + \frac{\partial V_{F1}}{\partial T}(T - T_1) \tag{5-29}$$

其中，$\frac{\partial V_{F1}}{\partial T}$ 等于 T_1 温度时的 $\frac{\partial V_F}{\partial T}$ 值。

由式(5-27)可得

$$\frac{\partial V_{F1}}{\partial T} = -\frac{V_{g(0)} - V_{F1}}{T1} - \frac{k}{q}r \tag{5-30}$$

所以

$$\begin{aligned} V_{理想} &= V_{F1} + \left(-\frac{V_{g(0)} - V_{F1}}{T1} - \frac{k}{q}r\right)(T - T1) \\ &= V_{g(0)} - (V_{g(0)} - V_{F1})\frac{T}{T1} - \frac{k}{q}(T - T1)r \end{aligned} \tag{5-31}$$

由理想线性温度响应式(5-31)和实际响应式(5-28)相比较，可得实际响应对线性的理论偏差为

$$\Delta = V_{理想} - V_F = -\frac{k}{q}(T - T1)r + \frac{kT}{q}\ln\left(\frac{T}{T1}\right)^r \tag{5-32}$$

设 T_1 = 300 K，T = 310 K，取 r = 3.4，由式(5-32)可得 Δ = 0.048 mV，而相应的 V_F 的改变量约 20 mV，相比之下误差甚小。不过当温度变化范围增大时，V_F 温度响应的非线性误差将有所递增，这主要由于 r 因子所致。

综上所述，在恒流供电条件下，PN结的 V_F 对 T 的依赖关系取决于线性项 V_1，即正向压降几乎随温度升高而线性下降，这就是PN结测温的理论依据。必须指出，上述结论仅适用于杂质全部电离，本征激发可以忽略的温度区间(对于通常的硅二极管来说，温度范围约 −50℃～150℃)。如果温度低于或高于上述范围时，由于杂质电离因子减小或本征载流子迅速增加，V_F-T 关系将产生新的非线性，这一现象说明 V_F-T 的特性还随PN结的材料而异，对于宽带材料(如GaAs)的PN结，其高温端的线性范围宽；而材料杂质电离能小(如Insb)的PN结，则低温端的线性范围宽。对于给定的PN结，即使在杂质导电和非本征激发温度范围内，其线性度亦随温度的高低而有所不同，这是非线性项 V_{nl} 引起的，

由 V_{n1} 对 T 的二阶导数 $\frac{d^2V}{dT^2}=\frac{1}{T}$ 可知，$\frac{dV_{n1}}{dT}$ 的变化与 T 成反比，所以 V_F-T 的线性度在高温端优于低温端，这是 PN 结温度传感器的普遍规律。此外，由式(5-28)可知，减小 I_F，可以改善线性度，但并不能从根本上解决问题，目前行之有效的方法大致有两种：

(1)利用对管的两个 be 结(将三极管的基极与集电极短路与发射极组成一个 PN 结)，分别在不同电流 I_{F1}、I_{F2} 下工作，由此获得两者之差($I_{F1}-I_{F2}$)与温度呈线性函数关系，即

$$V_{F1}-V_{F2}=\frac{KT}{q}\ln\frac{I_{F1}}{I_{F2}} \tag{5-33}$$

由于晶体管的参数有一定的离散性，实际值与理论值仍存在差距，但与单个 PN 结相比其线性度与精度均有所提高，这种电路结构与恒流、放大等电路集成一体，便构成电路温度传感器。

(2)采用电流函数发生器来消除非线性误差。由式(5-27)可知，非线性误差来自 T^r 项，利用函数发生器，I_F 比例于绝对温度的 r 次方，则 V_F-T 的线性理论误差为 $\Delta=0$。实验结果与理论值比较一致，其精度可达 0.01℃。

实验仪器

九孔板，DH-VC1 直流恒压源恒流源，DH-SJ 型温度传感器实验装置数字万用表。

实验步骤

(1)将"加热电流"开关置"关"位置，将"风扇电流"开关置"关"位置，接上加热电源线和信号传输线，两者连接均为直插式。PN 结传感器引脚如图 5-44 所示。按图 5-45 方式连接电路。用 DH-VC1 直流恒压源恒流源的恒压源来提供稳定的电压源，范围 0～5 V；具体电压自定。

(2)此时测试仪上将显示出室温 T_R，记录下起始温度 T_R。I_F 调节至 $I_F=100\ \mu A$，记录下 $V_F(T_R)$值，再将 PN 结传感器置于冰水混合物中，静置几分钟后，记录下 $V_F(0)$值。

(3)测定 ΔV-T 曲线

开启加热电流(指示灯即亮)，逐步提高加热电流进行变温实验，并记录对应的 ΔV 和 T，至于 ΔV、T 的数据测量，可按 ΔV 每改变 10 或 15 mV 立即读取一组 ΔV、T，这样可以减小测量误差。应该注意：在整个实验过程中，控温加热电流不要太大，升温速率要慢，且设定的温度不宜过高，最好控制在 120 ℃以内。

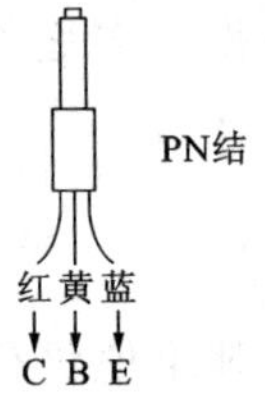

图 5-44　PN 结传感器引脚

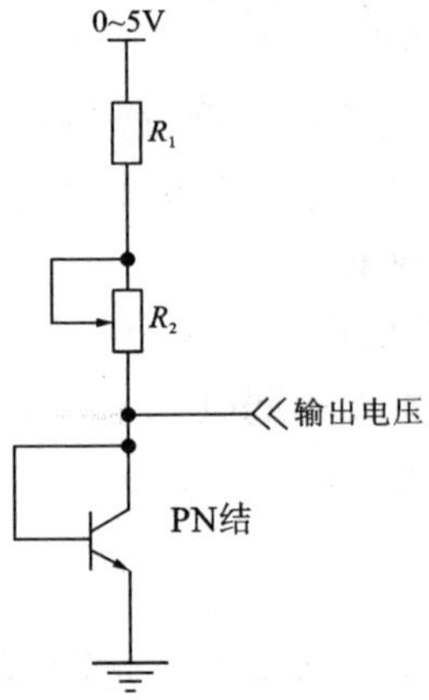

图 5-45　实验电路图

(4)求被测 PN 结正向压降随温度变化的灵敏度 S(mV/℃)。以 T 为横坐标,ΔV 为纵坐标,作 ΔV-T 曲线,其斜率就是 S。

(5)估算被测 PN 结材料的禁带宽度。根据式(5-30),略去非线性项,可得

$$V_{g(0)} = V_{F(0)} + \frac{V_F(0)}{T}\Delta T = V_{F(0)} + S \cdot \Delta T$$

式中,$\Delta T = -273.2$ K,即摄氏温标与开尔文温标之差;$V_{F(0)}$ 为 0 ℃时 PN 结正向压降。将实验所得的 $E_{g(0)}$ 与公认值 1.21 V 比较,求其误差。

(6)改变加热电流重复上述步骤进行测量,并比较两组测量结果。

(7)改变工作电流 $I_F = 50 \sim 1000\ \mu$A,重复上述步骤进行测量,并比较两组测量结果。

(8)根据实验原理及结论将该 PN 结制成温度传感器,使其灵敏度最大,试确定其工作电流及其测量范围,并标定其刻度。

原始数据表格

实验起始温度:T_R = ________________ ℃。工作电流:I_F = ____________ ____ mA。

起始温度为 T_R 时的正向压降:$V_{F(TR)}$ = ________________ mV。

控温电流:________________ A 。

实验后思考题

(1)测起始温度为 T_R 时的正向压降的目的何在?为什么实验要求测 ΔV-T 曲线而不是 V_F-T 曲线。

(2)测 $\Delta V\text{-}T$ 为何按 ΔV 的变化读取 T，而不是按自变量 T 读取 ΔV。

(3)在测量 PN 结正向压降和温度的变化关系时，温度高时 ΔV-T 线性好，还是温度低好？

(4)测量时，为什么温度必须在 −50℃～150℃范围内？

5.5 传感器设计实验

传感器广泛应用于社会发展及人类生活的各个领域，如工业自动化、农业现代化、航天技术、军事工程、机器人技术、资源开发、海洋探测、环境监测、安全保卫、医疗诊断、交通运输、家用电器等。一般来讲，传感器是将非电学信号(如温度、位移、质量、湿度等)转化为电学信号(如电流、电压等)的装置。通过本实验的锻炼，学生应掌握传感器的基本特性，为进一步学习打下初步的基础。

1. 传感器实验仪器概述

实验装置主要由五部分组成：传感器实验台、九孔板接口平台、频率振荡器 DH-WG2、直流恒压源 DH-VC2 和处理电路模块。

传感器实验台部分：装有双平行振动梁(包括上下各两片应变片、梁自由端的磁钢)、双平行梁测微头及支架、振动盘(装有用于固定霍尔传感器的两个半圆磁钢、差动变压器的可动芯子、电容传感器的动片组、磁电传感器的可动芯子、压电传感器)。

九孔板接口平台部分：九孔板作为开放式和设计性实验的一个桥梁(平台)。

频率振荡器 DH-WG2 部分：包括音频振荡器和低频振荡器；

直流恒压源 DH-VC2 部分：提供实验时所必须的电源；

处理电路模块部分：电桥模块(提供元件和参考电路，由学生自行搭建)、差动放大器、电容放大器、电压放大器、移相器、相敏检波器、电荷放大器、低通滤波器、调零、增益、移相等模块组成。

2. 主要技术参数、性能及说明

(1)传感器实验台

双平行振动梁的自由端及振动盘装有磁钢，通过测微头或激振线圈接入低频振荡器，可做静态或动态测量。应变梁采用不锈钢片，双梁结构端部有较好的线性位移。

实验台中传感器主要有以下几种：

①差动变压器

量程：≥5 mm；直流电阻：5～10 Ω；由一个初级、二个次级线圈绕制而成的透明空心线圈，铁芯为软磁铁氧体。

②霍尔式传感器

量程：±≥2 mm；直流电阻：激励源端口为 800～1.5 kΩ；输出端口：300～500 Ω；是利用半导体材料的霍尔效应进行测量的一种磁敏式传感器。

③电容式传感器

量程：≥2 mm；由两组定片和一组动片组成的差动变面积式电容。

④压阻式压力传感器

量程：10 kPa(差压)；供电电压：≤6V；直流电阻：5～5.5 kΩ。

⑤压电加速度计

由 PZT-5 双压电晶片和铜质量块构成；谐振频率：≥10 kHz；电荷灵敏度：$q \geq 20$ pC/g。

⑥应变式传感器

箔式应变片阻值：350Ω；应变系数：2。

⑦磁电式传感器

直流电阻：30～40 Ω；由线圈和动铁(永久磁钢)组成；灵敏度：0.5 V/ms。

⑧光电传感器

由一只红外发射管与接收管组成。

⑨气敏传感器 MQ_3

适用气体：酒精；测量范围：50～2000ppm。

⑩湿敏电阻

响应时间：吸湿、脱湿小于 10 s。

湿度系数：0.5R_H%/℃；测量范围：10%～95%；工作温度：0～50 ℃。

⑪热释电传感器

远红外式，主要由传感探测元、干涉滤光片和场效应管匹配器三部分组成。

(2)信号处理及变换

①电桥模块：提供相关参数的器件，由学生根据实验需要自行搭建。

②差动放大器：通频带 0～10kHz，可接成同相、反相，差动结构，增益为 1～100 倍的直流放大器。

③电容变换器：由高频振荡，放大和双 T 电桥组成的处理电路。

④电压放大器：增益约为 5 倍，同相输入，通频带 0～10 kHz。

⑤移相器：允许最大输入电压 $10V_{p-p}$，移相范围≥±20°。

⑥相敏检波器：可检波电压频率 0～10kHz，允许最大输入电压 $10V_{p-p}$，由极性反转整形电路与电子开关构成的检波电路。

⑦电荷放大器：电容反馈型放大器，用于放大压电传感器的输出信号。

⑧低通滤波器：由 50Hz 陷波器和 RC 滤波器组成，转折频率 35Hz 左右。

(3)频率振荡器 DH-WG2 部分

①音频振荡器:0.4～10 kHz 输出连续可调,V_{p-p}值 20 V,180°、0°反相输出,低频端最大功率输出电流 0.5 A。

②低频振荡器:1～30Hz 输出连续可调,V_{p-p}值 20 V,最大输出电流 0.5 A。

(4)振动梁、测微头

双平行式悬臂梁一副(装有应变片与振动盘相连),梁端装有永久磁钢、激振线圈和可拆卸式螺旋测微头,可进行压力位移与振动实验。

(5)直流恒压源 DH-VC2 部分:

①直流±15V:主要提供给各芯片电源;

②±2V、±4V、±6V:分三档输出,提供给实验时的直流激励源;

③0～12V:Max 1A 作为电机电源或作其他电源。

5.5.1 差动变压器(互感式)的标定

实验目的

了解差动变压器测量系统的组成和标定方法

仪器设备

频率振荡器、差动放大器、移相器、相敏检波器、电桥模块、低通滤波器、频率计、示波器、差动线圈与铁芯连接件、九孔板接口平台和传感器实验台。

实验步骤

(1)按图 5-46 接线装上测微头,调整使铁芯处于差动线圈的中间位置;

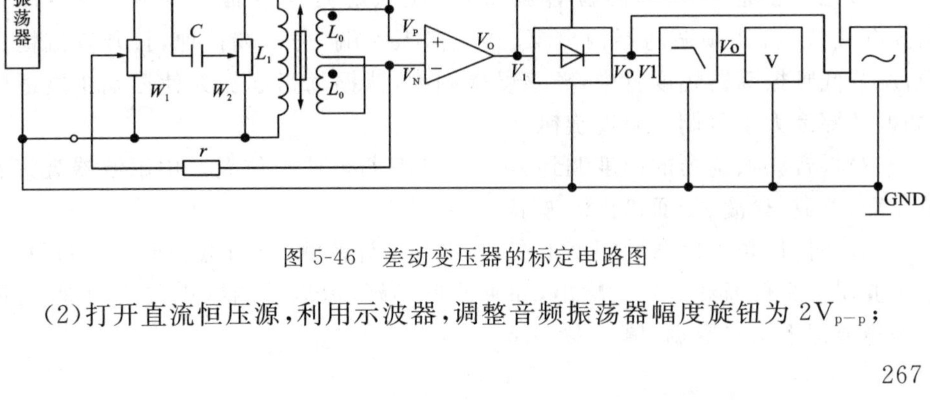

图 5-46 差动变压器的标定电路图

(2)打开直流恒压源,利用示波器,调整音频振荡器幅度旋钮为 $2V_{p-p}$;

(3)利用示波器和万用表,调整差动放大器的增益及电桥平衡网络电位器,使万用表指示为零;

(4)给梁一个较大的位移,调整移相器,使万用表指示为最大,同时可用示波器观察相敏检波器的输出波形;

(5)旋转测微头,使万用表的显示为0,记下测微头的刻度值,每隔0.5 mm读数记录实验数据,填入表5-15,作出U-x曲线,并求出灵敏度$S=\Delta U/\Delta X$。

表5-15　位移与电压对应关系

x(mm)										
U(mV)										

注意事项

旋钮初始位置差动放大器增益调最大,低频振荡器频率和幅度旋钮置中。如果接着做下一个实验则各旋钮及接线无须变动。

5.5.2　差动变压器(互感式)的应用——振动测量

实验目的

了解差动变压器的实际应用。

实验仪器

频率振荡器、差动放大器、移相器、相敏检波器、电桥模块、低通滤波器、频率计、示波器、差动线圈与铁芯连接件、九孔板接口平台和传感器实验台。

实验步骤

(1)先把铁芯与线圈的位置调整好,使铁芯处于线圈的中间位置,保持图5-46接线,将低频振荡器输出V_0接入激振一端,另一端接地,打开直流恒压源,调节低频振荡器幅度置中,频率慢慢调大,让振动盘起振并使振动幅度适中(如振动幅度太小可调大幅度旋钮)。

(2)将音频振荡器的幅度调到$2V_{p-p}$,频率调至适中位置。用示波器观察各单元即:差放、检波、低通输出的波形。

(3)保持低频振荡器的幅度不变,并用频率计监测,调节低频振荡器的频率,用示波器观察低通滤波器的输出,如果波形不好,可以适当减小差放的增益,读出峰峰值记下实验数据,填入表5-16。

表 5-16　梁的频率与电压对应关系

f(Hz)							
V_{p-p}(V)							

根据实验结果作出梁的振幅-频率（幅频）特性曲线，指出传感器实验台-自振频率（谐振频率）的大致值，并与用应变片测出的结果相比较。

实验完毕，关闭直流恒压源，再拆除导线。

注意事项

选择合适的低频激振信号，以免传感器实验台在自振频率附近振幅过大。

5.5.3　霍尔式传感器的应用——电子秤

实验目的

了解霍尔式传感器在静态测量中的应用。

实验仪器

霍尔磁场、霍尔片、差动放大器、直流恒压源、测微头及连接件、电桥模块、砝码、万用表、九孔板接口平台和传感器实验台。

实验步骤

（1）将霍尔磁场固定在振动盘上，调节振动盘与霍尔片之间的位置，（不可有任何接触，以免将霍尔传感器损坏。）使霍尔片刚好处于磁场的中间位置；

（2）按图 5-47 接线，霍尔片上的 A、B、C、D 与霍尔式上的一一对应；打开直流恒压源；

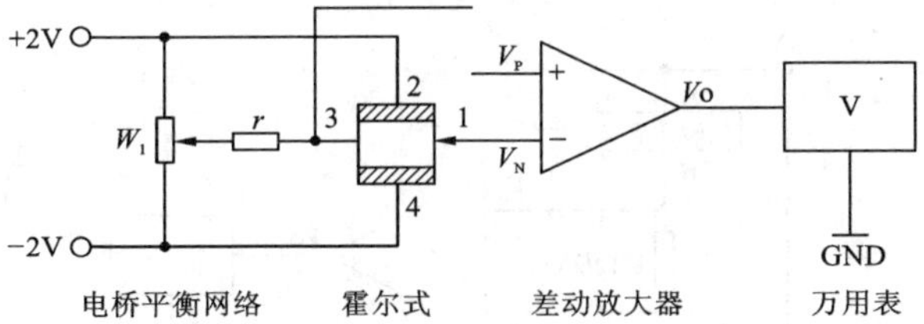

图 5-47　霍尔式传感器实验线路图

（3）差动放大器增益调至适中位置，调节调零旋钮使万用表显示为零；

（4）在称重平台上放上砝码，读出万用表上相应值，依次填入表 5-17。

表 5-17 砝码质量与电压对应关系

W(g)						
U(V)						

(5)在平面上放一个未知质量物体,记下表头读数。根据实验结果作出 U-W 曲线,可求得未知物体的质量。

注意事项

(1)此霍尔传感器的线性范围较小,所以砝码和重物不应太重。

(2)砝码应置于振动盘的中间部位,装或卸砝码时,不要用力拉扯。

(3)旋钮初始位置:直流恒压源±2 V 档,万用表 2 V 档。

5.5.4 气敏电阻(MQ_3)实验

实验目的

了解气敏电阻(传感器)的原理与应用。

实验仪器

直流恒压源、差动放大器、电桥模块、万用表、气敏电阻(传感器)和九孔板接口平台。实验前将以下旋钮旋到如下位置:直流恒压源±4V 档、万用表置 20V 档、差动放大器增益拧至最小。

实验步骤

(1)先将差动放大器调零;

(2)按图 5-48 接线;

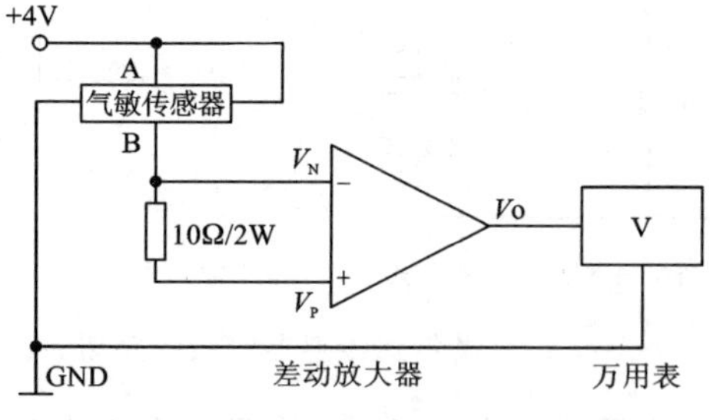

图 5-48 气敏电阻线路图

(3)打开直流恒压源，预热约 5～15 min 后，用浸有酒精的棉球靠近传感器，并轻轻吹气使酒精挥发并进入传感器金属网内，同时观察万用表数值的变化，此时电压读数______。它反映了传感器 AB 两端间的电阻随着________发生了变化；说明 MQ_3 检测到了酒精气体的存在与否，如果万用表变化不够明显，可适当调大差动放大器增益。

设计

利用现有的条件是否可以设计出一个酒精气体报警器？你认为还需要哪些条件？

提示：(1)需进行浓度标定；

(2)还需增加哪些必要的电路。

5.5.5 湿敏电阻(R_H)实验

实验目的

了解湿敏电阻(传感器)的原理与应用。

实验仪器

差动放大器、万用表、电桥模块、湿敏电阻(传感器)、直流恒压源和九孔板接口平台。实验前旋钮初始位置直流恒压源置±2 V 档，万用表置 20 V 档。

实验步骤

(1)观察湿敏电阻结构，它是在一块特殊的绝缘基底上浅射了一层高分子薄膜而形成的，先将差动放大器调零，再按图 5-49 接线；

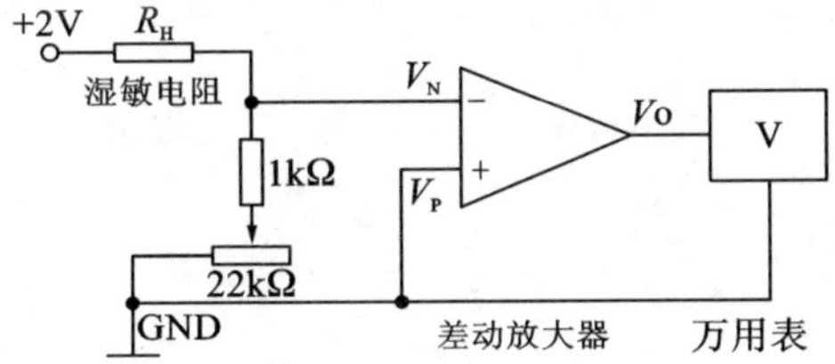

图 5-49 湿敏电阻实验线路图

(2)取两种不同潮湿度的海绵或其他易吸潮的材料。分别轻轻地与传感器接触，观察万用表数字变化，此时万用表的示数变______，也就是 R_H 阻值在变

__________，说明 R_H 检测到了湿度的变化，而且随着湿度的不同，阻值变化也不一样。

注意在实验时所取的湿材料不要太湿，有点潮就行了，否则会产生湿度饱和现象，延长脱湿时间。

(3)R_H 的通电稳定时间、脱湿时间与环境的湿度、温度都有一定的关系。

设计

请你用 R_H 设计成一个湿度测量仪，并给出电路原理图和简要的文字说明。

附录

如何写实验报告

实验报告是实验工作的全面总结，而关于实验报告写作的规范性训练也是培养学生科技写作能力的重要途径。一份好的实验报告就相当于一篇精练的科技论文，所以，我们应高度重视，尽量写好每份实验报告。实验报告的要求是内容可靠，文字简练，用字确切，字迹端正，图表规范。实验报告要用规定的实验报告纸书写，在粗黑横线上认真填写好班级、姓名、名单序号及实验日期。写实验报告应做到四懂：即自己懂——自己看得懂；别人懂——别人看得懂；现在懂——现在自己和别人都看得懂；将来懂——将来自己和别人也看得懂。

实验报告的内容一般包括：(1)实验名称；(2)实验目的；(3)实验原理；(4)实验仪器；(5)实验步骤；(6)注意事项；(7)原始数据表格；(8)数据处理；(9)问题分析与讨论。其格式和具体内容是：

(1)实验名称

即实验题目，要写全称且居中书写。

(2)实验目的

不仅仅只写实验任务，还要写通过实验所应学得的知识。每条都要逐条重新起头书写。

(3)实验原理

要条理清楚，层次分明，篇幅不应过大。应分段起头书写，不能一股脑儿地往后书写，甚至公式写在行尾还截断。公式要居中，特别是数据处理中所需的实验公式要突出，其推导应力求简单，不要照抄书本。必要的原理图、电路图、光路图、实验装置简图等应在原理部分画出。作图要力求工整规范，要借助绘图工具作图，不应使图歪歪斜斜，更不能徒手乱画。

(4)实验仪器

填写实验时真实使用的仪器和器材，不要照抄书中所列的仪器。

(5)实验步骤

①写出你自己实验时的真实实验步骤，不要照抄书中所列出的实验步骤(书中写出的实验步骤是为方便学生实验而列出的，一般比较详细)。

②写出的实验步骤应尽可能简练，但也要保证把关键的东西写出，以满足“四懂”的要求。

③实验步骤要逐条起头书写，以保证条理清楚，层次分明。

(6)注意事项

可以作为实验步骤的一部分，也可以单独列出。应逐条重新起头书写。

(7)原始数据表格

在实验中应清晰地整理好所测得的全部数据，填写在表格内，并注明单位，请教师审查，然后工整地填写在教师发给的原始数据表格中，再请教师签字。写实验报告时，在相应位置处贴上你实验时亲手测出并经教师审核且有教师签名的原始数据表格，不必再列表格。

(8)数据处理

这是写实验报告的核心，要做到以下几点：

①直接测量量的平均值 $\overline{x}$、平均值的标准差 $S_{\overline{x}}$，不必逐条将实验数据代入计算式，应直接用计算器的统计功能得出；直接测量量的平均值 $\overline{x}$、标准差 $S_{\overline{x}}$、t 分布的 t 值、不确定度 A 分量 $\Delta_A x$、仪器误差限值 $\Delta_{仪} x$、不确定度 B 分量 $\Delta_B x$、合成不确定度 Δx 应以表格的形式列出，并将相应的计算公式列于其后，以显得简洁明了。其格式如附表 A 所示。

附表 A

直接测量量	$\overline{x}$	$S_{\overline{x}}$	t 值（无单位）	$\Delta_A x$	$\Delta_{仪} x$	$\Delta_B x$	Δx

其中

$$\overline{x} = \frac{1}{n}\sum_{1}^{n} x_i$$

$$S_{\overline{x}} = \sqrt{\sum_{i=1}^{n}(x_i - \overline{x})^2/[n(n-1)]}$$

$$\Delta_A x = tS_{\overline{x}}$$

$$\Delta x = \sqrt{(\Delta_A x)^2 + (\Delta_B x)^2}$$

②将所测数据逐个带入实验公式(这里不必将实验公式再推导一遍，推导实验公式是实验原理的事情)和所测数据不确定度传递公式(没有要求计算不确定度的实验除外)。以证明数据关系清楚，计算真实可靠，也便于教师审查。没有将所测数据逐个带入实验公式和不确定度传递公式者，数据处理为不合格。

③不确定度的有效位数取 1～2 位(不确定度首数大于 $\sqrt{10}$时不确定度有效

位数取一位，不确定度首数小于$\sqrt{10}$时不确定度有效位数取两位）。

④不要将所列算式写到所应占据的范围之外，特别不要伸展到下一页，要用规范的计算式的截断格式书写。两等号之间的算式一般不要分成两行，迫不得已要分成两行时应注意书写格式。

⑤实验结果的表达要注意间接测量量的平均值与不确定度必须对齐的原则，即间接测量量的平均值与不确定度的最后一位是同一数量级。

(9)问题分析与讨论

实验后问题的分析与讨论是锻炼和发挥学生才能的重要机会，要努力去做，但注意不要空发议论，应力争准确地分析问题。

这里我们给出了1个实验报告的例子，以便学生对如何记录实验数据、整理实验结果、写好实验报告有一个大致了解。这里必须说明的是，实验报告中所使用的实验仪器，实验所应完成的任务，实验所测数据和我们实验室的实验仪器，实验任务，实验数据仅仅只是对应，但绝对不相同，目的是使初学实验者在模仿中学习，又不给抄袭者创造条件。还应说明的是，不是所有的实验报告都非这样写不可，但作为入门，参考一下还是有必要的。

实验报告范例 1

用拉伸法测金属丝的杨氏模量

一、实验目的

(1)用拉伸法测量钢丝的杨氏模量；

(2)掌握测微小长度的一种方法——光杠杆法；

(3)学习用逐差法处理实验数据。

二、实验原理

在弹性限度内，依胡克定律，应力($\sigma=F/A$)与应变($\varepsilon=\delta L/L$)成正比，即

$$E = 应力 / 应变 = \sigma/\varepsilon = \frac{F/A}{\delta L/L} = \frac{mg/[\pi(d/2)^2]}{\delta L/L} = \frac{4mgL}{\pi d^2 \delta L}$$

用光杠杆将 δL 放大，结合附图 A(同图 2-18，应在实验报告中画出)，有

$$\theta \approx \tan\theta = \delta L/b$$

$$2\theta \approx \tan(2\theta) = \Delta n/R$$

$$\delta L = b\theta = b\Delta n/(2R) = \Delta n/(2R/b)$$

$$E = \frac{8mgLR}{\pi d^2 b\Delta n}$$

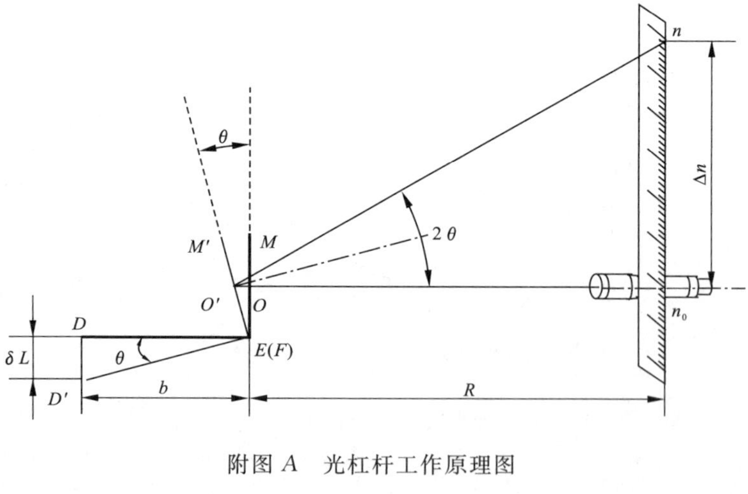

附图 A　光杠杆工作原理图

本实验采用 4 个砝码逐差，即 $m=4m_0$，有

$$E=\frac{32m_0gLR}{\pi d^2b\Delta n}$$

三、实验仪器

杨氏模量测定仪一套(包括拉伸仪、光杆杠、镜尺组)，1 m 钢直尺一根，千分尺一把，300 mm 钢直尺一根，水准仪一个，量程 2 m 钢卷尺一个。

四、实验步骤

(1)调节拉伸仪和光杠杆达到备用状态(调水平、垂直、等高)。

调节底脚螺钉，观察框架，让框架四周不与别的物品相碰，框架处于自然下垂；调光杠杆使前后足尖成等腰三角形；前足尖放平台沟中，后足尖自然落入框架内坑中；调工作台高低，使光杠杆水平；将光杠杆平面镜调铅直；调望远镜、标尺高度，使望远镜中心线、标尺零刻度线与平面镜中心线在同一高度。

(2)调整望远镜。

调目镜，使人眼看清十字叉丝；移动镜尺组底座，使人眼、准心凹槽、准心小尖与反射镜中的标尺像在一直线上，再在望远镜内找标尺像；调物镜使人眼看清标尺像，微动镜尺组底座，使标尺像在视场中部；调望远镜俯仰，使标尺像在全视场内清晰；再仔细调物镜，标尺像与叉丝无视差；微微改变平面镜俯仰，使望远镜中“十”字叉丝在标尺 0 附近，调的结果为 $n_0=-0.04$ cm。

(3)测像移。

记下叉丝对准的标尺刻度 n_0，并逐次加砝码 m_0，记录每次相应读数 n_i，待 7 个砝码加完后再逐次取下，记录相应读数 n_i'，取两者平均值。

(4)用钢卷尺测镜尺间的距离 R、金属丝原长 L 各一次。用螺旋测微计在金属丝的三个不同部位两个垂直的方向测直径 d。

(5)将光杠杆放平坦的纸上，轻压三个足尖印痕，用直尺测后足尖到两前足尖连线 EF 的垂直距离，做一次。

五、注意事项

(1)光杠杆、望远镜和标尺调好后，实验过程中不得再动。

(2)加砝码时要谨慎，避免金属丝摆动使光杠杆移动。

六、原始数据表格

1. 测像移 $\Delta n=n_{i+4}-n_i$

标尺分度值<u>0.1</u> cm，重力加速度<u>9.781</u> m/s²，单个砝码质量<u>0.320</u> kg。

附表 B

测量次数	1	2	3	4	5	6	7	8
钩码上砝码个数	0	1	2	3	4	5	6	7
增砝码读数 n_i'(cm)	−0.04	0.89	1.79	2.69	3.60	4.48	5.44	6.37
减砝码读数 n_i''(cm)	0.01	0.95	2.86	2.76	3.63	4.52	5.40	6.37
$n_i=(n_i'+n_i'')/2$(cm)	−0.02	0.92	1.82	2.72	3.62	4.50	5.42	6.37
$\Delta n_i=n_{i+4}-n_i$(cm)	3.64	3.58	3.60	3.65	$\overline{\Delta n}=3.618$, $S_{\overline{\Delta n}}=0.0165$			

2. 测 R、L、b

钢卷尺(测 R)量程2.0000 m,分度值0.10 cm;钢直尺量程300 mm,分度值1.0 mm。

附表 C

项目	镜尺间距 R(cm)	金属丝长度 L(cm)	光杠杆常数 b(cm)
测量值	129.8	45.5	8.03

3. 测金属丝直径 d(mm)

千分尺量程25 mm,分度值0.01 mm,零点读数0.003 mm。

附表 D

测量次数	1	2	3	4	5	6	平均值	$S_{\bar{d}}$
d(mm)	0.199	0.198	0.197	0.199	0.198	0.199	0.198	3.33×10^{-4}

七、数据处理

1. 各直接测量量的平均值及不确定度

附表 E

直接测量量	$\bar{x}$	$S_{\bar{x}}$	t 值(无单位)	$\Delta_A x$	$\Delta_{仪}\ x$	$\Delta_B x$	Δx
L(cm)	45.5						0.2
R(cm)	129.8						0.5
b(cm)	8.03						0.10
d(mm)	0.195	3.33×10^{-4}	2.57	8.57×10^{-4}	0.005	0.005	0.0051
Δn(cm)	3.618	0.0165	3.18	0.0525	0.05	0.05	0.072

其中

$$\bar{x}=\frac{1}{n}\sum_{i=1}^{n}x_i$$

$$S_{\overline{x}} = \sqrt{\sum_{i=1}^{n}(x_i - \overline{x})^2/[n(n-1)]}$$

$$\Delta_A x = tS_{\overline{x}}$$

$$\Delta x = \sqrt{(\Delta_A x)^2 + (\Delta_B x)^2}$$

2. 钢丝的杨氏模量

$$E = \frac{32m_0 gLR}{\pi d^2 b\Delta n} = \frac{32 \times 0.320 \times 9.781 \times 0.455 \times 1.298}{\pi \times (0.195 \times 10^{-3})^2 \times 8.03 \times 10^{-2} \times 3.62 \times 10^{-2}}$$

$$= 1.7034 \times 10^{11}(\text{N/m}^2)$$

3. 不确定度计算

对式 $E=32m_0 gLR/(\pi d^2 b\Delta n)$两边取对数，有

$$\ln E = \ln(32m_0 g/\pi) + \ln L + \ln R - 2\ln d - \ln b - \ln(\Delta n)$$

两边微分（微分号用 δ 代替）

$$\frac{\delta E}{E} = \frac{\delta L}{L} + \frac{\delta R}{R} - \frac{2\delta d}{d} - \frac{\delta b}{b} - \frac{\delta(\Delta n)}{\Delta n}$$

$$\frac{\Delta E}{E} = \sqrt{\left(\frac{\Delta L}{L}\right)^2 + \left(\frac{\Delta R}{R}\right)^2 + \left(\frac{2\Delta d}{d}\right)^2 + \left(\frac{\Delta b}{b}\right)^2 + \left[\frac{\Delta(\Delta n)}{\Delta n}\right]^2}$$

$$= \sqrt{\left(\frac{0.2}{45.5}\right)^2 + \left(\frac{0.5}{129.8}\right)^2 + \left(\frac{2 \times 0.0051}{0.195}\right)^2 + \left(\frac{0.10}{8.03}\right)^2 + \left(\frac{0.072}{3.618}\right)^2}$$

$$= 0.0576 \approx 5.8\%$$

$$\Delta E = (5.8\%)E = 0.0576 \times 1.7034 \times 10^{11} = 9.81 \times 10^9 \approx 0.10 \times 10^{11}(\text{N/m}^2)$$

4. 所测杨氏模量的结果表达式

$$E = (1.70 \pm 0.10) \times 10^{11}(\text{N/m}^2)$$

附表

1. 中华人民共和国法定计量单位

附表 1　国际单位制(SI)的基本单位

量的名称	单位名称	单位符号
长度	米	m
质量	千克(公斤)	kg
时间	秒	s
电流	安[培]	A
热力学温度	开[尔文]	K
物质的量	摩[尔]	mol
发光强度	坎[德拉]	cd

注:1. 圆括号中的名称,是它前面的名称的同义词,下同。

2. 无方括号的量的名称与单位名称均为全称。方括号中的字,在不致引起混淆、误解的情况下,可以省略。去掉方括号中的字即为其名称的简称,下同。

附表 2　包括 SI 辅助单位在内的具有专门名称的 SI 导出单位

量的名称	SI 导出单位		
	名称	符号	用 SI 基本单位和 SI 导出单位表示
平面角	弧度	rad	$1\ rad=1\ m/m=1$
立体角	球面度	sr	$1\ sr=1\ m^2/m^2=1$
频率	赫[兹]	Hz	$1\ Hz=1\ s^{-1}$
力	牛[顿]	N	$1\ N=1\ kg\cdot m/s^2$
压力,压强,应力	帕[斯卡]	Pa	$1\ Pa=1\ N/m^2$
能[量],功,热量	焦[耳]	J	$1J=1\ N\cdot m$
功率,辐[射能]通量	瓦[特]	W	$1\ W=1\ J/s$
电荷[量]	库[仑]	C	$1\ C=1\ A\cdot s$
电压,电动势,电位,(电势)	伏[特]	V	$1\ V=1\ W/A$
电容	法[拉]	F	$1\ F=1\ C/V$

续附表 3

量的名称	SI 导出单位		
	名称	符号	用 SI 基本单位和 SI 导出单位表示
电阻	欧[姆]	Ω	1 Ω=1 V/A
电导	西[门子]	S	1 S=1 $Ω^{-1}$
磁通[量]	韦[伯]	Wb	1 Wb =1 V·s
磁通[量]密度,磁感应强度	特[斯拉]	T	1 T=1 Wb /m^2
电感	亨[利]	H	1 H=1 Wb/A
摄氏温度	摄氏度	℃	1 ℃=1 K
光通量	流[明]	lm	1 lm =1 cd·sr
[光]照度	勒[克斯]	lx	1 lx = 1 lm/m^2

表 3　SI 词头

因数	词头名称		符号	因数	词头名称		符号
	英 文	中 文			英 文	中 文	
10^{24}	yotta	尧[它]	Y	10^{-1}	deci	分	d
10^{21}	zetta	泽[它]	Z	10^{-2}	centi	厘	c
10^{18}	exa	艾[可萨]	E	10^{-3}	milli	毫	m
10^{15}	peta	拍[它]	P	10^{-6}	micro	微	μ
10^{12}	tera	太[拉]	T	10^{-9}	nano	纳[诺]	N
10^{9}	giga	吉[咖]	G	10^{-12}	pico	皮[可]	P
10^{6}	mega	兆	M	10^{-15}	femto	飞[母托]	F
10^{3}	kilo	千	K	10^{-18}	atto	阿[托]	A
10^{2}	hecto	百	h	10^{-21}	zepto	仄[普托]	Z
10^{1}	deca	十	da	10^{-24}	yocto	幺[科托]	Y

附表 4　可与国际单位制单位并用的我国法定计量单位

量的名称	单位名称	单位符号	与 SI 单位的关系
时间	分	min	1 min=60 s
	[小]时	h	1 h=60 min=3600 s
	日、天	d	1 d=24 h=86400 s
[平面]角	度	°	$1°=(\pi/180)$rad
	[角]分	′	$1'=(1/60)°=(\pi/10800)$rad
	[角]秒	″	$1''=(1/60)'=(\pi/648000)$rad

续附表 4

量的名称	单位名称	单位符号	与 SI 单位的关系
体积	升	L(l)	1 L=1 $dm^3=10^{-3}m^3$
质量	吨 原子质量单位	t u	1 t=10^3 kg 1 u≈1.660540×10^{-27} kg
旋转速度	转每分	r/min	1 r/ min=(1/60)s^{-1}
长度	海里	n mile	1 n mile=1852 m (只用于航行)
速度	节	kn	1 kn=1 n mile/h=(1852/3600)m/s (只用于航行)
能	电子伏特	eV	1 eV≈1.602177×10^{-19} J
级差	分贝	dB	
线密度	特[克斯]	tex	1 tex=10^{-6} kg/m
面积	公顷	hm^2	1 $hm^2=10^4/m^2$

注:1. 平面角单位度、分、秒的符号,在组合单位中应采用(°)、(′)、(″)的形式。例如,不用°/s ,而用(°)/s。

2. 升的符号中,小写字母 l 为备用符号。

3. 公顷的国际通用符号为 ha。

2. 常用物理数据

附表 5　基本物理常量(1986 年国际推荐值)

物　理　量	符号	数　值	单　位	不确定度(ppm)
真空中光速	c	299792458	ms^{-1}	(精确)
真空磁导率	μ_0	12.566370614…	$\times 10^{-7} NA^{-2}$	(精确)
真空电容率,$1/\mu_0 c^2$	ε_0	8.854187817…	$\times 10^{-12} Fm^{-1}$	(精确)
牛顿引力常数	G	6.67259(85)	$\times 10^{-11} m^3 kg^{-1} s^{-2}$	128
普朗克常数	h	6.6260755(40)	$\times 10^{-34} Js$	0.60
基本电荷	e	1.60217733(49)	$\times 10^{-19} C$	0.30
波尔磁子,$eh/(2m_e)$	μ_B	9.2740154(31)	$\times 10^{-24} JT^{-1}$	0.34
里德伯常数	R_∞	10973731.534(13)	m^{-1}	0.0012
波尔半径,$\alpha/4\pi R_\infty$	a_0	5.29177249(24)	$\times 10^{-11} m$	0.045
电子[静]质量	m_e	9.1093897(54)	$\times 10^{-31} kg$	0.59
电子荷质比	$-e/m_e$	−1.75881962(53)	$\times 10^{11} C/kg$	0.30
[经典]电子半径	r_e	2.81794092(38)	$\times 10^{-15} m$	0.13
质子[静]质量	m_p	1.6726231(10)	$\times 10^{-27} kg$	0.59
中子[静]质量	m_n	1.6749286(10)	$\times 10^{-27} kg$	0.59
阿伏加德罗常数	N_A,L	6.0221367(36)	$\times 10^{23} mol^{-1}$	0.59
原子(统一)质量单位,原子质量常数 1u=m_u=m/12 (^{12}C)	m_u	1.6605402(10)	$\times 10^{-27} kg$	0.59
气体常数	R	8.314510(70)	$Jmol^{-1}K^{-1}$	8.4
玻耳兹曼常数,R/N_A	k	1.380658(12)	$\times 10^{-23} JK^{-1}$	8.4
摩尔体积(理想气体)T=273.15 K P_n=101325 Pa	V_m	22.41410(19)	L/mol	8.4

注:摘自《物理》,1987,NO.1,P.7-12。

附表 6　20°时物质的密度

物质	密度 ρ(kg/m^3)	物质	密度 ρ(kg/m^3)
铝	2698.9	冰 0 ℃	917
锌	7140	汽车用汽油	710～720
铬	7140	乙醚	714
锡(白)	7298	无水乙醇	789.3
铁	7874	丙酮	790.5
镍	8850	甲醇	791.3
铜	8960	煤油	800
银	10492	变压器油	840～890
铅	11342	松节油	855～870
钨	19300	苯	879.0
金	19320	蓖麻油 15 ℃	969
铂	21450	蓖麻油 20 ℃	957
硬铝	2790	钟表油	981
钢	7600～7900	纯水 0 ℃	999.84
不锈钢	7910	纯水 3.98 ℃	1000.00
黄铜 Cu70Zn30	8500～8700	纯水 4 ℃	999.97
青铜 Cu90Sn10	8780	海水	1010～1050
康铜 Cu60Ni40	8880	牛乳	1030～1040
软木	220～260	无水甘油	1261.3
纸	700～1000	弗利昂－12(氟氯烷－12)	1329
石蜡	870～940	蜂蜜	1435
橡胶	910～960	硫酸	1840
硬橡胶	1100～1400	水银 0 ℃	13595.5
有机玻璃	1200～1500	水银 20 ℃	13546.2
煤	1200～1700	干燥空气 0 ℃(标准状态)	1.2928
食盐	2140	干燥空气 20 ℃	1.205
冕牌玻璃	2200～2600	氢	0.0899
普通玻璃	2400～2700	氦	0.1785
石英	2500～2800	氮	1.2505
火石玻璃	2800～4500	氧	1.4290
石英玻璃	2900～3000	氩	1.7837

附表 7　标准大气压下不同温度时纯水的密度

温度 t(℃)	密度 ρ($kg \cdot m^{-3}$)	温度 t(℃)	密度 ρ($kg \cdot m^{-3}$)	温度 t(℃)	密 ρ($kg \cdot m^{-3}$)
0	999.841	16	998.943	33	994.702
1	999.900	17	998.774	34	994.371
2	999.941	18	998.595	35	994.031
3	999.965	19	998.405	36	993.68
4	999.973	20	998.203	37	993.33
5	999.965	21	997.992	38	992.96
6	999.941	22	997.770	39	992.59
7	999.902	23	997.538	40	992.21
8	999.849	24	997.296	41	991.83
9	999.781	25	997.044	42	991.44
10	999.700	26	996.783	50	988.04
11	999.605	27	996.512	60	983.21
12	999.498	28	996.232	70	977.78
13	999.377	29	995.944	80	971.80
14	999.244	30	995.646	90	965.31
15	999.099	31	995.340	100	958.35
		32	995.025		

附表 8　水不同压强下的沸点

P(hPa)	t(℃)	P(hPa)	t(℃)	P(hPa)	t(℃)	P(hPa)	t(℃)
950	98.205	980	99.069	1010	99.910	1040	100.731
951	34	981	97	1011	37	1041	58
952	63	982	99.125	1012	65	1042	85
953	93	983	53	1013	93	1043	100.812
954	98.322	984	82	1014	100.020	1044	39
955	51	985	99.210	1015	48	1045	66
956	80	986	38	1016	76	1046	93
957	98.409	987	67	1017	100.103	1047	100.919
958	38	988	95	1018	31	1048	46
959	67	989	99.323	1019	58	1049	73
960	95	990	51	1020	86	1050	101.000
961	98.524	991	79	1021	100.213	1051	26
962	53	992	99.408	1022	41	1052	53
963	82	993	36	1023	68	1053	80
964	98.611	994	64	1024	96	1054	101.107
965	40	995	92	1025	100.323	1055	33
966	68	996	99.520	1026	51	1056	60
967	97	997	48	1027	78	1057	87
968	98.726	998	76	1028	100.405	1058	101.214
969	55	999	99.604	1029	32	1059	40
970	83	1000	32	1030	60	1060	67
971	98.812	1001	59	1031	87		
972	40	1002	88	1032	100.514		
973	69	1003	99.715	1033	41		
974	98	1004	43	1034	68		
975	98.926	1005	71	1035	95		
976	55	1006	99	1036	100.623		
977	83	1007	99.827	1037	50		
978	99.012	1008	54	1038	77		
979	40	1009	82	1039	100.704		

附表 9　流体的动力黏度

流体	温度(℃)	$\eta(\mu Pa \cdot s)$	流体	温度(℃)	$\eta(\mu Pa \cdot s)$
乙醚	0	296	葵花子油	20	5.00×10^4
	20	243	蓖麻油	0	530×10^4
甲醇	0	817		10	241.8×10^4
	20	584		15	151.4×10^4
水银	−20	1855		20	95.0×10^4
	0	1685		25	62.1×10^4
	20	1554		30	45.1×10^4
	100	1240		35	31.2×10^4
水	0	1787.8		40	23.1×10^4
	20	1004.2		100	16.9×10^4
	100	282.5	甘油	−20	134×10^6
汽油	0	1788		0	121×10^5
	18	530		20	149.9×10^4
乙醇	−20	2780		100	129.45×10^2
	0	1843	蜂蜜	20	650×10^4
	20	1200		80	100×10^3
变压器油	20	1.98×10^4	空气	25	18.192
鱼肝油	20	4.56×10^4			
	80	0.46×10^4			

附表 10　20 ℃时常用金属的杨氏模量

金属	$Y\ (\times10^4\ N/mm^2)$	金属	$Y\ (\times10^4\ N/mm^2)$
银	6.9～8.2	灰铸铁	6～17
铝	7.0～7.1	硬铝合金	7.1
金	7.7～8.1	可锻铸铁	15～18
锌	7.8～8.0	球墨铸铁	15～18
铜	10.3～12.7	康铜	16.0～16.6
铁	18.6～20.6	铸钢	17.2
镍	20.3～21.4	锻钢	19.6～20.6
铬	23.5～24.5	合金钢	20.6～22.0
钨	40.7～41.5		

注：Y 的值与材料的结构、化学成分及加工制造方法有关，因此，在某些情况下，Y 的值可能与表中所列的平均值不同。

附表 11　海平面上不同纬度处的重力加速度

纬度 φ(度)	$g(m/s^2)$	纬度 φ(°)	$g(m/s^2)$
0	9.78049	60	9.81924
5	9.78088	65	9.82294
10	9.78204	70	9.82614
15	9.78394	75	9.82873
20	9.78652	80	9.83065
25	9.78969	85	9.83182
30	9.79338	90	9.83221
35	9.79746	西安 34°16′	计算值 9.79684，测量值 9.7965
40	9.80180	北京 39°56′	9.80122
45	9.80629	上海 31°12′	9.79436
50	9.81079	杭州 30°16′	9.79357
55	9.81515		

注：地球任意地方重力加速度计算公式为：$g=9.78049\times(1+0.005288\sin^2\varphi-0.000006\sin^2 2\varphi)$，式中 φ 为纬度。

附表 12　物质中的声速

物质	声速(m/s)	物质	声速(m/s)
氧气 0 ℃(标准状态)	317.2	NaCl 4.8%水溶液 20 ℃	1542
氩气 0 ℃	319	甘油 20 ℃	1923
干燥空气 0 ℃	331.45	铅*	1210
干燥空气 10 ℃	337.46	金	2030
干燥空气 20 ℃	343.37	银	2680
干燥空气 30 ℃	349.18	锡	2730
干燥空气 40 ℃	354.89	铂	2800
氮气 0 ℃	337	铜	3750
氢气 0 ℃	1269.5	锌	3850
二氧化碳 0 ℃	258.0	钨	4320
一氧化碳 0 ℃	337.1	镍	4900
四氧化碳 20 ℃	935	铝	5000
乙醚 20 ℃	1006	不锈钢	5000
乙醇 20 ℃	1168	重硅钾铅玻璃	3720
丙酮 20 ℃	1190	轻氯铜银铅冕玻璃	4540
汞 20 ℃	1451.0	硼硅酸玻璃	5170
水 20 ℃	1482.9	熔融石英	5760

*：固体中的声速为沿棒传播的纵波速度。

附表 13 物质的比热容

物质	温度(℃)	比热容[J/(kg·K)]	物质	温度(℃)	比热容[J/(kg·K)]
金	25	128	水银	0	139.5
铅	20	128		20	139.0
铂	20	134	弗利昂－12	20	0.84×10^3
银	20	234	汽油	10	1.42×10^3
铜	20	385		50	2.09×10^3
锌	20	389	变压器油	0～100	1.88×10^3
镍	20	481	蓖麻油	20	2.00×10^3
铁	20	481	煤油	20	2.18×10^3
铝	20	896	乙醚	20	2.34×10^3
黄铜	0	370	甘油	18	2.43×10^3
	20	384	乙醇	0	2.30×10^3
康铜	18	420		20	2.47×10^3
钢	20	447	甲醇	0	2.43×10^3
生铁	0～100	0.54×10^3		20	2.47×10^3
云母	20	0.42×10^3	冰	0	2090
玻璃	20	585～920	纯水	0	4219
石墨	25	707		20	4182
石英玻璃	20～100	787		100	4204
石棉	0～100	795	空气(定压)	20	1008
橡胶	15～100	$(1.13\sim2.00)\times10^3$	氢(定压)	20	14.25×10^3
石蜡	0～20	2.91×10^3			

续表 14 常用热电偶的温差电动势

铂铑(87%铂,13%铑)-铂

温度(℃)	0	10	20	30	40	50	60	70	80	90	100
	温差电动势(mV)										
0	0.000	0.054	0.111	0.170	0.231	0.295	0.361	0.429	0.499	0.571	0.645
100	0.645	0.720	0.797	0.875	0.956	1.037	1.120	1.204	1.290	1.376	1.464
200	1.464	1.553	1.643	1.734	1.825	1.918	2.012	2.106	2.202	2.298	2.395
300	2.395	2.492	2.591	2.690	2.789	2.890	2.990	3.092	3.194	3.296	3.400
400	3.400	3.503	3.608	3.712	3.817	3.923	4.029	4.136	4.243	4.351	4.450

续附表 14

镍铬-康铜

工作端温度(℃)	0	1	2	3	4	5	6	7	8	9
	温差电动势(mV)　自由端温度 0 ℃									
−50	−3.11									
−40	−2.50	−2.56	−2.62	−2.68	−2.74	−2.81	−2.87	−2.93	−2.99	−3.05
−30	−1.89	−1.95	−2.01	−2.07	−2.13	−2.20	−2.26	−2.32	−2.38	−2.44
−20	−1.27	−1.33	−1.39	−1.46	−1.52	−1.58	−1.64	−1.70	−1.77	−1.83
−10	−0.64	−0.70	−0.77	−0.83	−0.89	−0.96	−1.02	−1.08	−1.14	−1.21
−0	−0.00	−0.06	−0.13	−0.19	−0.26	−0.32	−0.38	−0.45	−0.51	−0.58
+0	0.00	0.07	0.13	0.20	0.26	0.33	0.39	0.46	0.52	0.59
10	0.65	0.72	0.78	0.85	0.91	0.98	1.05	1.11	1.18	1.24
20	1.31	1.38	1.44	1.51	1.57	1.64	1.70	1.77	1.84	1.91
30	1.98	2.05	2.12	2.18	2.25	2.32	2.38	2.45	2.52	2.59
40	2.66	2.73	2.80	2.87	2.94	3.00	3.07	3.14	3.21	3.28
50	3.35	3.42	3.49	3.56	3.63	3.70	3.77	3.84	3.91	3.98
60	4.05	4.12	4.19	4.26	4.33	4.41	4.48	4.55	4.62	4.69
70	4.76	4.83	4.90	4.98	5.05	5.12	5.20	5.27	5.34	5.41
80	5.48	5.56	5.63	5.70	5.78	5.85	5.92	5.99	6.07	6.14
90	6.21	6.29	6.36	6.43	6.51	6.58	6.65	6.73	6.80	6.87
100	6.95	7.03	7.10	7.17	7.25	7.32	7.40	7.47	7.54	7.62
110	7.69	7.77	7.84	7.91	7.99	8.06	8.13	8.21	8.28	8.35
120	8.43	8.50	8.58	8.65	8.73	8.80	8.88	8.95	9.03	9.10
130	9.18	9.25	9.33	9.40	9.48	9.55	9.63	9.70	9.78	9.85
140	9.93	10.00	10.08	10.16	10.23	10.31	10.38	10.46	10.54	10.61
150	10.69	10.77	10.85	10.92	11.00	11.08	11.15	11.23	11.31	11.38
160	11.46	11.54	11.62	11.69	11.77	11.85	11.93	12.00	12.08	12.16
170	12.24	12.32	12.40	12.48	12.55	12.63	12.71	12.79	12.87	12.95
180	13.03	13.11	13.19	13.27	13.36	13.44	13.52	13.60	13.68	13.76
190	13.84	13.92	14.00	14.08	14.16	14.25	14.34	14.42	14.50	14.58
200	14.66	14.74	14.82	14.90	14.98	15.06	15.14	15.22	15.30	15.38
210	15.47	15.56	15.64	15.72	15.80	15.89	15.97	16.05	16.13	16.21
220	16.30	16.38	16.46	16.54	16.62	16.71	16.79	16.87	16.95	17.03
230	17.12	17.20	17.28	17.37	17.45	17.53	17.62	17.70	17.78	17.87
240	17.95	18.03	18.11	18.19	18.28	18.36	18.44	18.52	18.60	18.68
250	18.76	18.84	18.92	19.01	19.09	19.17	19.26	19.34	19.42	19.51
260	19.59	19.67	19.75	19.84	19.92	20.00	20.09	20.17	20.25	20.34
270	20.42	20.50	20.58	20.66	20.74	20.83	20.91	20.99	21.07	21.15
280	21.24	21.32	21.40	21.49	21.57	21.65	21.73	21.82	21.90	21.98
290	22.07	22.15	22.23	22.32	22.40	22.48	22.57	22.65	22.73	22.81

续附表 14

铜-康铜

工作端温度(℃)	0	1	2	3	4	5	6	7	8	9	10
	温差电动势(mV)　　参考端温度 0 ℃										
−40	−1.475	−1.510	−1.544	−1.579	−1.614	−1.648	−1.682	−1.717	−1.751	−1.785	−1.819
−30	−1.121	−1.157	−1.192	−1.228	−1.263	−1.299	−1.334	−1.370	−1.405	−1.440	−1.475
−20	−0.757	−0.794	−0.830	−0.866	−0.903	−0.940	−0.976	−1.013	−1.049	−1.085	−1.121
−10	−0.383	−0.421	−0.458	−0.496	−0.534	−0.571	−0.608	−0.646	−0.683	−0.720	−0.757
−0	0.000	−0.039	−0.077	−0.116	−0.154	−0.193	−0.231	−0.269	−0.307	−0.345	−0.383
0	0.000	0.039	0.078	0.117	0.156	0.195	0.234	0.273	0.312	0.351	0.391
10	0.391	0.430	0.470	0.510	0.549	0.589	0.629	0.669	0.709	0.749	0.789
20	0.789	0.830	0.870	0.911	0.951	0.992	1.032	1.073	1.114	1.155	1.196
30	1.196	1.237	1.279	1.320	1.361	1.403	1.444	1.486	1.528	1.569	1.611
40	1.611	1.653	1.695	1.738	1.780	1.822	1.865	1.907	1.950	1.992	2.035
50	2.035	2.078	2.121	2.164	2.207	2.250	2.294	2.337	2.380	1.424	2.467
60	2.467	2.511	2.555	2.599	2.643	2.687	2.731	2.775	2.819	2.864	2.908
70	2.908	2.953	2.997	3.042	3.087	3.131	3.176	3.221	3.266	3.312	3.357
80	3.357	3.402	3.447	3.493	3.538	3.584	3.630	3.676	3.721	3.767	3.813
90	3.813	3.859	3.906	3.952	3.998	4.044	4.091	4.137	4.184	4.231	4.277
100	4.277	4.324	4.371	4.418	4.465	4.512	4.559	4.607	4.654	4.701	4.749
110	4.749	4.796	4.844	4.891	4.939	4.987	5.035	5.083	5.131	5.179	5.227
120	5.227	5.275	5.324	5.372	5.420	5.469	5.517	5.566	5.615	5.663	5.712
130	5.712	5.761	5.810	5.859	5.908	5.957	6.007	6.056	6.105	5.155	6.204
140	6.204	6.254	6.303	6.353	6.403	6.452	6.502	6.552	6.602	6.652	6.702
150	6.702	6.753	6.803	6.853	6.903	6.954	7.004	7.055	7.106	7.156	7.207
160	7.207	7.258	7.309	7.360	7.411	7.462	7.513	7.564	7.615	7.666	7.718
170	7.718	7.769	7.821	7.872	7.924	7.975	8.027	8.079	8.131	8.183	8.235
180	8.235	8.287	8.339	8.391	8.443	8.495	8.548	8.600	8.652	8.705	8.757
190	8.757	8.810	8.863	8.915	8.968	9.021	9.074	9.127	9.180	9.233	9.286

镍铬-镍铝

工作端温度(℃)	0	10	20	30	40	50	60	70	80	90	100
	温差电动势(mV)　　参考端温度 0 ℃										
0	0.00	0.40	0.80	1.20	1.61	2.02	2.43	2.84	3.26	3.68	4.10
100	4.10	4.51	4.92	5.33	5.73	6.13	6.53	6.93	7.33	7.73	8.13
200	8.13	8.53	8.93	9.33	9.74	10.15	10.56	10.97	11.38	11.80	12.21
300	12.21	12.62	13.04	13.45	13.87	14.29	14.71	15.13	15.56	15.98	16.40
400	16.40	16.83	17.25	17.67	18.09	18.51	18.94	19.37	19.79	20.22	20.65

附表 15　金属和合金的电阻率及其温度系数

金属或合金	电阻率(10^{-6} Ω·cm)	温度系数 α(10^{-5}℃)
银	1.47 (0 ℃)　1.16 (20 ℃)	430
铜	1.55 (0 ℃)　1.70 (20 ℃)	433
金	2.01 (0 ℃)　2.20 (20 ℃)	402
铝	2.44 (0 ℃)　2.74 (20 ℃)	460
钨	4.89 (0 ℃)　5.44 (20 ℃)	510
锌	5.65 (0 ℃)　6.17 (20 ℃)	417
铁	8.70 (0 ℃)　9.80 (20 ℃)	651
铂	9.59(0 ℃)　10.42(20 ℃)	390
锡	12.0 (20 ℃)	440
铅	19.2 (0 ℃)　21.0 (20 ℃)	428
水银	94.1 (0 ℃)　95.9 (20 ℃)	100
黄铜	8.00 (18～20 ℃)	100
钢(0.10%～0.15%碳)	10～14 (20 ℃)	600
康铜	47～51 (18～20 ℃)	−4.0～1.0
武德合金	52 (20 ℃)	370
铜锰镍合金	34～100 (20 ℃)	−3.0～2.0
镍铬合金	98～110 (20 ℃)	3～40

注:金属电阻率与温度的关系 $\rho_{t2}=\rho_{t1}[1+\alpha(t_2-t_1)]$。

电阻率与金属合金中的杂质有关,表中列出的是单值金属的电阻率和合金电阻率的平均值。

附表 16　物质的相对电容率

物质	t(℃)	ε_r	物质	t(℃)	ε_r
石蜡	20	2.0～2.5	丙酮	20	21.5
木材	18	2.2～3.7	乙醇	14.7	26.8
硬橡胶	18	2.5～2.8	甲醇	13.4	35.4
电木	18	3～5	甘油	18	39.1
石英玻璃	18	3.5～4.1	水	18	80.4
瓷	18	5.0～6.5	氦	0	1.000064
普通玻璃	18	5～7	氢	0	1.0002723
云母	18	5.7～7.0	氧	0	1.0005320
花岗岩	18	7～9	氩	0	1.0005557
光学玻璃	18	7～10	氮	0	1.0005870
大理石	18	8.3	空气	0	1.000590
金刚石	18	16.5	一氧化碳	0	1.000690
煤油	21	2.1	甲烷	0	1.000953
松节油	20	2.2	二氧化碳	0	1.0009880
变压器油	18	2.2～2.5	硫化氢	0	1.004
苯	18	2.3	氯化氢	0	1.0046
柏油	18	2.7	氨	0	1.00837
乙醚	20	4.34	溴	180	1.0128
蓖麻油	10.9	4.6			

注:气体电容率是在标准大气压下测得的。

附表 17　某些气体的折射率(相对空气)

气体	分子式	折射率 n	气体	分子式	折射率 n
氦	He	1.000035	一氧化碳	CO	1.000335
氖	Ne	1.000069	氨	NH_3	1.000379
氢	H_2	1.000140	甲烷	CH_4	1.000444
水蒸气	H_2O	1.000254	二氧化碳	CO_2	1.000450
氧	O_2	1.000272	硫化氢	H_2S	1.000623
氩	Ar	1.0002837	二氧化硫	SO_2	1.000686
空气	—	1.0002926	乙烯	C_2H_4	1.000719
氮	N_2	1.000297	氯	Cl_2	1.000773

注:表中给出的数据是在标准状态下,气体对波长约等于 0.5893 μm 的 D 线(钠黄光)的折射率。

表 18　某些液体的折射率(相对空气)

液体	t(℃)	折射率 n	液体	t(℃)	折射率 n
二氧化碳	15	1.195	硫酸(+2% H_2O)	23	1.429
盐酸	10.5	1.254	三氯甲烷	20	1.4467
氨水	16.5	1.325	四氯化碳	20	1.4607
甲醇	20	1.3290	甘油	20	1.4730
水	20	1.3330	甲苯	20	1.4955
乙醚	20	1.3510	苯	20	1.5012
丙酮	20	1.3593	加拿大树胶	20	1.530
乙醇	20	1.3614	二硫化碳	18	1.6255
硝酸(99.94%)	16.4	1.397	溴	20	1.654

注:表中给出的数据为液体对波长约等于 0.5893 μm 的 D 线(钠黄光)的折射率。

附表 19　某些固体的折射率(相对空气)

固体	折射率 n	固体	折射率 n
氯化钾	1.49044	重冕玻璃 ZK_3	1.5891
冕玻璃 K_6	1.5111	ZK_6	1.6126
K_8	1.5159	ZK_8	1.6140
K_9	1.5163	钡火石玻璃 BaF_8	1.6259
钡冕玻璃 BaK_2	1.5399	重火石玻璃 ZF_1	1.6475
氯化钠	1.54427	ZF_5	1.7398
火石玻璃 F_1	1.6031	ZF_6	1.7550

注:表中数据为固体对 λ_D=0.5893 μm 的折射率。

附表 20　某些晶体的折射率(相对空气)

波长 λ (nm)	萤石	石英玻璃	钾盐	岩盐	石英		方解石	
					n_o	n_e	n_o	n_e
656.3 (H,红)	1.4325	1.4564	1.4872	1.5407	1.55736	1.56671	1.6544	1.4846
643.8 (Cd,红)	1.4327	1.4567	1.4877	1.5412	1.55012	1.55943	1.6550	1.4847
589.3 (Na,黄)	1.4339	1.4585	1.4904	1.5443	1.54968	1.55898	1.6584	1.4864
546.1 (Hg,绿)	1.4350	1.4601	1.4931	1.5475	1.54823	1.55748	1.6616	1.4879
508.6 (Cd,绿)	1.4362	1.4619	1.4961	1.5509	1.54617	1.55535	1.6653	1.4895
486.1 (H,蓝绿)	1.4371	1.4632	1.4983	1.5534	1.54425	1.55336	1.6678	1.4907
480.0(Cd,蓝绿)	1.4379	1.4636	1.4990	1.5541	1.54229	1.55133	1.6686	1.4911
404.7 (Hg,紫)	1.4415	1.4694	1.5097	1.5665	1.54190	1.55093	1.6813	1.4969

注:表中数据是在 18 ℃之下测得的。

附表 21　常用光源的谱线波长(nm)

H(氢)	402.62 紫	Hg(汞)
656.28 红	388.87 紫	623.44 橙
486.13 蓝绿	Ne(氖)	579.07 黄$_2$
434.05 紫	650.65 红	576.96 黄$_1$
410.17 紫	640.23 橙	546.07 绿
397.01 紫	638.30 橙	491.60 蓝绿
He(氦)	626.65 橙	435.83 蓝
706.52 红	621.73 橙	404.66 紫
667.82 红	614.31 橙	He-Ne 激光
587.56(D_3)黄	588.19 黄	632.8 橙
501.57 绿	585.25 黄	Cd(镉)
492.19 蓝绿	Na(钠)	643.847 红
471.31 蓝	589.592(D_1)黄	508.582 绿
447.15 紫	588.995(D_2)黄	

附表 22　几种纯金属的"红限"波长及逸出功

金属	λ_0(nm)	W(eV)	金属	λ_0(nm)	W(eV)
钾(K)	550.0	2.24	汞(Hg)	273.5	4.53
钠(Na)	540.0	2.28	金(Au)	265.0	4.82
锂(Li)	500.0	2.28	铁(Fe)	262.0	4.60
铯(Cs)	460.0	1.8	银(Ag)	261.0	4.73

参 考 文 献

[1] 高守双.大学物理实验.武汉:武汉工业大学出版社,1990.
[2] 李天应.物理实验.武汉:华中理工大学出版社,1992.
[3] 丁慎训,张孔时.物理实验教程.北京:清华大学出版社,1992.
[4] 王红理,黄丽清.大学物理实验.西安:陕西科学技术出版社,2003.